职业教育公共基础课教材系列
福建省精品课程

高职学生心理健康教育

王立科　主　编

黄珠红　副主编

U0931022

科学出版社

北　京

内 容 简 介

本书在揭示当前高职学生自我意识、人格健康、人际交往、情绪情感、恋爱与性心理、挫折心理、学习心理、网络心理等方面遇到的心理冲突和问题的基础上，运用理论与实践结合的方法，分析造成这些问题的原因，并提出对策。

本书可作为高等职业院校学生心理健康教育方面教材使用。为了方便教师教学和学生自主学习，全书采用教材、课程网站和资源建设“一体化”设计，也可以作为从事心理健康教育研究人员参考图书使用。

图书在版编目(CIP)数据

高职学生心理健康教育/王立科主编. —北京：科学出版社，2009
（职业教育公共基础课教材系列·福建省精品课程）
ISBN 978-7-03-024149-8

Ⅰ.高…　Ⅱ.王…　Ⅲ.心理卫生-健康教育-高等学校：技术学校-教材
Ⅳ. B844.2

中国版本图书馆 CIP 数据核字（2009）第 028945 号

责任编辑：沈力匀 / 责任校对：耿　耘
责任印制：吕春珉 / 封面设计：耕者设计工作室

科学出版社 出版
北京东黄城根北街 16 号
邮政编码：100717
http://www.sciencep.com
三河市铭浩彩色印装有限公司印刷
科学出版社发行　　各地新华书店经销
*
2008 年 4 月第　一　版　　开本：787×1092　1/16
2020 年 2 月修　订　版　　印张：13 1/2
2020 年 2 月第十一次印刷　　字数：330 000

定价：35.00 元

（如有印装质量问题，我社负责调换〈铭浩〉）
销售部电话 010-62134988　　编辑部电话 010-62135235（VP04）

版权所有，侵权必究
举报电话：010-64030229；010-64034315；13501151303

《高职学生心理健康教育》
编写委员会

主　编　王立科

副主编　黄珠红

编　委　王慧敏　刘育红　江　湘　刘辉雄

唐小艳　陈桂兰　赵　容　林雪卿

曹绍炼　王　瑞　宫　昊

前　言

无论是院校数量还是学生数量，高职教育占据了我国高等教育的半壁江山，人们对于高职学生这个特殊群体的心理健康问题也更加关注。为此，我们以厦门城市职业学院为依托，组织了一个具有丰富高职院校心理健康教育教学经验以及心理辅导经验的教师和研究人员的团队，从 2004 年起，开始建设“高职学生心理健康教育”精品课程，致力于用全新的视角去看待高职学生的心理健康方面的问题与需要，以创新的精神开创多维的教育途径，帮助高职学生树立心理健康的意识，预防和缓解心理问题，优化心理品质，增强心理调控能力和社会生活的适应能力，挖掘心理潜能，渐臻自我实现。本课程于 2008 年被评为福建省省级精品课程。

《高职学生心理健康教育》定位为高等职业院校公共基础课教材。全书针对高职学生这个特殊群体，讲授心理健康的知识，使学生通过了解自身的心理发展特点和规律，学会和掌握心理调解的方法，以解决其成长过程中遇到的各种心理问题，提升其心理素质，开发其个体潜能，并可促进学生身心健康全面地发展；促进其心理素质的优化和良好心理品质的养成。

本书的特色与创新之处表现在如下几个方面：

（1）教材、课程网站和资源建设“一体化”设计。本书建有全开放的课程网站（http://218.85.130.148/jpkc/xljk/ index.html），为教师和学生提供丰富的教与学的资源，将知识性、学习性、专业性、互动性与辅导性融于一体。良好的网络教学环境，使网络课程运行通畅，大大方便了学生自主学习和个性化学习。在线心理测试独具特色，深受学生欢迎。

（2）针对性和适应性。本书的对象主要是高职学生群体，包含学习导航、心灵求索、心理认知和心灵互动等内容，通常与学生实际状况紧密结合，难易程度也适合高职院校的学生。

（3）理论与实践性相结合。全书按照“课堂、课外、理论、实践的有机融合，教师课堂教学与学生课外活动相结合；团体辅导与心理咨询相结合；课程实践与心理训练结合”的教学模式编写，突出实践环节，通过学生社团活动、大型主题心理体验活动、野外拓展训练、心理团体训练等主题强化学生心理体验内容。

全书共分九章。第一章由江湘编写；第二章由陈桂兰编写；第三章由黄珠红编写；第四章由刘育红编写；第五章由曹绍炼和刘辉雄编写；第六章由林雪卿编写；第七章由王慧敏编写；第八章由王立科编写；第九章由黄珠红和赵容编写。

在本书的编写和教材资源建设的过程中，各位编委和精品课程组的全体人员付出了大量劳动；易化、王育培、柯雅婷、章立早、高思刚、骆阳、杜俊玉为本书的编写和教材资源的建设提出了宝贵意见；在教材实践部分的资源开发中，厦门市怀众教育科技有限公司给予了大力的支持和有效的合作；赵艳等教材资源网站技术人员付出了艰辛的劳动；厦门城市学院的领导和相关部门给予了大量支持，在此一并表示感谢。

尽管我们努力给读者奉献一本高质量的高职学生心理健康教材，但是由于编者水平有限，编写时间仓促，疏漏之处在所难免，还请各位读者批评指正，以便进一步完善。

目 录

高职学生心理健康的新观念

世界很大很大，心却很小很小；

世界很小很小，心却很大很大。

（1）了解健康的新观念。
（2）熟悉心理健康的概念。
（3）掌握高职学生心理健康的内容。

第一节　高职学生与心理健康

我的高职院校的生活

小林终于进入了自己向往的高职院校，当她从外省来到这所特区的高职院校时，踌躇满志，那种天之骄子的感觉十分良好。

以前，小林由于成绩好，在原来的学校总是备受老师的关注，也一直担任学生干部；在家里就更不用说了，父母的希望都寄托在她的身上；除了学习上领先同学外，小林还有一些可以拿得出手的奖项，例如，她参加过专门的乒乓球培训，获得过市级的比赛名次等。

但是，高职院校好像和中学不太一样了。小林入学后，并没觉得老师对她有什么重视，学生干部没她的份儿，同学也不再围着她转，就连宿舍长，这个以前她看不上的职位也不属于她。其实，小林心里挺想为同学服务的，可是习惯了被老师指定担任学生干部的小林，现在不知道该怎么办。

一向顺利的学习方面似乎也出现了问题。小林发现，高职院校里的老师讲得飞快，一堂课上完了，自己还是似懂非懂的，作业也不多，可是下了课，老师就不见了，想问问题只能等下堂课。有时候也不知从何问起，再说了，同学都很少去问，自己去问好像挺没面子的，“会不会让老师和同学觉得自己智商有问题呢？”

就是宿舍的生活作息也让她很不习惯。同宿舍的几个人虽然都是一个班的，可是来自天南海北，每个人的性格、生活习惯都不同，小林以前都是住在家里的，现在要和这么多人朝夕相处，她觉得适应不了。特别是同宿舍的同学有的已经进入了学生会，让她心里很别扭，以前习惯于发号施令的小林现在要接受别人的指派完成任务，这是她进入高职院校前没有想到过的一幕。

凭着高考的分数进入高职院校的小林也发现同学中高分者比比皆是，自己不再是学习尖子了。另外好像高职院校里比学习成绩更为受到重视的是各种文艺才能，那些会表演、会唱歌、会跳舞的同学成了学生会、各社团争抢的对象，可是小林的那些才能却没有表现的机会，这也让她很郁闷。

小林变得沉默寡言了，不过她在心里常常问自己：“高职院校生活怎么是这样的呢？这是我梦想中的高职院校吗？”

心理认知

一、高职学生的教育目标

接受高等教育，成为一个对社会有用的人才是每个高职学生的理想。作为一名高职学生，应该学会生存，学会生活，学会关心，学会学习，学会发展，这就是高职“五学”教育的目标。也就是说，高职学生不仅要成为一个会学习的“文化人”，还应该成为一个适应社会的“社会人”。

社会人能够妥善处理自身事务，适应环境变化，遵守社会规范，适合社会的需要。高职学生要学会关心，关心自己，关心他人，关心朋友，关心亲人；体谅父母，珍惜友谊，善待爱情，以热情、积极、主动的态度参与社会生活；关心国家大事，关心国际局势，关心我们生存的社会和环境，做一个有社会责任感的人。

人才素质包括思想道德素质、文化素质、专业素质和身体心理素质四个方面。实践证明，心理素质是人才素质的基础，高职学生如果没有良好的心理素质便无法很好地完成学业，更无力承担未来建设祖国的责任，从这个角度讲，心理素质直接影响高职学生全面素质的提高。心理素质在一定程度上是一个人所有素质的基础，只有心理健康，高职学生的德、智、体、美才能得到全面发展；只有心理健康，才能不断增强实践能力和创新精神，才能实现高职学生的教育目标。

二、健康的新观念

（一）世界卫生组织（WHO）的健康新观念

真正的健康是一种生理、心理与社会适应都臻于完满的状态，而不仅是没有疾病和摆脱虚弱的状态。

人不仅仅是一个生物体，而且是有着复杂的心理活动、生活在一定的社会环境中的完整的人。人是生理、心理与社会层面的统一。因此人的健康也要体现在生理、心理与社会这三个方面都保持良好的状态。健康是生理健康与心理健康的统一，两者是相互联系，密不可分的。

当人的生理产生疾病时，其心理也必然受到影响，会产生情绪低落、烦躁不安、容易发怒等，从而导致各种心理不适的现象；同样，长期的心情抑郁、精神负担重、焦虑过度的人也易产生身体不适的表现。因此，健全的心理与健康的身体是相互依赖、相互促进的。

（二）心理健康的概念

心理健康是指个体对环境的高效而满意的适应。

在这种持续的、积极的状态下，个体能够与环境有良好的适应，人的生命具有活力，人的潜能得到开发，人的价值能够实现。

从广义上讲，心理健康是一种持续高效而满意的心理状态。

从狭义上讲，心理健康是认知、情感、意志、行为的统一，是人格的完善协调，社会适应良好和谐。

（三）心理健康的要求

心理健康的人，其行为既要符合外界的规范，有良好的人际关系；又要能满足自己的心理需要，心理机能表现正常。

心理健康说到底是一种人生态度。心理健康的人，应以积极的眼光看待世界，看待周围事物。这种人富有利他精神，能在付出、伸展自己的过程中增强自我价值感。这种人追求高尚的生活目标，但又没有做“完人”、“超人”等超越其自身能力的念头。所以，一个心理健康的人，有目标，但目标不要太完美，既要积极进取，又要正视客观现实，有一定程度的弹性。

心理健康是一个动态过程。因为心理健康的人也会遭受挫折、冲突、痛苦的冲击，这时候应该有效地进行调整，并可在这种状态下，保持良好的效率。因此，所谓心理健康的人应该总有高尚的目标追求，能发展建设性的人际关系，并能从事具有社会价值的创造，追求高层次需要的满足，寻求生活的充实。

三、心理健康的判断标准

判断个体心理健康主要源于四个方面：

（一）经验标准

经验标准即当事人按照自己的主观感受来判断自己的健康，研究者凭借自己的经验对当事人的心理健康进行判定，重在关注当事人的主观心理感受。如自我感觉良好，觉得自己健康、没有问题等。

由于个体先天的遗传及后天的环境不同，经验标准更强调其个别差异。同样的生活事件，当事双方由于自我认知不同，自我体验不同，自我评价也不尽相同。如同样是考试得 85 分，有的同学会觉得很满意，有的同学会觉得很不满意，这就是由于两者的个人评判标准不同造成的心理感受差异。

（二）社会适应标准

社会适应标准即以社会中大多数人的常态为参照标准，观察当事人是否适应常态而进行其心理是否健康的判断。

例如，高职学生根据生理、心理与社会发展应当具有独立生活与处理生活中面临的事务的能力，而如果有的高职学生生活能力低下不能打理自己的日常生活，出现将脏衣服积存起来带回家洗，需要父母到学校“陪读”照顾生活起居等现象，这便需要引起重视。

（三）统计学标准

统计学标准即依据对大量正常心理特征的测量取得一个常模，把当事人的心理与常模进行比较。

例如，考试中的及格线，就是一种类似统计学上的标准。这个标准更多地应用于心理学研究之中，一般而言，我们都要将个体的心理测验结果与常模对照，来判断其心理健康状况。

（四）自身行为标准

每个人在以往生活中形成的稳定的行为模式，即正常标准。

例如，有个同学平时的行为表现得乐观开朗、积极外向、爱说爱笑，可是近来却总是郁郁寡欢、闷闷不乐，不爱说笑，这种行为的变化就有可能是心理问题带来的。

四、心理健康的水平

人的心理健康的水平大体可分为三个等级：

（一）一般常态心理

一般常态心理的人表现为心情经常愉快，适应能力强，善于与别人相处，能较好地完成与同龄人发展水平相适应的活动，具有调节情绪的能力。

（二）轻度心理困扰

轻度心理困扰的人属于成长中的发展性问题，表现为各种适应问题、应激问题、人际关系问题等，主要是由于心理发展水平低、社会适应不良、突发性事件以及遭受挫折等因素而引起的。

例如，不具有同龄人所应有的愉快，与人相处略感困难、有障碍，生活自理能力较差，经自己主动调节或通过专业人员帮助后可恢复至常态心理。

（三）中度心理障碍

中度心理障碍的人表现为神经症、轻度的人格异常和性心理障碍等，主要是由于心理负担过重、心理长期处于紧张状态或受到某种强烈刺激所致，严重的适应失调，无法与他人相处，不能维持正常的生活和学习，如不及时治疗可能恶化成为精神病患者。

例如，遭受重大的家庭变故后或是失恋后，一蹶不振，灰心绝望，自闭自残等。处于这种状态，一定要尽早寻求专业人员的治疗和帮助，决不能听任其自我痊愈。

现在有心理问题的学生人数呈上升趋势，据国家卫生部召开的青少年心理健康问题座谈会上获得的信息表明，目前全国有 3000 万青少年存在不同程度的心理问题，我国青少年行为问题检出率为 12.97%；大学生中 16%～25.4%有心理障碍，以焦虑不安、强迫症、神经衰弱等症状为主，因心理问题不能正常学习和生活而休学或退学的学生人数逐年上升。据统计，现在大学生中，因为精神疾病休学的人数占因病休学人数的 37.9%，因精神疾病退学的人数占因病总退学人数的 64.4%。

1. 互动训练

你已经是一名高职学生了，想没想过：

（1）大学是什么？

（2）你对大学生活有什么感受？

如果可以，用笔写下来或画下来：

____

____

2. 测试

对照以下健康的标准看看你自己是否符合心理健康标准？

（　　）有充沛的精力，能从容不迫地担负日常工作和生活，而不感到疲劳和紧张；

（　　）积极乐观，勇于承担责任，心胸开阔；

（　　）精神饱满，情绪稳定，善于休息，睡眠良好；

（　　）自我控制能力强，善于排除干扰；

（　　）应变能力强，能适应外界环境的各种变化；

（　　）体重得当，身材匀称；

（　　）牙齿清洁，无空洞，无痛感，无出血现象；

（　　）头发有光泽，无头屑；

（　　）反应敏锐，眼睛明亮，眼睑不发炎；

（　　）肌肉和皮肤富有弹性，步伐轻松自如。

第二节　高职学生的心理健康

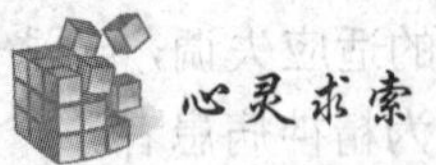

到底是谁打碎了我的梦想

我是一个来自于教师家庭的孩子，父母视我为“掌中宝”，在父母关爱的目光中成长，我的心是自由而轻松的，小学、初中、高中就读的经历使我坚信我是属于全国一流大学的。

然而，由于高考的失误，虽然我进入了高职院校读书，却不是我梦想中的学校。在接到通知的那一刻，我哭得天昏地暗，第一次遭此重创我几乎站不起来，我怕听到中学同学到名牌大学读书的消息，我担心自己的失败成为同学的笑料。

当九月明媚的阳光照在开心的高职院校新生脸上时，我却丝毫也高兴不起来。既来之则安之，而心中的结并没有解开。由于盲目的自信，确信高考成绩超出其他同学80分，完全有能力胜任高职院校的学习。学习没有了动力，生活没有了目标，正如大海上漂浮的小舟，完全失却了原来的方向，在茫然徘徊中迎来了期末考试，我意外地收获了不及格的结果。我并没有认真反思自己，而是将这一切归咎于我没有考取理想的大学，归咎于命运的不公平。

第二学期，百无聊赖的我又在网上找到了久违的自信与上进心，我那颗曾经不服输的心复苏了。但这次不是为学习而是为网络，我彻夜上网聊天打游戏，在游戏中体验虚拟世界的成功。可想而知，第二学期五门功课同时亮起了红灯，学位没有了，不用说梦想中的名牌大学，连高职学生的资格也将丢失，谁把我的青春弄丢了？正在此时，学校发出了回家的指令。

我真的非常懊悔，第一次我深深自责：作为我们家庭的第一位高职学生，我辜负了家长厚重的期望；作为学生，我对不起培养我的老师；更重要的是我有负于自己的年华。此刻，我才发现校园里面的灯光是那么明亮、那么美丽，而生活是如此让人难以割舍……

心理认知

一、高职学生的心理健康的主要内容

（一）智力正常

智力，是人的观察力、注意力、记忆力、想象力、思维力、创造力及实践活动能力等的综合。

智力包括在经验中学习或理解的能力、获得和保持知识的能力、迅速而成功地对新情境做出反应的能力、运用推理有效地解决问题的能力等。

智力正常是高职学生进行学习、生活与工作的基本心理条件，也是适应周围环境变化所必需的心理保证。

衡量高职学生的智力是否正常，关键在于其是否能正常地、充分地发挥了自我效能，即有强烈的求知欲，乐于学习，能够积极参与学习活动。

（二）情绪健康

情绪健康的标志是心情愉快和情绪稳定。

情绪健康包括的内容有：

（1）愉快的、正面的、积极的情绪多于不快的、负面的、消极的情绪，乐观开朗、富有朝气，对生活充满希望。

（2）情绪较稳定，不会时嗔时喜，阴晴不定。

（3）善于控制与调节自己的情绪，对于消极的情绪，既能适度克制又能合理宣泄，释放自己的心理压力，回复轻松愉快的心态。

（4）情绪的表达既符合社会的要求又符合自身的需要，在不同的时间和场合有恰如其分的情绪表达。

（5）情绪的反应与环境相适应，反应的强度与引起这种情绪的情境相符合。

（三）意志健全

意志是人在完成一种有目的的活动时进行的选择、决定与执行的心理过程。

意志健全者在行动的自觉性、果断性、顽强性和自制力等方面都表现出较高的水平。

意志健全的高职学生在各种活动中都有自觉的目的性，能适时地做出决定并运用切实有准备的方式解决所遇到的问题；在困难和挫折面前，能采取合理的反应方式，扫除前进道路上的障碍；能在行动中控制情绪和言而有信，而不是行动盲目、畏惧困难，顽固执拗。

（四）人格完整

人格是个体比较稳定的心理特征的总和。

人格完整就是指有健全统一的人格，个人的所想、所说、所做都是协调一致的。否则，心中所想的是一套，嘴上说的是另一套，行为表现的又是一套，就会陷入人格分裂的泥沼，容易导致精神分裂。

人格完整包括：人格结构的各要素完整统一；具有正确的自我意识，不会产生自我同一性的混乱，以积极进取的人生观作为人格的核心，并以此为中心把自己的需要、目标和行动统一起来。

（五）自我评价正确

高职学生在进行自我观察、自我认定、自我判断和自我评价时，应能做到有自知之明，恰如其分地认识自己，摆正自己的位置，既不以自己在某些方面高于别人而自傲，也不以某些方面低于别人而自卑，面对挫折与困境，能够自我悦纳，喜欢自己，接受自己，自尊、自强、自制、自爱适度，正视现实，积极进取。

（六）人际关系和谐

良好而深厚的人际关系，是事业成功与生活幸福的前提。

人际关系和谐表现为：乐于与人交往，既在面上有广泛而深厚的人际关系，又在点上有深交的知心朋友；在人际交往中保持自己独立而完整的人格，有自知之明，不卑不亢；能客观评价别人和自己，善于取人之长补己之短，宽以待人，乐于助人；积极的交往态度多于消极的交往态度，交往动机端正。

（七）社会适应正常

个体应与客观现实环境保持良好秩序，既要进行客观观察以取得正确认识，以有效的办法应付环境中的各种困难，不退缩；又要根据环境的特点和自我意识的情况努力进行协调，或改变环境适应个体需要，或改造自我适应环境。

从现实来看，对于在校高职学生来说，还没有足够的能力做到改变外部环境以适应个体的需要。在现阶段，最有可能做的就是改造自我以适应客观环境的要求。否则，就会在与社会的接触中发生各种各样的冲突和矛盾，甚至处处碰壁。

（八）心理行为符合高职学生的年龄特征

高职学生是处于特定年龄阶段的特殊群体，高职学生应具有与年龄、与角色相适应的心理行为特征。既不应有儿童般的幼稚言行，也不应像中年人似的世故圆滑。言谈举止要符合高职学生的年龄、高职学生的身份。

二、高职学生常见的心理健康问题

目前高职学生普遍存在的心理健康问题主要表现为以下几个方面：

（一）学业问题

在对某高职院校 220 名不同年级学生进行调查的高职院校学生生活事件调查表（表 1-1）中可以看出，列在第一位的是学习压力大：有 69.6%的学生感到“学习难度加大，非常困难”，认为“学习负担重，难以应付，担心考试不及格”的占 70.4%。

由于高考指挥棒的作用，中学、小学的学习目标都是为了考取大学，学习都是高考考什么、老师教什么就学什么，老师不教的就不学，即使学也是围绕着教材、教学参考书和习题集等内容而展开，是一种规定性的被动式学习。

但是高职院校的老师不会像中学老师那样把知识嚼烂了再一勺一勺地喂，往往一次课就要讲授一章或是一个单元的内容，也没有太多的硬性作业。课堂上讲的只是重点、难点或是要求掌握的基本要点，其余的大部分内容就需要学生在课后自主学习，查阅相关的参考资料才能完成。许多高职学生不能适应这种学习方式的转变，没有了老师的“指挥棒”，一时不知该学什么，该怎么学。在他们对新的学习无所适从的时候，如果不能及时意识到高职院校老师教学方式与中学老师存在差别，就会对自己的学习能力发生怀疑。当他们开始对自己学习能力产生怀疑时，常常又会推及对自己人生的怀疑。加上考上高职院校之后就觉得没有学习目标了，于是面对突然多出来的“自由时间”而不知该如何支配。因此，感到学习压力大，学习动力不足，学习目的不明确，学习成绩不理想，学习困难等学业问题始终困扰着高职学生。

（二）高职院校生活适应问题

在以上的调查中可以看出，对“高职院校生活不适应”的同学比例超过了半数以上。

进入高职院校后，学生的衣、食、住、行等方面都要自主独立进行。但有的学生生活自理能力较差，常会抱怨打水太远，吃饭太挤，洗衣太累；有的学生已经习惯了在家靠父母，连从事与自身有关的简单劳动如洗衣服都懒得动，有的家长甚至千里迢迢赶到学校，只为了给孩子洗衣缝被；有的学生不习惯住校，觉得在宿舍里很别扭，特别是讨厌有的同学就寝时吵闹，不按时熄灯，感到睡眠受到影响；也有许多来自外省的同学，他们对饮食不习惯，气候不适应，再加之语言不通，人生地不熟，常发出“在家日日好，出门时时难”的感叹，产生“想亲人，想以前的同学，想回家”的迫切愿望，不时流露出对家乡、对亲人的思念与依恋之情，并产生一种难以消解的苦闷和忧愁。

（三）人际关系问题

高职学生入学后，远离原来熟悉的生活与学习环境，面对新的人际群体，陌生的面孔，部分学生对学校的师生关系、同学关系、宿舍关系、异性之间的关系显得很不适应。在人际关系中，不能回避的是“舍友关系”，从过去以自我为中心到学校集体生活，尤其要面对舍友间情趣爱好、饮食习惯、家境状况、作息习惯等方面的差异，常使高职学生感到无所适从，甚至彼此无法相容。一位新生感叹说：“在学校，没有一个可以谈得来的朋友，心里真的感到好孤独。”有的高职学生从未离开过家庭，在父母的呵护下成长，对于“如何关心别人，如何得到朋友的关心”想得较少；而另一方面，高职学生又希望别人的认可。“心里话儿对谁说?”成为高职学生普遍的困惑。

高职院校生活在一定程度上给学生创造了一个小社会的环境，可以充分地展示自我，展示高职学生的风采。有些同学由于口头表达能力较差，害怕与人沟通思想感情，从而把自己的内心情感世界封闭起来；还有部分同学缺乏在公共场合表达自己思想的能力与勇气，面对各种校园文化活动，虽然充满兴趣，却又担心失败，只是羡慕其他同学而自己却没有积极参与各项活动，久而久之，开始回避参与，感叹“外面的世界很精彩，外面的世界很无奈”，直接影响了学生潜能的充分发挥；有些同学由于家境贫寒或成绩不够理想，也不愿意与人交往，觉得高职院校生活空虚、无聊、乏味。

高职学生从校门到校门，缺乏人际交往经验，而自身在人际交往中的不自信又不利于增加自身的人际魅力，妨碍了良好的人际交往圈的形成，例如，在上述的调查中，有27.8%的新生认为“没有朋友”，20%的学生感到“孤独、寂寞”，对与人主动交往，45%的学生更希望自己成为交流的对象而不是交流的直接发起者。与此同时，由于个体间的正常的交往不够，又易引发猜疑、妒忌等，不利于高职学生的健康成长。

（四）情绪问题

高职学生入校后，有些同学发现高职院校并非如自己的理想，现实并非像他们憧憬的那么美好，于是便感到失望，怀疑自己，担心将来，出现焦虑的情绪体验。青年时期比其他年龄段的人更关注自己在他人尤其是异性心目中的形象。许多学生受很多因素的影响，如长相、胖瘦、高矮、能力、魄力、魅力等，会产生各种各样的焦虑，有的学生担心自己长得不够漂亮，不能获得异性的好感，甚至部分女生因没有男生追求而苦恼；有的学生总感到自己的先天条件不够理想，因而非常自卑，不能建立自己的社交形象与公众形象。大学考试对基础较差，尤其是对第一学期考试失败的学生来说，压力尤其突出，他们无端担心考试失败，甚至产生了厌倦考试的心理状态。还有的同学对所学专业感到害怕，因为以前没有真正接触过，担心专业学不好，3 年后找不到工作，实现不了父母订下的目标，怕辜负了家人的期望，特别是想到全家，包括妹妹都停学外出打工，都在赚钱给自己用，心里就总有负担，老是担心以后的前途、将来的就业等。而作为班干部，有的同学又认为自己某门学科不好，也担心成绩不如别人，怕丢脸，没颜面。

高职学生的社会情感丰富而强烈，具有一定的不稳定性与内隐性，表现为情绪波动大，高低不定，喜怒无常，常会因一点小小的胜利而沾沾自喜，也易为一次考试失败、情感受挫而一蹶不振，甚至无法控制自己的情绪。特别是负性情绪的控制相对较弱，个体负性情绪表现为情绪高低不定、易怒，难以驾驭自己的情感，不能保持一种常态的情绪，如一次考试失败，有的学生很难从失利的阴影中走出；群体负性情绪更是校园事端的直接制造者。在上述的调查中可见，学生对高职院校生活的评价认为“充实”的仅占14.2%，负性情绪明显高于正向情绪。

（五）自我认知与社会角色的心理冲突问题

高职学生既要承受学业、就业、经济和社会等外在压力，又要面对个人成长的烦恼和感情的压力。

高职学生是一个承载社会、家长高期望值的特殊群体，自我定位高，成长的欲望非常强烈，但心理发展尚未完全成熟、稳定。伴随着经济和社会的发展，特别是涉及高职学生切身利益的各项改革，他们面临的社会环境、家庭环境和成长过程中遇到的问题更加复杂、多样和具体，面临发展成长的压力、竞争压力、学习压力、经济压力、就业压力、情感压力等普遍加大，由此引发的心理问题不断增多。特别是环境适应、自我管理、学习成才、人际交往、理想现实、交友恋爱、求职择业、人格发展和情绪调节等方面反映出来的心理困惑和问题日益突出。除了不少人对就业、学习、竞争、经济困难等问题感到苦恼外，有的学生还因为“社会变化快，难以适应”而苦恼。

（六）情感问题

高职院校校园这种独特的文化氛围与人文氛围滋长着高职学生各种情感的发展。友情是人生路上的重要方面，爱情虽然在高职院校并非一门必修课，高职学生仍然从各个方面开始自己的情感之旅，正确把握和处理爱情与学业的关系也是一门需要认真对待的学问。

情感始终与高职院校生活相伴随，在情感的边缘，很多高职学生在徘徊着。恋爱，成为高职院校生活中重要的一章，在涉及高职院校学生生活事件的问卷中，50%的学生承认心里想着一个人而对方不知道。在处理个人情感问题上，许多学生分不清友谊与爱情，不能很好地把握男女同学交往的尺度，希望珍惜友谊又不经意地使友谊失之交臂。种种情感上的烦恼带来了成长中的心理困惑。

此外，心理问题是相互影响的，就高职院校生学生活事件调查表中的项目来看，经常的焦虑会导致晚上睡不好觉，睡眠质量不高，第二天便会无精打采，上课也会听不进去，功课没学好更会觉得学习难度大，到考试的时候就会担心考试不及格，很可能就会导致考试失败，从而引发更大的焦虑和紧张，这是一个连锁反应、恶性循环。

表 1-1 是在某高职院校对 220 名不同年级学生进行调查的结果。

表 1-1 高职院校学生生活事件调查表

高职院校学生生活事件	频 数	比例/%
1. 教师管理教育太严格	57	49.6
2. 学校管理制度太严格	52	45.2
3. 高职院校学生生活不适应	58	50.4
4. 远离父母家人	56	48.7
5. 饮食不习惯、气候不适应	43	37.4
6. 学习难度加大，非常困难	80	69.6
7. 学习负担重，难以应付，担心考试不及格	81	70.4
8. 受到老师表扬	41	35.7
9. 受到老师批评	47	40.9
10. 与想象中的高职院校有差别，感到失望	58	50.4
11. 没有家信	22	19.1
12. 收到同学来信	44	38.2
13. 想家	56	48.7
14. 父母感情不和	19	16.5
15. 父母管教太严格	21	18.3
16. 家庭经济条件困难	58	50.4
17. 不被同学理解	41	35.7
18. 宿舍关系失和	25	21.7
19. 与好友关系出现矛盾	29	25.2
20. 没有朋友	32	27.8
21. 孤独、寂寞	23	20.0
22. 结交异性朋友又担心被人发现	23	20.0
23. 晚上睡不好觉	29	25.2
24. 上课听不进去	30	26.1
25. 想谈恋爱	22	19.1
26. 产生性幻想	21	18.3
27. 经常焦虑	28	24.3
28. 家庭成员重病、伤人	8	6.9
29. 考试失败	42	37.5
30. 竞赛失利	20	18.1
31. 评选落空	33	27.9

对照表 1-1，思考一下你的高职院校生活，有哪些类同或不同之处？

第三节　亚健康及其预防

亚健康的危害

小雅，21 岁，商务英语专业三年级学生，正在企业里顶岗实习，顶岗实习期工资 1500 元左右，如果不出意外的话，毕业后直接留在企业上班的可能性很大，待遇还会不断提高。小雅顶岗实习担任经理助理工作，由于她性格开朗、待人真诚，工作认真、心细，深得老板和同事的赏识，工作起来也很开心。可最近两个月来随着公司业务的快速发展，工作量越来越大，经常要加班加点，加上小雅又正在准备考人力资源证书，还要准备毕业论文，因此感觉工作学习很难兼顾，每天都很疲倦。特别是最近一个月来小雅感觉对工作提不起兴趣，心烦意乱，每天都不想上班，早上不想起床，晚上还没到下班时间就希望赶快下班逃离办公室，疲于应付每天的工作。小雅觉得很痛苦，一直想休假调整一下自己的状态，可公司的事情特别多没办法请假，老师又催着小雅赶快写好毕业论文，小雅感觉自己快熬不下去了，是不是干脆辞职专心写论文、准备考试？可实习指导老师觉得她现在公司的待遇不错，比较有发展前景，尤其在金融危机爆发的时刻放弃这样的就业机会很可惜。小雅也不知该何去何从：留下来工作任务这么重，每天都要想办法应付，何时是个头？辞职吧又觉得有点不甘心，老师说得也有道理，这么好的工作机会不能就这样放弃，小雅就在这种犹豫不决的心态下走进了学校心理咨询室。

小雅到底出了什么问题呢？她能调整好自己的状态吗？

一、正确理解高职学生心理健康的标准

在衡量高职学生的心理健康与否时要注意以下几点：

（一）标准的相对性

高职学生的心理健康与不健康并无明显的、绝对的界限，而是一个连续化的过程，如果将正常比作白色，将不正常比作黑色，那么在白色与黑色之间存在着一个巨大的缓冲区域——灰色区，世间大多数人都散落在这一区域内。

对多数高职学生而言，在人生的发展过程中面临心理问题是正常的，不必大惊小怪，应积极加以矫正。与此同时也应承认，个体灰色区域也是存在的，高职学生应提高自我保健意识，及时进行自我调整。人的健康状态的活动是一个发展的问题，当一个人产生了某种心理障碍并不意味着永远保持或行将加重。在心理上形成心理冲突是非常正常的，而且是可以自行解决的。

（二）整体协调性

把握心理健康的标准，应以心理活动为本考察其内外关系的整体协调性。从心理过程看，健康的人的心理活动是一个完整统一的协调体，这种整体协调保证了个体在反映客观世界的过程中的高度准确性和有效性。

认识是健康心理结构的起点，意志行为是人格面貌的归宿，情感是认识与意志之间的中介因素。从心理结构的几个方面看，一旦它们不能符合规律地进行协调运作时，就可能产生一系列的心理困扰或问题。从个性角度看，每个人都有自己长期形成的稳定的个性心理，一个人的个性在没有明显的剧烈的外部因素影响下是不会轻易发生变化的。从个体与群体的关系看，每个人在其现实性上可划分成不同的群体，不同群体间的心理健康标准是有差异的。

（三）发展性

事实上，不健康的心理可能是人的发展中不可避免的发展性问题，随着个体的心理成长一般会逐渐调整趋于健康。

高职学生在发展中会面临许多人生课题，心理危机与心理困难也都是在发展的大背景下产生的，因此要树立发展的健康观。有的心理困惑是属于某一群体所特有的，比如多重压力下的高职学生，他们的人生期望、职业抱负、学业期待引发的学业压力、就业压力、情感压力等都需要应付；有些心理问题也是具有阶段性的，当个体心理成熟后便会自愈。

二、亚健康

（一）亚健康的定义

亚健康是指处于健康与非健康之间的一种中间状态，即机体在内外环境不良刺激下所引起心理、生理发生的异常变化，但尚未达到明显病理性反应的程度，是介于健康和疾病之间的连续过程中的一个特殊阶段。

从生理学角度来讲，亚健康就是人体各器官功能稳定性失调而又尚未引起器质性损伤。其主要表现为：各项身体指标无异常，但与健康人相比，生活质量低，学习工作效率低，注意力分散，生活缺乏动力，学习没有目标，有些茫然不知所措，感觉生活没劲。躯体反映为睡眠质量不高，容易疲劳，身体乏力，食欲不振。

人体若处于亚健康状态时，容易患病，身心常感到不适，对学习、生活和身心健康也会造成不良影响，不能很好发挥体力和心理上的潜力。从亚健康状态既可以向好的方向转化恢复到健康状态，也可以向坏的方向转化而进一步发展为各种疾病。这是一种从量变到质变的准备阶段。尽管亚健康状态并非严重的心理问题，如果不引起高度重视，极易引发相应的心理问题。

（二）高职学生亚健康状态的主要表现

一部分高职学生人生目标茫然，学习目标不明确、学习动力缺失，生活目标随波逐流，常有无意义感伴随，自卑与自负两极振荡，行为懒散，遇事退缩，恐惧失败等。

一个处于亚健康状态的高职学生，对于黄金年华、美好大学生活的感受力下降，对自我发展的心理预期也会变得不确定，人际吸引力降低而且自我满足感不高，内在潜能不能够充分发掘。

（三）导致高职学生亚健康状态的原因

导致高职学生亚健康状态的主要原因有：由于过度疲劳造成的精力、体力透支，如通宵上网吧玩游戏，导致第二天没有精力进行正常的学习和生活等活动；当处于人体生物周期中的低潮时期时，人的各项机能也无法达到较高的水平；此外身体上的疾病和心理上的问题都可能导致高职学生的亚健康状态。

三、预防与消除亚健康状态

（一）适度运动

运动不足不仅导致人的体力下降，还会使代谢紊乱，使人感到头昏、乏力、精神紧张、疲惫、情绪急躁、肠胃失调等。合理、适宜的运动，在直接提高运动器官功能的同时对于人整体器官系统的功能有显著的正向作用。运动还可以缓解精神紧张，对于改善心理状态有重要的意义。生命在于运动，高职学生应坚持适宜的活动，或者选择参加各项能延缓人体各器官的衰退老化的健身运动，如游泳、爬山、慢跑、散步等。

（二）全面均衡适量的营养

均衡适量的营养是维护健康的基本手段之一。人体对各种物质的需求量都有一个度，过量摄入将会适得其反，高糖、高盐、高脂肪食物的长期过量进食，尤其是饱和脂肪酸过量的摄入都会导致亚健康状态。

（三）保持心理健康

保持良好的心态、乐观豁达、奋发进取的精神，是防治亚健康的精神基础。长期的精神刺激和压力以及长期的压抑、愤怒等负性情绪，都可导致亚健康。

高职学生可适当培养业余爱好，如读书、听音乐、练字画等有益于身心健康的活动。

（四）提高自我保健意识

改变不良的生活方式是防治亚健康状态的身体基础。在日常生活中应戒除不良习惯和嗜好，如吸烟、酗酒、偏食，做到饮食有节，起居有常，不过度劳累，提高自我保健意识，自觉构筑控制亚健康发生的第一道防线。

（五）适时干预

采取药物预防、保健品调理、体育锻炼相结合的干预措施，对失眠多梦、口腔溃疡、消化不良和躯体疼痛等症状，可适当用药、或理疗、或心理治疗等方法使机体能转归健康。

1. 互动训练

通过学习，你现在有些什么新体会？

（1）关于健康，我是这样理解的＿＿＿＿＿＿＿＿＿＿＿＿＿＿＿＿＿＿＿＿。

（2）关于心理健康，我知道了＿＿＿＿＿＿＿＿＿＿＿＿＿＿＿＿＿＿＿＿。

（3）关于高职学生的心理健康，我的看法是＿＿＿＿＿＿＿＿＿＿＿＿＿＿＿＿。

2. 测试

表 1-2 中列出了有些人可能有的病痛或问题，请仔细阅读每一条，然后根据最近 1 周以内（或过去）下列问题影响你或使你感到苦恼的程度，在方格内选择最合适的一项，画一个勾，请不要漏掉问题，再根据表 1-3、表 1-4 分析自己的心理健康状态。

表 1-2　心理健康症状自评量表（SCL-90）

内　　容	从无 0	轻度 1	中度 2	偏重 3	严重 4
1. 头痛					
2. 神经过敏，感到不踏实					
3. 头脑中有不必要的想法或字句盘旋					
4. 头晕或晕倒					
5. 对异性的兴趣减退					
6. 对旁人责备求全					
7. 感到别人能控制你的思想					
8. 责怪别人制造麻烦					
9. 忘记性大					
10. 担心自己的衣饰整齐及仪表的端正					
11. 容易烦恼或激动					
12. 胸痛					
13. 害怕空旷的场所或街道					
14. 感到自己的精力下降，活动减慢					
15. 想结束自己的生命					
16. 听到旁人听不到的声音					
17. 发抖					
18. 感到大多数人都不可信任					
19. 胃口不好					
20. 容易哭泣					
21. 同异性相处时感到害羞不自在					
22. 感到受骗，中了圈套或有人想抓住你					
23. 无缘无故的突然感到害怕					
24. 自己不能控制的大发脾气					
25. 怕单独出门					
26. 经常责备自己					
27. 腰痛					

续表

内　　容	从无 0	轻度 1	中度 2	偏重 3	严重 4
28. 感到难以完成任务					
29. 感到孤独					
30. 感到苦闷					
31. 过分担忧					
32. 对事物不感兴趣					
33. 感到害怕					
34. 你的情感容易受到伤害					
35. 旁人能知道你的私下想法					
36. 感到别人不理解您，不同情您					
37. 感到人们对您不友好，不喜欢您					
38. 做事必须做得很慢以确保正确					
39. 心跳得很厉害					
40. 恶心或胃部不舒服					
41. 感到比不上他人					
42. 肌肉酸痛					
43. 感到有人在监视您，谈论您					
44. 难以入睡					
45. 做事必须反复检查					
46. 难以做出决定					
47. 怕乘电车，公共汽车，地铁或火车					
48. 呼吸有困难					
49. 一阵阵发热或发冷					
50. 因为感到害怕而避开某些东西、场合或活动					
51. 脑子变空了					
52. 身体发麻或刺痛					
53. 喉咙有梗塞感					
54. 感到前途没有希望					
55. 不能集中精神					
56. 感到身体的某一部分软弱无力					
57. 感到紧张或容易紧张					
58. 感到手或脚发重					
59. 想到死亡的事					
60. 吃得太多					
61. 当别人看着您或谈论您时感到不自在					
62. 有一些不属于您的想法					
63. 有想打人或伤害他人的冲动					
64. 醒得太早					
65. 必须反复洗手，点数					
66. 睡得不稳不深					
67. 有想摔坏或破坏东西的想法					
68. 有一些别人没有的想法					
69. 感到对别人神经过敏					
70. 在商店或电影院等人多的地方感到不自在					
71. 感到任何事情都很困难					
72. 一阵阵恐惧或惊恐					
73. 感到公共场合吃东西很不舒服					

续表

内　容	从无 0	轻度 1	中度 2	偏重 3	严重 4
74. 经常与人争论					
75. 单独一人时神经紧张					
76. 别人对您的成绩没有做出恰当的评价					
77. 即使和别人在一起也感到孤单					
78. 感到坐立不安心神不定					
79. 感到自己没有什么价值					
80. 感到熟悉的东西变得陌生或不像真的					
81. 大叫或摔东西					
82. 害怕会在公共场合晕倒					
83. 感到别人想占您的便宜					
84. 为一些有关性的想法而很苦恼					
85. 您认为应该因为自己的过错而受到惩罚					
86. 感到要很快把事情做完					
87. 感到自己的身体有严重问题					
88. 从未感到和其他人很亲近					
89. 感到自己有罪					
90. 感到自己的脑子有毛病					

表 1-3　计分方法

因　子	因子含义	项　目	T 分=项目总分/项目数	T 分
$F1$	躯体化	1、4、12、27、40、42、48、49、52、53、56、58	/12	
$F2$	强迫	3、9、10、28、38、45、46、51、55、65	/10	
$F3$	人际关系	6、21、34、36、37、41、61、69、73	/9	
$F4$	抑郁	5、14、15、20、22、26、29、30、31、32、54、71、79	/13	
$F5$	焦虑	2、17、23、33、39、57、72、78、80、86	/10	
$F6$	敌对性	11、24、63、67、74、81	/6	
$F7$	恐怖	13、25、47、50、70、75、82	/7	
$F8$	偏执	8、18、43、68、76、83	/6	
$F9$	精神病性	7、16、35、62、77、84、85、87、88、90	/10	
$F10$	睡眠及饮食	13、25、47、50、70、75、82	/7	

表 1-4　正常成人 SCL-90 的因子分常模

项　目	平均值±标准差	项　目	平均值±标准差
躯体化	1.37±0.48	敌对性	1.46±0.55
强迫	1.62±0.58	恐怖	1.23±0.41
人际关系	1.65±0.61	偏执	1.43±0.57
抑郁	1.50±0.59	精神病性	1.29±0.42
焦虑	1.39±0.43		

3．思考题

（1）作为一名高职学生，你主要面临哪些心理问题？你是如何对待这些问题的？

（2）如何正确看待自身心理健康中出现的问题？

（3）如何维护并增进自身的心理健康？

第二章 高职学生的自我意识与培养

世界上最重要的事就是认识自己。

解读心灵的秘密，了解自己，是一切成功的基础。

（1）了解什么是自我意识以及自我意识与心理健康的关系。

（2）掌握高职学生自我意识发展的特点及产生的偏差问题。

（3）掌握正确认识自我、愉悦接纳自我和科学完善自我的方法。

第一节 自我意识

我不知道怎么办

一个高职三年级女生李艳，22岁。临近毕业阶段，她的情绪很烦躁，也开始失眠。因为她觉得自己的人生像要就此结束了一样，觉得自己什么都不行，处处都比别人差。长得不好看；个子不高；学习成绩又不够好；也不会交际；没什么特长；家庭也没有什么背景，没钱也没势。认为同学都很优秀，自己将来找工作根本就没有希望。而如果找不到工作，父母也会瞧不起她的。她对咨询师说："那我怎么活下去啊？我真的不知道怎么办了？"

咨询师问她："你认为自己长得很难看吗？"她说："是啊！小时候我妈妈就说我长得不好看。每次我表姐来我家，我妈妈总是夸她漂亮，还总是把她抱起来亲热很长时间，把我的玩具都拿给她玩。还说她穿上我的那件公主裙看上去更漂亮。"

咨询师："那你觉得一个人的长相对一个人来说很重要吗？"她说："当然！我妈妈说了，一个女孩子，长得漂亮总是会讨人喜欢的，长大了也能找个好人家。过上好日子的机会也会多一些。像我这样的，也就只有做穷人的命了。我真不知道自己靠什么才能生存下去？"

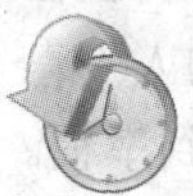

心理认知

中国有句经典名言："人贵有自知之明"。"贵"即珍贵，它包含两层含义：一是稀少，能做到自知之明的人少；二是人若能做到自知之明，对其人生很重要，很有价值。

从某种意义上讲，人认为自己是怎样的一个人，比他真正是怎样一个人更重要，因为每个人都是按照他自己认为是怎样的一个人而行动的。在古希腊的德尔斐神庙上镌刻着这样一句著名的铭文——"人啊，认识你自己吧！"法国哲学家笛卡尔劝导人们"用心灵的眼睛去注意自身"。这些告诉我们，认识自己很重要也很有必要。今天，高职学生正处于人生的关键时期，应有意识地清楚地了解自己，这样才能较好地做到"知己知彼"，较好地适应环境，促进自己的发展。否则，就有可能出现一些不健康的心理，影响自身发展，严重的甚至危害到他人。

一、自我意识的含义

1. 自我意识的定义

自我意识是指一个人对自我以及自己与周围环境关系的认知、体验和评价。它是关于自我思想、情感和态度的主观反映。它包括人的愿望、动机和已经形成的信念、价值观以及对未来的展望，也包括诸如自信或自卑、自豪或羞耻、幸福或悲伤等情绪情感的体验。

自我意识是人所特有的一种复杂的心理现象。它不是与生俱来的，是个体在社会交往中，伴随着语言和思维的形成与发展而发展起来的，从无到有，最后达到成熟，走过了漫长的发展历程。自我意识水平的高低不仅是个体心理发展水平的重要标志，而且将影响和制约其人生选择和行为取向。人们常说，人生最大的挑战就是战胜自己，而形成健康的自我意识，正确认识和把握自我，是战胜自己的前提。

2. 自我意识的内容

自我意识包括两大方面的内容：

一是个体对自身的认识、体验和评价，包括对自身的生理状况和心理特征两个方面的认识、体验与评价。

（1）对自己身体和生理状况的认识、体验与评价，称为生理自我。如对自己身高、体重、容貌、身材、性别等的认识，以及生理病痛、温饱饥饿、劳累疲乏等的感受。如果一个人对自己的生理自我不能接纳，嫌自己个子矮、不漂亮、身材差，就会讨厌自己，表现出自卑，缺乏自信。

（2）对自己的心理特征的认识、体验与评价，称为心理自我。如对自己的知识、能力、情绪、兴趣、爱好、性格、气质等方面的认识、体验与评价。如果一个人对自己的心理自我评价低，嫌自己能力差、智商不高、情绪起伏太大、自制力差，就会否定自己。

二是对自己与周围环境关系的认识、体验和评价，称为社会自我。如个体对自己在社会关系中的角色、地位、作用等的认识、体验和评价。如果一个人认为周围的人不喜欢自己，不接纳自己，找不到知心朋友，就会感到很孤独、寂寞，反之，就会感到幸福。

自我意识是人意识的一种形式，也是意识的核心部分。它伴随一个人的生命过程而不断发展。影响一个人自我意识的因素除了本人的自我态度、成长经历、生活环境外，还有别人的评价与态度，特别是其生命中重要的一些人，如父母、家人、老师、朋友、同学等人对其的评价与态度，都会对其自我意识起重要的影响。

3. 自我意识的结构

由于自我意识既是心理活动的主体，又是心理活动的客体，它涉及人的认知、情感、意志等过程，是一个多层次、多维的心理现象。所以，自我意识在结构上表现为自我认知、自我体验和自我调控三个方面。自我认知、自我体验和自我调控三者之间相互联系、相互制约、相互统一于个体的自我意识之中。自我认知是自我意识的基础，它决定着自我体验的主导心境以及自我调控的主要内容；自我体验又强化着自我认知，决定了自我调控的行动力度；自我调控则是完善自我的实际途径，对自我认知、自我体验都有着调节作用。三方面整合一致，便形成了完整的自我意识。

（1）自我认知。

自我认知是自我意识的认知成分，是主体我“I”对客体我“me”的认知和评价。自我认知主要解决“我是一个什么样的人？我为什么会成为这样的人？”这类问题。自我认知就是在自我感觉、自我观察、自我分析和自我评价等基础上形成的一个对自己的总的一个概念，即自我概念。

（2）自我体验。

自我体验是自我意识的情绪成分，是个体对自己情绪状态的一种体验，即主体“我”对客体“我”所持有的一种态度。自我体验主要解决“我对自己满意吗？我能接受自己吗？”这类问题。常见的自我体验的形式包括自尊、自信、自卑、自负、内疚、自责、自豪感、优越感、成功感等。

（3）自我调控。

自我调控是自我意识的意志部分，是自己对自己自觉的调控过程。自我调控主要解决“我能成为这样的人吗？我怎样改变自己？”这类问题。自觉的自我调控包括自制、自立、自我监督、自我激励、自我控制、自我暗示、自我教育等形式。我们常说的“自制力”就是指自我控制、自我调节的能力。从某种意义上说，一个人的自制力的优劣决定着其学习、工作、生活的成败。自制力强的人，表现出来的是自觉、自制、自立、自主、自信、自律、自强，在学习、工作、生活等方面都有明确的目标，在追求目标实现的过程中，行为积极主动，有责任感，能自觉控制自己的情绪，遇事沉着冷静，果断而坚毅，决不半途而废。自制力差的人，往往目标不清，缺乏主见，容易从众，不善于控制自己的情绪，遇事优柔寡断，做事难以坚持到底。

4. 自我意识的观念存在方式

自我意识从观念存在的方式上看，表现为现实自我、投射自我和理想自我三种。

现实自我是个体从自己的立场出发对自己目前的实际状况的认识。投射自我是个体想象中自己在他人眼中的形象。理想自我是个体想要达到的完善的形象。理想自我是个人追求的目标，不一定与现实自我相一致。当现实自我与投射自我一致时，个体会加深自我发展的意向，当两者不一致时就可能认为别人不了解自己或者产生改变自我现状的意向。当一个人的理想自我是建立在对现实自我的理智认识基础上，并且理想自我与社会要求协调一致时，理想自我会指导现实自我积极适应社会，使自我意识健康发展。反之，一个人的理想自我建立在对现实自我不满而且缺乏正确疏导的基础之上，理想自我与现实自我及社会要求之间就可能产生矛盾，这种矛盾会引发个体内心的混乱，造成社会适应的困难，甚至导致心理疾病。理想自我对个人的认识、情绪和行为的影响很大，是个人行为的动力和参照系。

二、自我意识的发生与发展

人的自我意识并不是生来就有的，它是个体在一定的生理和心理成熟的基础上，在与环境相互作用的过程中产生与发展的。自我意识是客观环境的产物。个体自我意识从发生、发展到相对稳定，大约要经过 20 多年时间。我国心理学家提出了自我意识发展的三阶段模式，即经历生理自我、社会自我和心理自我发展时期。

1. 生理自我形成阶段（8 个月～3 岁）

刚出生的新生儿物我不分，是没有意识的。七八个月时，初步萌发了自我意识。2 岁左右，慢慢学会使用“我”。3 岁左右，开始出现了羞耻感、占有心。这一阶段儿童主要是以自己的身体为中心，以自己的想法和情感来认识和投射外部世界的。

2. 社会自我发展阶段（3～13 岁）

这一时期的儿童随着生理的快速成长，并通过各种社会化的学习，开始掌握了基本的社会规范和生活交往技能，也从中获得了社会的“他人”对自己的认识与评价。但他们主要是从别人的观点去评价事物、认识他人，包括认识与评价自己。

3. 心理自我发展阶段（13 岁～青年）

随着智力与生理的成熟，社会知识经验的日愈丰富，这一阶段的青少年自我观念逐渐成熟，开始转向对内心世界与内心品质的探索，能清晰地意识到自己的内心世界，自我意识进入了“心理自我”阶段。他们对事物有自己独特的理解，不简单地认同别人的观点，因而心理学家也称这个时期为“主观化时期”。他们的自我意识逐渐趋于成熟，世界观、价值观也逐渐稳定。

三、自我意识与心理健康

自我意识是人的调节系统，对人的心理与行为起着导向、自控、内省和归因等调节作用。国内外大量心理学的研究也表明，自我意识与心理健康存在着密切的关系，而且是正相关的关系。反过来说，就是自我意识与心理疾病存在负相关。即积极的自我意识会增进心理健康，健康的心理反过来会促进积极自我意识的形成；消极的自我意识会诱发和加剧心理疾病，心理疾病反过来会使自我意识更加消极。日常生活中一些心理疾病事例也显示，人们在学习、工作和生活中存在的许多心理问题都跟个体的“自我意识”有密切的关系。一个人如果拥有积极的自我意识，那就意味着他不仅能积极评价和接纳自我，而且在适应社会过程中，当面对困难和挫折时能以积极的态度去面对它，战胜困难和挫折的可能性就增大；越是能战胜挫折与困难，那么他就越能保持一种持续的积极的心理状态，因而心理就越健康；其心理越健康，成功的机会就越多，那么，个体对自我的评价就越积极，就越有信心和勇气去面对困难和挫折，这样就形成一种良性循环。相反，如果一个人的心理不健康，那么这种状态反映到头脑中，就容易形成消极的自我意识。其自我意识越是消极，在适应社会过程中就越缺乏信心，怀疑自己的能力与素质，因而也就降低了自己的抱负水平和努力程度，这样，落后和失败的可能性就增大。如果失败和挫折不断增多，那么对心理的打击就会逐步增大，因而越有可能产生心理疾病，这样就形成一种恶性循环。可见，一个人能否形成正确的自我意识对心理健康起着重要的作用。

因此，为了使自己成为心理健康的对社会有用的人才，高职学生必须了解与掌握自我意识发展的规律与特点，重视培养积极的自我意识，更好地承担起建设美好未来的社会重任。

1. *互动训练*

试一试下面的方法认识自我：

认识你自己的20问法。这是帮助你认识自己的一种方法，分两步进行。

第一步，问你自己10次或20次：“我是谁?”然后把你头脑里浮现出来的答案一一写出来。例如：我是×××（姓名），我是×××学校的学生，等等。由于这是自我分析材料，可以不给别人看，所以想到什么就回答什么，不要有什么顾虑。

第二步，对自己的答案进行分析。分析的内容包括以下几个方面：

（1）答案的数量和质量。即一共写出几个答案，答案中哪些方面的内容为多。如果能写出9～10个答案，则大体上可以认为没有特别的障碍。如果只能写出7个或更少的答案，则可以认为是过分压抑自己。

（2）回答内容的表现方式。有三种情况：符合客观情况的，如“我是大女儿”、“我是高职学生”等；主观解释的情况，如“我是老实人”、“我胆小”等；中性的情况，即谁都不能做出判断的情况。如果主观评价和客观评价都有，可以认为取得平衡；如果倾向于主观或客观，则不能取得平衡。在主观评价中，最好是既说到自己好的方面（令人满意的特征），也说到自己不足之处（不令人满意的特征）。如果只说到好的，会使人觉得是自满；只做不好的评价，又令人感到没有信心。

（3）回答的内容是否涉及自己的未来。哪怕只有一个答案涉及未来（如“我是未来的设计师”），也说明自己有理想和抱负，在现实生活中充满生机。如果没有一个答案涉及未来，则可能说明自己对未来考虑不多。

2. 测试

该方法是回答一些设计好的自测问题，来测量自我意识当前所处的状况。

（1）你的情绪是否时常波动？

（2）你与别人的友情能持久吗？

（3）你购买廉价或处理商品，是否常超出自己的需要？

（4）你守信用吗？

（5）你是否轻率地结交异性朋友和订下约会？

（6）你对自己购买的东西满意吗？

（7）你是否轻率地对人或事下定论？

（8）你从事工作是否常有疏误？

（9）你是否有你已不再喜欢的老朋友？

（10）你的生活习惯正常吗？

（11）你是否常凭着初次印象判断人？

（12）你能认真写信给他人吗？

（13）你是否因做错事而感到不安？

（14）你平时遵守交通规则吗？

（15）你在阅读书刊或文件时，常忽略注释吗？

判分标准：第（1）、（3）、（5）、（7）、（8）、（9）、（11）、（13）题做否定回答得1分，肯定回答得0分，其余各题回答肯定得1分，回答否定得0分。

如果自测者得分在10分以上，说明你的自我意识是较成熟的；得7～8分，说明你的自我意识还不够成熟；得5分以下，说明你的自我意识相当幼稚。而后两者的人，应加强学习和修养，提高“自我意识”的成熟度。

第二节　高职学生自我意识发展的特点及偏差

我活着的意义是什么

一位高职二年级男生张某对心理咨询老师这么说：“老师，很感谢您给我这次机会让我好好地剖析一下自己。我是个缺乏自信的男孩，这一年多来，我一直都是在压抑和深深的自卑中度过。我觉得自己很没用，什么都不会，不会拿奖学金、不会唱歌跳舞、不善言谈，体育也不怎么样，而其他同学会这会那……很多时候我都会怀疑我生存的价值，我活着真的没有什么意义。”

心理认知

一、高职学生自我意识发展的特点

高职学生自我意识的发展经过分化、矛盾、统一，转化、稳定，逐渐成熟，直至最终定型。在这一发展过程中受年龄、生活经历、生活背景、专业知识以及教育环境等因素影响，高职学生自我意识表现出以下特点：

1. 高职学生自我认识具有主动性，但自我认识与评价不够客观全面

高职学生自我认识的态度更加积极主动。表现在经常自觉、主动地对自己的思想、学习、生活、成长等情况进行自我反思和评价。对与自我相关的问题的讲座、书籍、调查与测试等表现出较高的关注并积极参与，以寻求解答。

高职学生随着知识水平的提高和思维能力的发展，自我意识的内容也不断丰富起来，不仅涉及自己的外表、行为举止等外在因素，而且更关注自己的性格、智力、交际能力、组织能力等一些内在的因素。对自己的内心世界和行为、对自己的角色和责任有了新的认识，能自觉地赋予自我以重要地位的角色。但受主、客观因素的影响，特别是理论功底不扎实，社会阅历不丰富，高职学生在对客观事物的理解和判断上存在着一定的肤浅和片面，因此，对自我的认识和评价存在着只看到一面而看不到另一方面，只看到表象而看不到本质的现象。有的对自己的长处加以夸大，而将自己的短处缩小；有的不能准确认识现实自我，对自我期望过高；有的只因一次小小的失败，就产生严重的受挫感，对自己失去信心，甚至否定自我。这些体现了高职学生在自我认识方面的不够成熟，有待于进一步完善。

2. 高职学生自我体验敏感、丰富，但隐蔽、不稳定

随着高职学生对自我内心世界的进一步关注，自我情感体验变得敏感起来。他们开始重视自己在集体中的地位和威信，凡涉及“我”及与“我”相关的许多事物，如名誉、地位、前途、理想及异性交往等方面的问题，都容易引起他们强烈的情绪和情感的反应。对他人的言行和态度十分敏感，常使他们对自我产生一种想象式的、灵感式的、非逻辑的体验，如别人无意间的一句话，一个眼神，有时会使他们产生无限的联想，反复琢磨别人的意思。有时一片飘零的树叶，一丝的秋雨，也会引发他们惆怅与伤感的情绪。

而丰富多彩的校园生活及现代网络生活，为高职学生丰富多彩的自我情感体验提供了条件。在各种各样的学习、生活和活动中他们不仅有积极的、肯定的、轻松的、敏感的、愉快的自我体验，也有消极的、否定的、紧张的、迟钝的和沮丧的自我体验。而且随着知识和社会阅历的增长，高职学生对所参与的活动或经历的事情的体验也越来越深

刻，他们不仅善于观察外部情景的变化，同时更加关注情景变化的内在因素和可能导致的心理影响，呈现出高职学生自我情感体验的丰富与深刻。

随着年龄的增长，高职学生心理活动逐渐指向自己的内部世界，不轻易向他人敞开自己的内心活动，具有显著的内隐性，会有意无意地掩盖自己的缺点和短处，不把自己的喜、怒、哀、乐轻易地表露出来，也不随意与人交流沟通，同学之间隔着一道看不见的心理防线，妨碍了新的友谊关系的建立，因此有些同学产生一种孤独感。

同时，高职学生的情绪不够稳定，具有明显的波动性。他们可能会因一时的成功而产生积极的、愉快的情感体验，对自我充满了自信，甚至骄傲自满、忘乎所以；可能会因一时的挫折而低估自我，丧失自信，对自我产生自卑，灰心丧气甚至悲观失望。当受到他人表扬时，就觉得自己满是优点；若受到别人批评时，就觉得自己处处不行。这些都说明，高职学生的情绪体验还不够成熟，起伏变化大。但总体而言，高职学生自我体验的基调是健康、积极的。男生比女生更自信，更富有活力，但容易急躁；女生则更热情，内心舒畅感更明显，但容易愁闷。

3. 高职学生自主独立意识强，但自我控制力不强

要过好高职学校的生活，不管是学习还是生活都依赖于学生的自我管理、自我教育，需要高度的自觉性。高职学生进入学校后，自主独立意识强烈，常希望摆脱家长和中学教师的束缚，有强烈的自我设计和自我规划的愿望，但是自我控制能力不强，行为随意性大，缺乏持之以恒的精神。有的人虽然制定了一个又一个的目标，但却容易受外在因素的干扰，总是“三天打鱼，两天晒网”，虎头蛇尾，半途而废。有的同学刚捶胸跺脚地下了决心，可一转身又忘得一干二净。有的学生每天要下同样的决心，同样每天都可以找到可以原谅自己没做到的理由。做事凭心情。心情好，情绪高涨时，觉得自己什么都行，什么都想去做；心情不好，情绪低落时，做什么都提不了劲，不能有效地控制自己的情绪。学习生活纪律比较涣散，自律性较差，无视学校的规章制度，平日里觉得“好听”的课就去上，“不好听”的课就不去，不能很好地约束自己的行为。这些现象说明高职学生的自我控制能力有待于进一步提高。

4. 高职学生自我意识充满了矛盾性

高职学生的自我意识在发展过程中由于分化，带来了主体我与客体我的矛盾斗争，加剧了理想我和现实我的矛盾，表现出明显的内心冲突，由此带来在自我体验上的焦虑、痛苦和不安。

（1）主观我与客观我的矛盾。

社会对高职学生的要求、期望与评价与他们的自我认识与评价存在一定的差距。这使他们的自我认识产生了矛盾，产生失落感。随着社会的发展，社会对高职学生的素质要求也越来越高。不仅要有一定的知识和技能，还应具备良好的职业意识和职业精神，如敬业感、责任感、事业心、竞争意识、团队精神。但是由于长期的校园生活，高职学生对社会实际缺乏深入的了解和切身体验，缺少合作意识与责任心，浮躁、好高骛远，缺乏人际沟通和基本的动手能力。社会对高职学生的评价是“高不成，低不就”，要理论

比不上本科生、研究生；要技能，比不上中职生。同时职业意识与职业精神又不尽人意。

（2）理想我和现实我的矛盾。

理想我和现实我的矛盾是高职学生自我意识矛盾中最突出的表现。高职学生的理想自我过于理想化，个人追求的目标过高，力求达到完美的形象。但由于他们缺乏社会经验，缺少自我认识的参照点，因此不能很好地将理想与现实结合起来，从而使“理想我”与“现实我”产生较大的差距。在现实生活中，人的理想自我与现实自我总是存在着一定差距的，合理的差距能够激发人奋发进取的积极性，使人不断进步、奋发有为。但当现实我与理想我距离太远时，会使高职学生产生各种各样的心理不适，如焦虑苦恼、痛苦不安，导致一系列心理问题。

（3）独立意向与依附心理的矛盾。

高职学生渴望摆脱家长和中学教师的束缚，希望自立自强，成为一个有独立见解、能决定自己命运的人。但当他们遇到生活、学习中的问题时又盼望得到亲人、老师、同学的帮助，无法真正做到人格上的独立。特别是对于独生子女来说，由于长期受到父母的溺爱与保护，这种独立意向与心理依赖的矛盾表现得更为突出。另外，高职学生心理上的独立与经济上的不独立也形成了明显的反差。这种希望独立，又无法摆脱依赖的矛盾心理一直困扰着他们。

（4）交往需要和自我闭锁的矛盾。

高职学生内心迫切需要友谊，渴望交往与分享，渴望理解与被认可，渴望有知心朋友，希望自己成为群体中受尊敬与欢迎的人。然而他们又有意无意地把自己的心灵隐藏起来，与同学保持一定的距离，存在一定的戒备心理，不轻易向他人敞开心扉，不随意与人交流与沟通，因此，感到没有人能理解自己，没有知心朋友，感到孤独。一部分同学为了排解内心的孤独，喜欢在网上交流，认为虚拟的网络世界比较安全，不用担心会受到伤害，所以在网上可以畅所欲言。一些同学谈恋爱，只是为了消遣时光，但不一定是真正的爱。可见，渴望交往与自我封闭的矛盾冲突在高职学生的心理上产生了明显的影响。

（5）理智与情感的矛盾。

高职学生的情绪不稳定，一个显著特点就是容易两极分化，或高或低，波动性大，而且容易冲动，不善于自我控制。随着身心发展和认知水平的提高，他们渐渐成熟，当遇到客观问题时，情感上希望满足自己的要求，理智上也想能服从于社会及他人的需要。但事实上，当遇到如失恋这种人生打击时，尽管理智上能够理解，但感情上却难以接受。

二、高职学生自我意识的偏差

高职学生自我意识在分化矛盾的过程中，促进了他们思维和行为主体性的形成，同时也带来了一系列的心理偏差。这些心理偏差虽然是心理发展过程中的问题，但不能忽视。否则，将可能引起更为严重的心理障碍和疾患。

1. 自卑感强

自卑感是对自己不满、否定的情感，往往是自尊心屡屡受挫的结果。高职学生由于在中学时代受到的挫折比较多，因此，往往不能正确地看待自己，不能客观地认识自己，往往只看到别人的长处和社会优势，而片面地夸大自己的不足和社会劣势，忽略了自己的长处，总感到什么都不如人，处处低人一等，在同龄人中感到抬不起头来，觉得自己和成功无缘，而总与失败相随，常感失望、忧伤，自卑感强，严重的发展到自我厌恶甚至走向自我毁灭。

2. 自我中心倾向

高职学习阶段是高职学生自我意识发展最强烈的时期。这一阶段的他们强烈关注自我，再加上一些独生子女的优越感，他们往往愿从自我的角度、标准去认知、评价和行动，加之现代网络生活，一些高职学生不喜欢与人交往与沟通，喜欢独处，自我封闭，显现明显的自我中心倾向。自我中心的人凡事从自我出发，不能设身处地地进行客观思考。只关心自己，先替自己打算，不顾忌他人的感受和需要。或者居高临下，颐指气使，盛气凌人，总认为自己对别人错，好把自己的意识强加于他人。因此，自我中心的人处理不好人际关系，不容易赢得他人的好感和信任，行为做事难以得到他人的帮助，易遭遇挫折。

3. 自我期望过于理想化

自我期望是指一个人对理想自我发展的想象性的自我目标。高职学生对未来有十分强烈的憧憬和向往，这本是好事，但有一大部分学生不能根据自己的实际情况来设定自我目标，自我期望过于理想化，目标定得过高，与现实差距大，结果发现要实现其中一个目标都是不容易的，时间一长，受挫的次数一多，就产生了自卑感。

4. 比较盲从

有相当一部分高职学生到学校以后，没有清晰的、明确的目标，不清楚自己在学校期间的任务，对上高职院校的目的也没有认真的思考，不明白在学校里要学什么、怎样学，没有具体的发展方向，学习效率低下。有的同学有指定目标，但主次不分，没有考虑自己的兴趣与特长，眉毛胡子一把抓，陷于考证的误区中，从而丢了专业知识。有的同学缺乏自己的主见，只是一味地随大流、凑热闹，甚至只是为了求得他人的认同而从众，改变自己的目标与计划。这些都是高职学生盲从的表现。

心灵互动

表 2-1 是一份关于自信心的心理测验表，其中所涉及的“测验项目”，都是与自信心有关的实际生活的问题。希望借助这份自信心测验表的测量，了解自信心的表现和你的实际状况，以便于明确今后改进的方向。

“问卷”由 25 个问题组成，每个“问题”都由一个“陈述句”表示，都涉及一种你对你自己的感觉和态度。如果其中有的问题的陈述是符合你自己通常的实际感觉的，那么你就在这个题号的“像我”栏中打上一个“√”；如果其中有的问题不符合你通常对自己的感觉，那么你就在这个题号的“不像我”栏中打上一个“√”。不管你的选择“像我”还是“不像我”，都无所谓对与错，关键是你的选择要符合你自己的实际感受和实际情况。

表 2-1　自信心测验量表

题　号	题　目	选　择	
		像我（√）	不像我（√）
1	我一般不会遇到麻烦事	A（　）	B（　）
2	我觉得在众人面前讲话是很困难的	B（　）	A（　）
3	如果可能，我将会改变自己的许多事情	B（　）	A（　）
4	我可以轻而易举地做出决定	A（　）	B（　）
5	我有许多开心的事做	A（　）	B（　）
6	我在家里常常感到心烦	B（　）	A（　）
7	我适应新事物较慢	B（　）	A（　）
8	我与我的同龄人相处得很好	A（　）	B（　）
9	我家里的人通常很关心我的感情	A（　）	B（　）
10	我常常会做出让步	B（　）	A（　）
11	我的家庭对我的期望太多	B（　）	A（　）
12	我是个很麻烦的人	B（　）	A（　）
13	我的生活一团糟	B（　）	A（　）
14	别人通常听我的话	A（　）	B（　）
15	我对自己的评价不高	B（　）	A（　）
16	我有许多次想离家出走	B（　）	A（　）
17	我常常觉得我的工作很烦	B（　）	A（　）
18	我不像大部分人长得那么漂亮	B（　）	A（　）
19	如果我有什么话要说，我通常要说出来的	A（　）	B（　）
20	我的家里人理解我	A（　）	B（　）
21	我不像大部分人那样讨人喜欢	B（　）	A（　）
22	我常常觉得我的家里人好像是在督促我	B（　）	A（　）
23	我常常对我所做的事情感到失望	B（　）	A（　）
24	我常常希望我是另外一个人	B（　）	A（　）
25	我是不能被依靠的	B（　）	A（　）

（1）计分：选 A 的个数即是你的得分，每选一个 A 得 1 分。选 B 为 0 分。

（2）解释：

得分在 21 分以上，你很自信，你的自我感觉良好，你为自己的过去感到自豪，对现状和周围感到满意，对自己的未来充满信心；

得分在 17～20 分，你有正常的自信心，这使你能正常地适应人际交往和社会生活；

得分在 14～16 分，你的自信心稍微偏低些；

得分在 13 分以下，那么你的自信心程度较低，你对自己和周围的评价不高或者不满意，你在现实中有这样那样的苦恼和不如意。为此，你要及时做出调整，分析一下问题出在哪里，或是改变心态或是积极采取行动。

你测验的结果是什么？

当然，这只能作为一个参考。更重要的是在实际生活中，认识我们这一年龄阶段自我意识的特点，克服存在的偏差问题。

第三节 健全自我意识的培养

一位不知所措的同学

她是一位来自外省农村，家庭经济困难的女生。

她告诉老师说："高中阶段，我住在亲戚家里，因为学习成绩优异，比较听家长的话，亲戚们也就特别宠爱我。平时，我很少与班上同学交流，独来独往，性格内向。进入高职院校后，刚开始感觉还可以，但时间长了，由于寝室同学之间存在着很大的性格差异，相处中出现了不和谐。面对如此复杂的人际关系，我感到十分困惑，怎样才能处理好这些关系呢？"

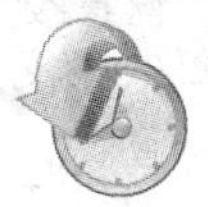

高职学生自我意识发展过程中存在各种各样的矛盾与偏差是自我意识发展过程中的必然现象，因此不必为此而焦虑或苦恼。只要我们掌握正确的健全自我意识的构建方法，正确地认识自我、悦纳自我，不断地完善自我、超越自我，才可促进自我意识实现积极的统一，培养出良好的个性，形成健康的心理，使我们今后的生活更加愉快和有意义。

一、全面正确地认识自我

全面而正确的自我认知是培养健康的自我意识的基础。高职学生不仅要了解生理自我的状况，更要对自己的心理自我和社会自我的现实状况有深入地了解与认识。一个人只有全面、正确地认识自我，客观、准确地评价自我，才能扬长避短、取长补短，才能在此基础上，合理安排自己的工作和生活，不对自己提出过高的、不切实际的期望目标，也不低估自己的素质和潜力，这样才能充分发挥自己的现实能力和潜在能力。要做到客观地认识自己，可以从以下途径进行：

1. 通过自我分析认识自我

一个人要了解、认识自己的外貌、体态等外在特性是比较容易的，而要认识自己的意识、智力、能力、性格等内在特性是比较不容易的，因为它们不是可以一目了然的。如何认识和把握人的这些内在的特性呢？我们可以借助一些对人的行为的分析测试，了解自己的心理状态，把握自我意识当前所处的状况。

2. 通过比较认识自我

有比较才能更好地鉴别。一个人认识与评价自己的能力,往往是通过与他人的比较而获得的。同时，也只有在与别人的比较中，才能找准自我的坐标。不过要提醒的是，在与别人进行比较时，应注意选择比较的参照对象。参照对象不同，比较的结果和对自我的认识、评价也就不一样。如果找的是很弱小的对手，结果会觉得自己强大无比；如果找的是十分强大的参照对象，结果会发现自己十分渺小；如果拿别人的长处与自己的缺点比较，结果会越比越泄气；如果拿自己的长处与别人的缺点比较，结果会越比越得意。因此，在与别人比较时，一定要注意可比性，看看双方的基础是否相当，双方的条件是否相同，双方的机会是否均等。只有具备了上述条件，比较才有意义，才能反映出自我的真实面目，做到既不妄自尊大，也不妄自菲薄。 当然，我们不仅要与自己情况差不多的人相比，更要与优秀的人相比，与理想的人物和标准相比，见贤思齐，以促进自我的发展与成长。

3. 从他人对自己的态度与评价来认识自我

他人的态度就像一面镜子，可以用来观测自身，认识自我。尤其是他人带有倾向性、经常性的态度。通过他人的态度可以认识到自己的形象、自己在集体中的地位、自己的品质、自己的心理特征等，并可以从中找到原因所在。例如，如果别人很愿意和自己交往，在一起学习、工作、娱乐，而且气氛和谐，彼此感到愉快，这就说明自己一定具备某些令人喜欢的品质。相反，如果别人嫌弃、讨厌自己，那就应注意自我反省，是自己的原因吗？是自身哪些不良的品质导致的？我们要多留意别人对自己的态度。但值得注意的是对别人对自己的态度与评价也应有一个正确的态度并做具体的分析，如他人的羡慕或嫉妒、尊敬或鄙视、信任或怀疑、亲近或疏远，有时会因对方的偏爱、成见或缺乏了解而失真，因此，我们不要因他人过高的评价而飘飘然，也不要因他人过低的评价而失去信心。不过，当你的自我评价与别人对你的客观评价有较大程度的一致性时，表明你的自我意识是比较成熟的。

4. 通过自我反省认识自我

心理学研究表明，反思在促进一个人的成长中具有重要的作用。高职学生要勇于并善于将自我作为一个认识对象，解剖自我，批评自我，正视自我。可以通过对自己活动和行为的经常性反思，如参加各种活动的动机、态度、行为表现、取得的成效、获得的感受与体会等，进一步深刻认识自我、评价自我、发现自我，从而进一步开发自我潜能，激发自信。

美国心理学家约翰和哈里提出关于自我认知的窗口理论即乔韩窗口理论。认为人对自己的认识是一个不断探索的过程。每个人的自我都有四部分：公开的自我、盲目的自我、秘密的自我和未知的自我（表 2-2）。自己知道自己公开的自我和秘密的自我，但不知道盲目的自我和未知的自我。他人知道公开的自我和盲目的自我，但不知道秘密的自我和未知的自我。通过与他人分享秘密的自我，通过他人的反馈减少盲目的自我，从而对自己的了解就会更多更客观。

表 2-2 自我探索表

	自 知	自 不 知
他知	A 公开的我	B 盲目的我
他不知	C 秘密的我	D 未知的我

因此，高职学生应通过多种途径认识自我，并学会运用辩证的观点，分析综合的思维方法，客观、准确、全面地认识自我，避免片面性。

二、自主愉悦地接纳自我

自我悦纳是对自己的本来面目持肯定、认可的态度，是自我意识健康发展的关键所在。高职学生要学会高兴地、愉快地接受自己的一切：身体、性别、家庭背景、社会关系和经济地位。不管自己的这些方面存在着什么不尽人意的地方，也要学会欣然地接受它。要学会欣赏自己、善待自己。不会欣赏自己、善待自己的人，就不会欣赏和享受人生。不会欣赏自己的人，就感受不到生活的快乐与幸福。因为不能接纳自我的人，往往自我否定、自我拒绝，有强烈的自卑心理。他们为了掩饰自己的不足，经常进行伪装或逃避，情绪体验是压抑的，感受不到轻松与快乐，有的甚至自暴自弃。因此，要使自己成为幸福的人，首先要愉悦地接纳自我，这样才能有信心去面对真实的自我，才能做到自尊、自爱，自强。

1. 保持平常心看待自身的不足

寸有所长，尺有所短。每个人身上都有自己的长处，也存在着不足。存在缺点与不足，并不可怕，关键是我们如何正确对待它。一般而言，人的短处有两种，一种是可以改进的，如不良的学习习惯、恶习等。对这些可以改进的短处，只要一出现，就承认它并努力去改正它。另一种短处是不可以改进的，如身材矮小、其貌不扬，以及其他不能矫治的缺陷。对这些不足首先要勇敢地承认它、接受它，不要伪装掩饰。伪装掩饰只会带来沉重的心理负担，严重影响自身健康成长。正确的办法是“代偿”，尽量凸显自己其他方面的“美”，以“美”来补偿这方面的“丑”，让自己的“美”给他人留下深刻的印象。其次，要拥有一颗平常心，以欣赏的眼光对待别人的优点与不足，不能看到别人比自己强，就嫉妒埋怨、灰心丧气；看到别人比自己弱，就沾沾自喜、幸灾乐祸。只有这样，才能拥有健康的心态和积极健康的情感体验。

如有一位女生，长得很漂亮，几乎无可挑剔：发如黑瀑，眼如秋水，肤如冰雪，气质高雅。但是不快乐。原因是她长有一颗不好看的牙齿，这颗牙一般是看不到的，只有在大笑时，才会露出，因为它长在嘴巴左上的第六颗。为此，她从小就不敢快乐地大笑。她说：“人家都以为是我孤傲，看不起人，哪知我心里的苦水。后来上了高职学校，我还是不敢笑，人家称我是‘冰美人’，哪里是‘冰’，骨子里还是因为这颗牙。”这女同学为了掩饰这颗她认为见不得人的牙竟付出如此的代价，实在不值得！

2. 勇敢面对失败，坚信自己

每个人的成长过程不可能一帆风顺的，有成功也有失败。高职学生正处在不断成长、不断成熟的阶段，由于生活经历、知识与经验等的不足，在学习、生活、人际关系方面，都有可能遇到这样那样的挫折。但挫折并不可怕，可怕的是面对失败一味地贬低、自责自己，丧失信心。其实，眼前的失败并不代表永远的失败，一事不行并不意谓样样都不行。遇到挫折，要勇敢面对，并认真总结经验教训，寻找原因，明确改进方向。要树立不达目的决不罢休的信心，并坚信自己具有实现目标的能力。只要你设置合适的目标，脚踏实地，持之以恒，一定能实现目标，体验成功，感受幸福的。

三、积极科学地完善自我

全面客观地认识自我，自主愉快地接纳自我，目的是为了更好地完善自我、塑造自我和超越自我。不同的人，在能否正确认识自我、愉悦地接纳自我和自觉地完善自我有不同的认识、不同的态度和不同的做法，因而，也就成就了不同人的不同人生。高职学生应通过多种渠道，采用多种方法积极主动地学会提高现实自我，不断地完善自我，超越自我，为今后多彩的人生奠定良好的基础。

1. 学会规划人生，确立合乎自我的目标

目标是人们在行动开始之前对结果的一种预想状态。目标对人们的行为具有很强的导向、激励作用。

哲学家托·富勒说过这样一句话：“伟大的抱负造就伟大的人物”。许多成功人士的人生辉煌都应证了这一句话的效应。高职学生要克服以下两种情况：一是没有明确的目标，过一天是一天；二是目标过于理想化，好高骛远，不切合自我实际。要学会规划自己的人生，学会在不同的时期向自己提出合乎自我的目标。在确立目标时，要注意做到“四个结合”:个人目标与社会发展的需要相结合；个人目标与现实可能性相结合；个人目标与自身条件相结合；长远目标与近期目标相结合。只有明确了努力的方向，才能以此引导自我不断发展，促进自我不断提高。

2. 创造机会，感受成功，培养自信

高职学生可以通过以下方法来培养自信心：一是时常进行积极的自我暗示，如“我一定会成功！一定会的！”“人人都能干，我为什么不能？我同样的不也是人吗？”等，使自己有自信心。二是积极主动地争取机会，创造机会，并且争取成功，哪怕是微小的成功。因为，一个人成功的经验越多，成功的体验越多，他的期望也就越来越高，自信心也就越强。这样通过一次次的成功体验建立起来的自信心就会更坚实，更持久。

3. 培养顽强的意志，形成良好的行为习惯

目标的实现需要良好的行为习惯支撑。高职学生应克服怕困难，怕吃苦，做事虎头蛇尾的不好习惯，努力培养自己具有顽强的意志，提高自己的坚持性和自制力，增强挫折耐受力，自觉主动地为实现目标而努力排除干扰、克服困难，使自己具有不达目标不罢休的勇气与毅力。要有意识、有计划、有针对性提高自己，使自己今天比昨天有进步，明天比今天做得好，在每天一小步，每学期一大步的行动过程中，逐步提高现实自我，完善自我。

4. 努力追求超越自我

超越自我应成为每个人终生努力的目标。高职学生要学习无论对人或对事都要全力

以赴的精神，使自己的能力品行在努力的过程中得到最大限度地发挥。超越是一种境界，更是一种过程，一种“新我、独特的我、最好的我”的形成过程，它不是一帆风顺的，需要付出艰辛的努力和沉重的代价。只要高职学生认定自己的目标，以科学的态度，积极投身于各种实践，在实践中进一步地学习、反思和创造，学会辩证看待社会，客观全面地认识自我、分析自我，积极主动地完善自我，努力追求超越自我，就一定能逐步走向成熟和完善。

1. 互动训练

下面是有助于悦纳自我的方法，试一试。

【方法一】 回忆自己从小到大的人生经历，把每一次获得奖励和表扬的内容、过程和感受记录下来，然后慢慢地、细细地回味。

（目的是通过重温成功的体验恢复你的自信。）

【方法二】 回答以下问题：

（1）你最欣赏自己的外表是____。

（2）你最欣赏自己的性格是____。

（3）你最欣赏自己所做的一件事情是____________________________________。

（4）你最欣赏自己对朋友的态度是____________________________________。

（5）你最欣赏自己的一次成功是______________________________________。

（6）你最拿手的事情是____。

（7）别人最欣赏你的是____。

（8）家人常以你为荣的是 ____。

（目的是通过对以上问题的回答，有助于发现自己的优点和长处，学会欣赏自己。）

【方法三】 可以请你的父母、同学或朋友一起帮助你找优点，并把这些优点记录下来放在随时可以看见的地方，并经常阅读它。

（目的是用别人的评价来激励自己，强化优点，帮助改变对自己的态度，悦纳自我。）

2. 测试

下列每个题目做出最适合你的选择。以便进行自我形象测试。

（1）上次某个异性朋友说你长得迷人，你当时反应如何？

A. 不觉得意外，因为知道会有那么一天；

B. 觉得快活，因为我也想到这一点，只是不能完全肯定自己而已；

C. 又惊又喜。

（2）你是否直呼你父母的名字？

A. 是的，自从长大成人以来一贯如此；

B. 是的，只因为父母提议要我那样做；

C. 不知道什么缘故，我就是不喜欢那样叫法。

（3）你即将担任一项重要任务，一项你以前从未做过的事情。你有一位朋友真心地说，但愿我有你那样的幸运。你会：

A. 接受这句恭维话；

B. 向他表明你并没有十足的把握，但你很乐观；

C. 心想，如果你知道我有多紧张就好了。

（4）你已经拿定主意下午逃学，你觉得：

A. 好极了，我一定能玩得很痛快；

B. 很好，只是有点罪恶感；

C. 很有罪恶感，以至于玩兴全消失了。

（5）你是否觉得别人不了解你的优点？

A. 实在不觉得；

B. 有时候觉得；

C. 经常觉得。

（6）当你生气的时候，你通常是：

A. 不表露出来；

B. 直接表露出来。

（7）假如第（6）题的答案是 A，你是否觉得，你当时非常生气，别人看你却是镇定的？

A. 很少觉得；

B. 有时觉得；

C. 经常觉得。

（8）假如第（6）题的答案是 B，你是否觉得，在你气得快要崩溃时，别人看你却是坚强的？

A. 很少觉得；

B. 有时觉得。

（9）下列情况哪一种最适合你：

A. 我对自己的才干了如指掌，并正在善加利用；

B. 有时候我觉得，自己在某些事情上还可以做得更好一些，不过一般而言，我对自己努力的成果通常都很满意；

C. 假如我用心去做，几乎什么事情我都能做，不过我未得到应有的机会。

（10）当你告诉某个很了解你的人说，你在某个特殊的场合有某种行为和感觉时，他是否会说：“我没想到你会这样”

A. 从来没有；

B. 很少；

C. 有时候如此。

（11）如果你有一件想做的工作，但是没有规定你完成，这时你：

A. 立刻着手行动；

B．有点分心的感觉，但容易进入工作状态；

C．觉得不愿意定下决心来做，或者感到注意力分散得很厉害。

（12）当某人似乎并不喜欢你时，你会：

A．以旷达的胸襟接受这一事实：一个人无法讨好每个人；

B．想知道你是否做了什么事情得罪他了；

C．认为他一定妒忌你。

（13）你是否担心自己会让别人失望，辜负他们对你期望？

A．很少；

B．有时候；

C．经常。

（14）假如在通过海关时，你被阻挡下来彻底检查行李，而你并没有携带违禁品，你会：

A．因为被耽搁了，觉得有点懊恼；

B．心想，幸好我没有带违禁品；

C．觉得紧张而有罪恶感，像自己做错了事一样。

（15）你会做白日梦吗？

A．不常做；

B．偶尔做；

C．经常做。

（16）假如（15）题的答案是B和C，你的白日梦是：

A．和可能的情况十分接近；

D．幻想你大权在握，人人仰望你，你经常都能随心所欲。

（17）在过去两年中，是否有好几个人评论你的人格（不论是恭维的或批评），让你感到惊讶的？

A．实在没有；

B．不是好几个，而是一两个；

C．是的，有一两个。

（18）当你在学校犯了错误，或者在家里把晚餐弄错了，这时你：

A．就耸耸肩，心想没有一个人是十全十美的；

B．需要自我安慰，说那不太要紧；

C．觉得很着急，并且很想替自己辩护。

（19）如果有人得罪你，你：

A．生气了一阵子，过后就忘了；

B．觉得难以抛开创痛和怨恨；

C．想报复，并且想象用严厉的方式惩罚对方。

（20）你必须参加某次面试或某种考试。对于这些，你已经有了充分的准备，你会：

A．觉得有点紧张，但是仍愿意全力以赴；

B．有时觉得有把握，有时觉得紧张；

C．严重怀疑自己的能力。

（21）假如你不喜欢你的学校或你的邻居，你会：

A．痛下决心换一个地方，并且尽快去实现；

B．不知何去何从，犹疑不决，不过最后还是采取行动了；

C．觉得陷进去了，无法采取行动。

（22）假如你把时间和金钱投进了某个冒险事业，结果一败涂地，你会：

A．检讨得失；

B．决定将来小心行事；

C．认为那不过是运气坏一点罢了，下次事情必定进行顺利。

（23）你觉得下列哪个形容词最适合你，请你指出来，然后，来找两个很了解你的人，不要告诉他们你的答案，请他们个别告诉你，他们认为哪个最适合你：

A．性子稳重或急性子；

B．怕羞或外向；

C．粗心或谨慎。

（24）有位朋友和你争论，而你认为他的观点不合理。这时你：

A．就直截了当地跟他说你的观点；

B．试着跟他妥协；

C．觉得难过又生气，但尽量避免对峙。

（25）你是否觉得不论你做什么事情，都会有人照顾你？

A．否，我必须依靠自己的努力；

B．只是照顾到某个地步而已，不能过于强求他人；

C．是的，通常都有。

（26）你是否觉得，别人控制了你的生活，你所做的事情，没有发言的权利？

A．并非如此；

B．有时候这样认为；

C．经常这样认为。

【计分标准】

除了第（23）题的，其他每题的选项 A 为 0 分；B 为 1 分；C 为 2 分。第（23）题 A、B、C，你和朋友相异一次加 1 分。

【结论】

0～10 分：你对自己的看法和别人对你的看法很接近；

11～25 分：你对自己的评价大部分合理而真实；

26～35 分：你对自己的看法与别人对你的看法有差异；

36 分以上：假如你没有算错分数，而且也诚实地做了这个测验的，表明你对自己的看法与现实极不相符。

3. 思考题

（1）你存在自卑吗？怎样建立自己的自信心？

（2）仔细分析自己的优势与不足，制定一份完善自我的行动计划。

第三章 高职学生的人格与心理健康

> 你改变不了天气，但你可以改变心情；
>
> 你改变不了事实，但你可以改变心态；
>
> 你改变不了过去，但你可以改变现在；
>
> 你改变不了他人，但你可以掌握自己。

（1）理解人格与心理健康的关系

（2）掌握高职学生良好气质、性格的培养。

（3）理解高职学生常见人格缺陷及其矫正措施。

第一节　高职学生的人格

对前途充满迷惑的高职学生

小李是某高职院校三年级学生。他说自己是个内向的人，不擅交往，不自信，对什么事都兴趣不大。自己心情总是时好时坏，好的时候干什么都还可以，坏的时候什么也没有意思，特别讨厌自己。例如，最近一段时间总是很难受，想到“自己存在有什么必要?!”压抑、恐怖、厌学等一些说不清楚的莫名奇妙的感觉不断袭来，这种感觉在中学时也有过，上高职后感到越来越严重，致使听课安不下心，作业懒得完成，已经好几门功课不及格。近来人特别烦躁，有时心理空荡荡的，有时又乱轰轰的。毕业后能干什么：拿着大专文凭能找到什么好工作？经商，自己拿得起来吗？学点手艺挣钱，自己又有多大能力？就是这样，想一个问题，干一件事情，总是犹犹豫豫，问号太多，拿不定主意，而且没有坚持下去把一件事搞到底的信心。一想到快毕业了，看着同学都忙忙碌碌、跃跃欲试地准备毕业前的工作，而自己却六神无主。

你认为小李同学当前面临的主要问题是什么？他应给怎么办？

心理认知

一位老教授昔日培养的三个得意门生事业有成，一个在官场上春风得意，一个在商场上捷报频传，一个埋头做学问如今也苦尽甘来，成了学术明星。于是有人问老教授：你以为三人中哪个会更有出息？老教授说：现在还看不出来。人生的较量有三个层次，最低层次是技巧的较量，其次是智慧的较量，他们现在正处于这一层次，而最高层次的较量则是人格的较量。

这个故事生动地向我们说明，在人的素质结构中，人格对一个人的成长起着近乎决定性作用。

一、人格内涵与特征

人格是人的心理行为的基础，它在很大限度地决定了人如何面对外界的刺激以及反应的方向、速度和程度。人格会影响到人的身心健康、活动效率、潜能开发以及社会适应状况。健康的人格心理是高职学生立志成才的必备条件，是高职学生在自身所处的社会文化环境中保持良好的认识水平、平稳的情绪情感、恰当的行为方式和正常的社交与职业功能的基本前提。因此，重视人格的整合与塑造，既是身心健康的需要，又是自我发展、自我实现的需要。

（一）人格内涵

“人格”的使用范围非常广泛，可以在生理、心理、宗教、社会、伦理、法律和美学等不同领域赋予它不同的意义。例如，我们常常听人说，张三的人格卑鄙，李四的人格高尚，这是从伦理道德上给人以评价。在某种情境下有人气愤地说：“这是对我人格的污辱”，在这里的“人格”又是属于法律范畴，说明有人侵犯了他的尊严和人权。

在心理学界一般将它定义为：带有动力倾向性的、比较稳定的个性心理的总和，它包括个性倾向性和个性心理特征两方面。个性倾向性是指一个人对现实的态度和行为倾向。它是人格中最活跃的成分，是个体心理活动的动力。个性倾向性一般包括需要、动机、兴趣、理想、信念和世界观。其中，需要是最基本的个性倾向，是形成其他个性倾向的基础。动机是最直接地推动各项活动的个性倾向，其他个性倾向都须转化为一定的动机，才为心理活动提供动力。个性心理特征是指个体经常地、稳定地表现出来的心理特点，主要包括能力、气质、性格。个性心理特性是人格中最稳定的成分，但又是可变的。个性心理特征是在心理过程中形成的，它对个体的心理活动起着重要的调节作用。

人格涉及四个方面：全面整体的人、持久统一的自我、有特色的个人和社会化的个体。人与人之间显著的差别就在于人格。因为人格的差异，有的人觉得世界充满爱，到处都有亲人、朋友和好人，到处都能够得到帮助和关心；有的人觉得这个世界就是人间地狱，到处都充满冷遇、欺骗、歧视、仇恨、虐待等。有的人助人为乐，有的人损人利己，有的人口直心快，有的人城府很深，有的人说到做到，有的人口是心非。

（二）人格的特征

人格是个体在遗传素质的基础上，通过与后天环境的相互作用而形成的相对稳定和独特的心理行为模式。

（1）独特性。个体的人格是在遗传、成熟、环境、教育等因素交互作用下形成的。不同的遗传、存在及教育环境，形成了各自独特的心理特点。每个人的人格都是独特的，不仅表现在个别心理、行为上，也表现在整个模式上，从而使得人与人之间区别开来。

（2）稳定性。人格的稳定性是指那些经常表现出来的特点，是一贯的行为方式的总和。例如，某个人比较性急，他昨天是这样，今天是这样，明天也可能是这样；在生活中显得性急，在工作中可能也比较急躁。当然，人格仍然具有可塑性和可变性。

（3）统合性。人是极其复杂的，人的行为表现出多元性、多层次的特点。人格的组合千变万化。

人格是人的心理面貌的集中反映。心理卫生学认为，随着社会的发展，人类健康而幸福的生活越来越多地取决于人类自身的人格健康状况，而且人格的健康发展也是促进社会健康发展的一种力量。人格素质是高职学生综合素质的重要组成部分，综合素质的发展和提高包含着人格素质的发展和提高，而人格素质的发展和提高对综合素质的发展、提高有着重要的促进作用。因此，寻找通向健全人格之路、塑造健全的人格是高职学生心理健康教育的重要目标之一。

二、人格的个性心理特征

人格的个性心理特征是指在心理活动中表现出来的比较稳定的因素，它包括能力、气质和性格。每个人的心理特征是不同的，因此人格表现也是千差万别。有人细心深刻，有人粗心肤浅；有的人遇到困难勇于面对，有百折不挠的精神；有人知难而退，畏首畏尾。所以在认识改造外部世界的活动中，每个人表现出来的心理特征也不同。能力、气质、特征的不同组合，就形成一个人较稳定的人格特征。下面主要分析气质、性格的内涵及对个人成长的影响。

（一）气质

1. 气质概述

气质是人格的基础之一，是人格结构中比较稳定的并与遗传素质联系密切的成分。在平常生活中，我们常说某人稳重、文静、办事慢条斯里，某人爽快、泼辣、手脚麻利，就是指人的气质表现。气质这种心理活动的特征，主要表现在心理活动的强度、速度、稳定性、灵活性及心理倾向性和指向性上，如感知觉的敏锐度、思维的灵活性、情绪的反应性等，它使个体的心理活动染上一种独特的色彩。

气质类型学说有许多种，如体液说、高级神经活动类型说、体型说、激素说等。心理学界一般采用体液说，即认为人的气质类型可以分为胆汁质、多血质、黏液质和抑郁质。不同气质类型的人其性情、行为不同，具体表现如下：

（1）胆汁质。精力旺盛，直率、热情，行动敏捷，情绪易于激动，心境变换剧烈。胆汁质的学生有理想、有抱负，有独立见解，反应迅速，行为果断，表里如一；不愿受人指挥，而喜欢指挥别人；一旦认准目标，就希望尽快实现，遇到困难也不折不挠，但往往比较粗心。日常活动带有强烈的情绪色彩，情绪高时，学习、工作热情高，肯出大力，反之，什么事都不感兴趣。学习和工作带有明显的周期性特点，能以极大的热情和旺盛的精力投入学习和工作，一旦精力消耗殆尽时，便会失去信心，情绪顿时转为沮丧而心灰意冷。

（2）多血质。多血质的人具有活泼好动，反应迅速，情绪发生快而多变，兴趣容易转移等特征。这类学生易于适应环境的变化，性情活泼、热情，内心的体验一般会在面部表情和眼神中明显地表现出来，善于交际，在群体中精神愉快，相处自然，待人亲切，容易交上朋友，但友谊常不巩固，缺少知心好友。他们积极参加学校一切活动，在学习和工作上肯动脑、主意多，常表现出较强的工作能力和办事效率，但表现散漫，有始无终；对外界事物兴趣广泛，但容易失于浮躁，注意力不容易集中，见异思迁。容易激动，但情绪表现不强烈；变化迅速，遇到稍不如意的事就情绪低落，稍得安慰或又遇到使他高兴的事，马上就会兴高采烈。

（3）黏液质。黏液质的人安静、稳重，反应缓慢，沉默寡言，情绪不易外露，注意稳定难于转移，善于忍耐。这类学生不爱活动，安静沉稳，外柔内刚。无论环境如何变化，都能保持心理平衡，很少发脾气，情感很少外露，面部表情单一；凡事深思熟虑，力求稳妥，一般不做无把握的事情，在各种情况下都表现出较强的自我克制能力；他们沉静多思，不易流露内心的真情实感；与人交往时，态度不卑不亢，交际适度，较少主动搭话，通常有几个要好朋友。不爱抛头露面和做空泛的清谈；学习、工作有板有眼，踏实肯干；学习认真严谨，始终如一；严格恪守既定的生活秩序和制度。善于自制，善于忍耐；兴趣爱好稳定专一、有毅力。但过于拘谨，不善于随机应变，固定性有余而灵活性不足，有墨守成规、因循守旧的表现。

（4）抑郁质。抑郁质的人孤僻，行动迟缓，情感体验深刻，善于觉察别人不易察觉的细小事物。这类学生喜欢安静独处，他们的感情细腻而脆弱，性情孤僻，不爱表现自己，对出头露面的工作尽量回避；与人交往时显得腼腆、忸怩，在陌生人面前害羞；遇事三思而行，犹豫不决，优柔寡断，做事情总比别人花费时间多，细心谨慎，稳妥可靠；对力所能及的工作能认真负责地完成。在学习、工作一段时间后，常比别人更感疲倦；在困难面前常怯懦、自卑和优柔寡断，当学习或工作失利时，会感到很大的痛苦。

据一项关于我国高职学生气质类型的调查表明，高职学生中复合型气质占65.93%，单一型气质占34.07%，总的趋势是多血质类型的人数最多，共占56.32%，其次为黏液质占24.18%，第三为胆汁质占13.73%，抑郁质最少占5.77%。文理科学生比较，理科学生中黏液质多，文科胆汁质、多血质抑郁质较多。男女生比较，男生中属于胆汁质、多血质多，女生中黏液质多。

2. 正确对待气质

（1）气质无好坏之分，但应扬长避短。气质在个体心理中是最稳定、变化最少也最慢的一种心理特征。气质本身无好坏之分，每一种气质都有它积极的一面，也有它消极的一面。气质会对人的心理过程和行为产生影响，但不能决定一个人活动的社会价值和成就的高低。只有当气质在人们的行为活动中表现出来，成为一种固定的性格特征时，才可能影响人们的行为方向和内容。因此，高职学生没必要勉强把自己纳入某种单一的气质类型，而应当了解自己主要具有哪些气质特点，这些特点在行为方式上有哪些表现，并在学习、工作生活中加以调整、完善。

气质特征会对学习活动产生影响。胆汁质学生思维敏捷，学习热情高，刚强但粗心、急躁；多血质学生机智灵敏，适应性好，兴趣广泛，但烦躁、不踏实；黏液质者刻苦认真，但迟缓、不灵活；抑郁质者思维深刻，谨慎细心，但迟缓、精力不足。了解自己的气质，可以有的放矢地调整，使学习更上一层楼。

不同专业、职业对气质特点有不同要求，某些气质特征往往能为个人从事某种职业活动提供有利条件。胆汁质者可以成为出色的导游、推销员、节目主持人、演讲者、外事接待人员、演员、监督员等，他们适应于喧闹、嘈杂的工作环境，而对于需要长期安坐、细心检查的工作则难以胜任。对于多血质者适宜的工作有外交工作、管理工作、公关人员、驾驶员、医生、律师、运动员、新闻记者、演员、军人、警察等，但他们不适宜做过细的工作，单调机械的工作也难以胜任。外科医生、法官、管理人员、会计、保育员、话务员、播音员等是黏液质者比较能适应的工作，变化、需要灵活的工作使他们感到压力。对于抑郁质者来说，胆汁质无法胜任的工作他们倒恰到好处，如校对、打字、检查员、化验员、保管员、机要秘书、艺术工作等都是他们理想的工作。

（2）善于应对各种气质，提高社会适应能力。高职学生在人际交往中，要注意学会观察、分析周围同学中的气质特征，采取合适的交往方法。了解自己和他人的气质特征，对自己的心理健康、人际交往都有着重要意义。

在实践活动中，了解气质的各种特征可以使我们的交往更有针对性，沟通更顺畅。如向黏液质者提出要求，应让他有时间考虑，对抑郁质者应多给予关心和鼓励，与胆汁质者打交道应避免产生冲突等，当然，这都是从一般意义上来说的，不可有先入之见。

因此，高职学生要正确对待自己的气质类型，经常有意识地控制自己气质的消极品质，发扬积极品质，以利于形成良好的个性。

（二）性格

1. 性格概述

性格是个体比较稳定的心理特征，是人对现实的较稳定的态度和习惯化的行为方式。一个人对学习是积极主动还是消极被动，对工作是认真负责还是马虎应付，对他人是满腔热情还是尖酸刻薄，对自己是谦虚谨慎还是自高自大，都是对现实的不同态度。性格不仅指一个人对现实的稳定的态度，而且指与不同态度相应的习惯化了的行为方式。

性格的结构很复杂，它是由多成分、多侧面交织在一起构成的，并形成了多种多样的特征。通常把这些特征分为四种：

（1）性格的态度特征：包括对个人的、集体的、社会的以及个人的内心世界的看法；谦虚或自负、自信或自满、自豪或自卑、自尊或羞怯、同情或冷漠。

（2）性格的意志特征：如目的性或盲目性、独立性或依赖性、自制或放纵、勇敢或怯懦、果断或犹豫、坚韧或软弱。

（3）性格的情绪特征：如乐观和悲观、热情或低沉。

（4）性格的理智特征：如主动观察或被动观察、想象大胆或想象受阻抑、理想型或空想型等。

性格的各种特征并不是孤立静止地存在着，而是相互联系、相互制约，构成一个整体。随着环境的多变性、人的活动多样化，人的性格特征也以不同的方式结合而具有了动力性。因此，可以根据某人的一种性格特征来推知他的其他性格特征，例如，急躁的人往往容易冲动、粗心、好激动。另一方面，一个人的性格会随着个人角色的转变、环境和情境的变化以及自我要求的不同而呈现出不同的特征，因此，人的性格具有丰富性和复杂性。认识到到这一点，对于完整地把握人的性格具有重要意义。

2. 性格类型

从不同角度和侧面可以对性格类型进行不同的划分。

（1）理智型、情绪型和意志型。

按照知、情、意在性格中的表现程度，可分为理智型、情绪型和意志型三种。理智型的人以理智支配自己的行动；情绪型的人，情绪体验深刻，举止容易受情绪左右；意志型的人具有较明确的目标，行为主动。

（2）外倾型和内倾型。

按照个体的心理倾向，可分为外倾型和内倾型。外倾型的人心理活动倾向于外部，活泼开朗，善于交际，感情易于外露，处事不拘小节，独立性较强，但有时粗心、轻率；内倾型的人心理活动倾向于内部，一般表现为感情含蓄，处事谨慎，自制力强，交往面窄，适应环境比较困难。

（3）独立型和顺从型。

按照个体独立性程度，可分为独立型和顺从型。独立型的人不易受外来事物的干扰，他们具有坚定的信念，能独立地判断事物，发现问题解决问题，在紧急和困难的情况下不慌张，易于发挥自己的力量，但有时会把自己的意志强加于人，固执己见，不易合群；顺从型的人，随和、谦虚，易与人合作，但独立性较差，易受暗示，容易接受别人的意见，在紧急情况下易惊惶失措。

（4）A 型性格、B 型性格和 C 型性格。

按人的行为方式，即人的言行和情感的表现方式可分为 A 型性格、B 型性格和 C 型性格。A 型性格指性格外向，主动、紧张、快节奏、敏感，主要特征表现为个性强、过高的抱负、固执、急躁、紧张、好冲动、行为匆忙、好胜心强、时间观念强等；B 型性格指情绪心理倾向较稳定，社会适应性强，为人处事比较温和，生活有节奏，做事讲究方式，表现为想得开、放得下，与他人关系协调，能正视现实，不气馁、不妄求，抱负较少等；C 型性格指那种情绪受压抑的忧郁性格，表现为害怕竞争、逆来顺受、有气往肚子里咽、爱生闷气等。

一般来说，典型性格类型的人并不多见，多数人处于两极之间，或偏向某一类型而已。所以每个人都应以积极的态度对待自己的性格，对自己的性格进行优化、改造。从心理健康的角度看，有些性格特征有助于人的心理发展和身心健康，有些则不仅无助而且有害；即使是好的性格品质，也要把握好“度”，表现过度或与环境不协调，就会产生各种问题。

3. 高职学生性格成熟的基本特征

高职学生应具备的性格特征：

（1）善于与他人相处，有合作精神。乐于与人交往，乐于接纳别人，有着和谐的人际关系

（2）能正确地认识现实，接受现实。对生活、学习、工作中的各种困难和挑战，都能妥善处理。

（3）热爱生活，乐于工作和学习。

（4）能经常保持乐观、愉快的主导心境。能够笑着面对生活。无论遇到高兴的或悲伤的事情，都能很好地控制自己的情绪。

4. 高职学生良好性格的塑造

每个人的性格或多或少总会有这样那样的弱点或缺陷。意识到自身的弱点与缺陷并为之苦恼的人，也许可从“人无完人，金无足赤”这句古训找到一丝安慰。然而，人不能因为不可能变成“完人”就对其弱点与缺陷无动于衷，而应当通过各种努力尽可能地修正自己人格的不足。

培养良好性格应充分地认识自我，这是提高自我的前提。我们应腾出一定的时间，对自己的言行、思想及他人对自己的反映进行反思，分析自己存在的优点与不足，经常提醒自己。我们还要多学习，很多人的性格缺陷往往是知识匮乏的结果，个体的许多性格特征都是经过长期的日积月累逐渐养成的。要改善自身的性格也绝不是一蹴而就的，而是必须从一件件小事做起，一步一步地形成新的性格。想拥有良好的性格，而忽视平时良好习惯的养成，无异于建造空中楼阁。所以，每个人都应该为自己的行为负责，它也正是性格在日常生活中的体现。

从某种意义上讲，完善性格的过程也就是个体走出心灵误区的过程。在日常生活中，塑造良好的性格，发扬积极的气质特征，悦纳自己，悦纳他人，以健全的个性去面对生活的磨难，这样，你心中就会拥有一片晴空！

1. 互动训练

【活动目的】

（1）让成员认识自己拥有的特质。

（2）协助成员了解特质对自己的影响。

（3）帮助成员认同自己的特质。

【活动程序】

（1）发下心形片和特质图：善良；内向；理想；实际；独立；粗心；诚实；随和；谦虚；自信；固执；害羞；外向；忠厚；负责；有主见；依赖；感性；情绪化；谨慎；保守；冒险；冲动；合作；幽默；单纯；精明；乐观；忧郁……每人 8 张，让成员以特质图为参考，在心形纸片上写出自己所拥有的特质。

（2）让成员把写好的心形纸片用双面胶贴在身上。

（3）请成员分享贴在身上的三个最能代表自己的特质，并说明这三个特质对自己生活的影响。

【思考回答】

（1）什么是特质？

（2）了解这些特质对自己的影响。

（3）成员了解在别人眼中自己的特质是什么，了解公众我与真实我的差异。

2. 气质类型测试

下面 60 道题，可以帮助你大致确定自己的气质类型，请根据自己的情况在“很符合、比较符合、介于符合与不符合之间、比较不符、完全不符合”五个答案中选择一个适合自己的。很符合 2 分，比较符合 1 分，介于符合与不符合之间 0 分，比较不符合-1 分，完全不符合-2 分。

（1）做事力求稳妥，一般不做无把握的事。

（2）遇到可气的事就怒不可遏，想把心里话全说出来才痛快。

（3）宁可一个人干事，不愿很多人在一起。

（4）到一个新环境很快就能适应。

（5）厌恶那些强烈的刺激，如尖叫、噪音、危险镜头。

（6）和人争吵时总是先发制人，喜欢挑衅。

（7）喜欢安静的环境。

（8）善于和人交往。

（9）羡慕那种善于克制自己感情的人。

（10）生活有规律，很少违反作息制度。

（11）在多数情况下情绪是乐观的。

（12）碰到陌生人觉得很拘束。

（13）遇到令人气愤的事，能很好地克制自我。

（14）做事总是有旺盛的精力。

（15）遇到问题总是举棋不定，优柔寡断。

（16）在人群中从不觉得过分拘束。

（17）情绪高昂时，觉得干什么都有趣；情绪低落时，又觉得什么都没意思。

（18）当注意力集中于一事物时，别的事很难使我分心。
（19）理解问题总比别人快。
（20）碰到危险情境，常有一种极度恐怖感。
（21）对学习、工作、事业怀有很高的热情。
（22）能够长时间做枯燥，单调的工作。
（23）符合兴趣的事情，干起来劲头十足，否则就不想干。
（24）一点小事就能引起情绪波动。
（25）讨厌做那种需要耐心、细致的工作。
（26）与人交往不卑不亢。
（27）喜欢参加热烈的活动。
（28）爱看感情细腻、描写人物内心活动的文学作品。
（29）工作学习时间长了，常感到厌倦。
（30）不喜欢长时间谈论一个问题，愿意实际动手干。
（31）宁愿侃侃而谈，不愿切切私语。
（32）别人总是说我闷闷不乐。
（33）理解问题常比别人慢些。
（34）疲倦时只要短暂的休息就能精神抖擞，重新投入工作。
（35）心理有话宁愿自己想，不愿说出来。
（36）认准一个目标就希望尽快实现，不达目的，誓不罢休。
（37）学习、工作一段时间后，常比别人更疲倦。
（38）做事有些莽撞，常常不考虑后果。
（39）老师讲授新知识时，总希望他讲得慢些，多重复几遍。
（40）能够很快地忘记那些不愉快的事情。
（41）做作业或完成一件工作总比别人花的时间多。
（42）喜欢运动量大的剧烈体育运动或参加各种文艺活动。
（43）不能很快地把注意力从一件事转移到另一件事上去。
（44）接受一个任务后，就希望能把它迅速解决。
（45）认为墨守成规比冒风险强些。
（46）能够同时注意几件事物。
（47）当我烦闷的时候，别人很难使我高兴起来。
（48）爱看情节起伏跌宕激动人心的小说。
（49）对工作抱认真严谨、始终一贯的态度。
（50）和周围人的关系总相处不好。
（51）喜欢复习学过的知识，重复做能熟练做的工作。
（52）希望做变化大、花样多的工作。
（53）小时候会背的诗歌，我似乎比别人记得清楚。
（54）别人说我“出语伤人”，可我并不觉得这样。
（55）在体育活动中，常因反应慢而落后。

（56）反应敏捷、头脑机智。

（57）喜欢有条理而不甚麻烦的工作。

（58）兴奋的事情常使我失眠。

（59）老师讲新概念，常常听不懂，但是弄懂了以后很难忘记。

（60）假如工作枯燥无味，马上就会情绪低落。

【评分标准】

胆汁质型得分：（2）、（6）、（9）、（14）、（17）、（21）、（27）、（31）、（36）、（38）、（42）、（48）、（50）、（54）、（58）的得分之和。

多血质型得分：（4）、（8）、（11）、（16）、（19）、（23）、（25）、（29）、（34）、（40）、（44）、（46）、（52）、（56）、（60）的得分之和。

黏液质型得分：（1）、（7）、（10）、（13）、（18）、（22）、（26）、（30）、（33）、（39）、（43）、（45）、（49）、（55）、（57）的得分之和。

抑郁质型得分：为（3）、（5）、（12）、（15）、（20）、（24）、（28）、（32）、（35）、（37）、（41）、（47）、（51）、（53）、（59）的得分之和。

确定气质类型的标准：

（1）如果某类气质得分明显高出其他三种，均高出 4 分以上，则可定为该类气质。如果该类气质得分超过 20 分，则为典型；如果该类得分在 10～20 分，则为一般型。

（2）两种气质类型得分接近，其差异低于 3 分，而且又明显高于其他两种，高出 4 分以上，则可定为这两种气质的混合型。

（3）三种气质得分均高于第四种，而且接近，则为三种气质的混合型，如多血-胆汁-黏液质混合型，或黏液-多血-抑郁质混合型。

胆汁质类型特点：精力充沛、情绪发生快而强、言语动作急速而难于控制；热情、显得直爽或胆大、易怒、急躁等。

多血质类型特点：活泼好动、敏感、情绪发生快而多变、注意和兴趣容易转移、思维言语动作敏捷、善于交际、亲切、有生气，但也往往表现出轻率、不真挚等。

黏液质类型特点：安静、沉稳、情绪发生慢而弱、言语动作和思维比较迟缓、注意稳定、显得庄重、坚忍，但也往往表现出执拗、淡漠。

抑郁质类型特点：柔弱易倦、情绪发生慢而强、体验深沉、言行迟缓无力、胆小、忸怩，善于觉察到别人不易觉察到的细小事物，容易变得孤僻。

第二节　高职学生常见人格问题及矫正

心灵求索

为什么遇到考试就难以入眠

张同学 19 岁，某高职学院社会科学专业的学生。自幼学习上进，记忆力较强，深受老师的器重，每逢市里的一些学科竞赛，学校都推荐她参加，这对她的精神压力很大，她本人对数学兴趣不浓，但是教师仍然很看中她，她自己也认为这是一种荣誉，是学校和老师对自己的器重，也不好违抗，但内心对老师有许多埋怨，竞赛成绩也不理想。中考考前一夜没睡，在考场上脑子很乱，原来复习过的内容也想不起来了，急得浑身出汗，心慌意乱，勉强交了试卷，考试成绩失败。从此以后出现了睡眠障碍。高考中也因为精神状态不好而没考上理想的大学。

考上高职院校后，第一学期期末考试数学不及格。由于她在中学学习时数学就不是强项，对数学不感兴趣，因而报考了社会科学专业，没想到这个系也要学习数理统计，数学和统计学在前两个学年都要学，这就给她带来了沉重的心理负担，每到期末复习考试临近期间就紧张焦虑，还伴有严重的睡眠障碍。

张同学很痛苦：自己该怎么办？

心理认知

一、高职学生人格的现状

1. 较强的自我意识

较强的自我意识即顾虑他人褒贬的倾向减弱，尊重自我感受与坚持自我看法的意识渐强，表现在自主性、独立性和支配性的需要增强。相当多的高职学生对权威和命运表示疑虑甚至提出挑战，对习俗和传统的遵从则表现出一定意义的困惑与反叛。高职学生在自我意识增强的同时，对他人和社会的责任感、义务感、使命感以及同情心等也相应地有所减弱，而且过于关注物质利益的意识倾向也较为明显。

2. 新型的人际关系

新型的人际关系即由过去只注重适应已有人情状况转向建立适宜的和谐人际关系的努力，重视师生关系、上下级关系的程度减弱；强调平等，注重个性的观念增强。在人际关系和人与人的关系上逐渐靠向“利益共同体”，功利化与表面化的趋势上升；片面理解竞争，团结协作意识下降；个别高职学生甚至把人与人的关系简单地归结为利益争斗或相互利用的关系，缺乏营造真诚互助气氛的积极心态。

3. 多样化的行为取向

对异己的言行和不同的价值观念表现出相当的宽容、理解。集体意识逐渐淡漠，有关个人利益与未来发展的个体性行为增多，而且行为选择的独立性与个体责任感增强即有较强烈的个人效能感。但部分高职学生由于受社会不良习气和错误思潮的影响，在行为方式上存在一些浮躁、急功近利的倾向，过分讲求实际和实用，使行为走向庸俗与物欲化。

4. 外露的情感表达

外露的情感表达即敢于表达自己的感受，能以一定的方式宣泄不满或不良情绪，即谨慎、退缩气质渐弱，活泼、坦率、推崇自然的气质渐强。相当部分的高职学生与异性交往坦然，对情感挫折的承载力也有所增强。部分高职学生在情感表达方面过于注重主观感受和内心体验，缺乏一定的严肃思考与理性选择上的追求，有时甚至带有唯情绪的倾向，不太容易被人理解和接受。

5. 矛盾的价值观念

矛盾的价值观念即在社会氛围和外来文化的辐射与影响下，高职学生的价值取向已逐渐由理想向现实转变；由社会本位向个人本位转变；由单纯奉献向物质与精神共需转变；由注重集体向个体现实与社会整体转变；由重义轻利向规范与利益进取相结合转变等。作为人格的重要构成要素，价值观的这种变化或冲突，既反映了高职学生人格现状的复杂性，也表明塑造高职学生健全人格的紧迫性和艰巨性。

二、高职学生人格中常见的不良品质及调控

任何人的人格都不是十全十美的，高职学生作为正在成熟的优秀群体来说，其人格特质的一些方面也或多或少地存在这样那样的一些问题，我们只有充分地了解自己的人格特性方面存在的问题，才能针对自己的不足和缺陷，用科学的方法加以改造和不断完善。

这里所说的人格发展中的不良品质是介于健康人格与病态人格（即人格障碍）之间的一种人格状态，表现为人格发展的不良倾向。在高职学生心理咨询中发现，高职学生中有相当一部分人存在着不同程度的人格发展缺陷，常见的主要有自卑、懒惰、拖拉、粗心、鲁莽、急躁、悲观、孤僻、多疑、抑郁、狭隘、冷漠、被动、骄傲、虚荣、焦虑、自我中心、敌对、冲动、脆弱等。下面将高职学生常见人格缺陷的特征及矫正方法介绍如下。

（一）自卑及矫正

自卑感是对自己不满、鄙视、否定的情感。进入高职学院以后，有些高职学生发现山外有山，人外有人，尤其是当学习、社交、文体方面显露出某些不足时就会陷入怀疑自己、否定自己之中，产生自卑心理。因此，自卑往往是自尊心受挫的结果，没有自尊心也就不会有自卑感，过强的自卑感往往又以过强的自尊心表现出来。有些高职学生的敏感脆弱，经不起批评，原因就在于此。

对于高职学生来说，首先要正确认识自己，悦纳自己，人有所长也有所短，有所短也有所长，不要为自己的所短而自卑。其次要进行自信心磨炼，将目标定得小些，切合实际些，多积累成功的愉悦体验。再次要确立合理的评价参照系和立足点，若以强者为标准则可能自卑，因而寻找适合自己的评价标准就显得很重要。俗话说人比人，气死人，理性的比较方式是多与自己做纵向比较而不是一味地与人做横向比较。有了足够的自信心，自卑感就会悄然而退。

培养自信的三个诀窍：挑前面的位子坐；练习正视别人；练习当众说话。

（二）害羞及矫正

害羞在高职学生中并不少见。例如，不敢在大众场合发表意见，害怕与陌生人打交道，路上见到异性同学会手足无措，见到老师会难为情，说话感到紧张等。

害羞是一个人自我防御心理过强的结果，他们常常过于胆小被动，过于谨小慎微，

过于关注自己，自信心不足。他们特别注意自己在别人心目中的形象，总觉得自己时时处在众目睽睽之下，于是敏感拘束，一句话要在喉咙口反复多次，一件事总要左思右想，为此搞得神经紧张，坐立不安。

害羞之心人皆有之，但过分的害羞，不该害羞时害羞，尤其害羞成了一种习惯，则是有害的，它会导致压抑、孤独、焦虑等不良心理状态，还会阻碍人际交往，影响一个人才能的正常发挥。因此可通过有意识的调节来改变：

（1）要增强自信心。许多害羞者在知识才能和仪表方面并不比别人差。研究表明，怕羞的女大学生自以为长得不美，但不相识的男生凭照片都认为她们与那些社交活跃的女生一样动人。因此要正确评价自己，多看到自己的长处。

（2）放下思想包袱，不要过于计较别人的议论。每个人都会说错话、做错事，这并没什么大不了的，没有完美的人和事。即使有人议论也是正常的，俗话说："哪个人后无人说"，没必要太看重。"走自己的路，让别人去说吧!"这会使自己变得更洒脱。

（3）要有意识地锻炼自己。胆量和能力都是锻炼的结果，要敢于说第一句话，敢于迈第一步。上课、开会时尽管坐到前排去；走路时抬头挺胸，把速度提高 1/4；主动大胆地和别人尤其是陌生人、异性、老师讲话；与人说话时正视对方的眼睛；在高兴时开怀大笑等。

（三）怯懦及矫正

怯懦主要表现为缺乏勇气和信心，害怕可能面临的困难和挫折，在挫折、困难面前常常知难而退，甚至不战而败。有些高职学生过去经历一帆风顺，因而特别害怕失败。"只能成功，不能失败"的非理性意念是造成一些高职学生怯懦的认知因素。

有些高职学生由于胆怯，不敢与人讲话，不敢出头露面，也不敢表明自己的态度，甚至不敢向老师提问题。有些高职学生由于软弱不敢冒风险，不敢担重任，不敢与坏人坏事做斗争，不敢坚持自己正确的观点。但越是这样回避矛盾、躲避失败，越是容易体验到强烈的挫折感。

在挑战与机遇并存的现代社会，怯懦者会失去很多成功的机会，并可能成为落伍者。积极迎接挑战，争做生活的强者才是明智的选择。改变怯懦的最好办法是要敢于抓住机遇，积极锻炼，不怕失败，不怕丢面子，不怕担子重，多给自己鼓励和加压，在生活的词典中去掉"不敢"二字。

（四）懒惰及矫正

青年学生本应是充满朝气和活力、开拓进取的群体，但事实并非如此。懒惰是不少高职学生为之感到苦恼并难以克服的一种人格发展缺陷，是意志活动无力的表现，懒惰是影响大学生积极进取、张扬青春活力的天敌。

处于懒惰状态的高职学生也常以此感到内疚、自责、后悔，但又觉得无力自拔，心有余而力不足，这主要是因为他们往往想得多而做得少，缺乏毅力所致。要克服懒惰，应充分认识到其危害性，自己对自己负责，振作精神，起而行之，从日常小事做起，并努力做到不给自己找借口，不原谅自己的偷懒，力争今日的事今日毕，多与人交往，多关心外部世界，多参加有益身心的社会活动，而做到这一切，有一个坚定而有价值的理想是非常重要的。

（五）狭隘及矫正

受功利主义影响，高职学生中的狭隘现象有增无减。凡事斤斤计较、耿耿于怀、好嫉妒、好挑剔、容不得人等，都是心胸狭隘的表现，即日常说的“气量小”。心胸狭隘往往影响人际关系，伤害他人感情，也常给自己带来烦闷、苦恼，影响自己的情绪和在他人心目中的形象，因此，于人于己有百害而无一利。狭隘人格多见于内向者，尤其是女性。

克服狭隘，一要胸怀宽广坦荡，一切向前看，正如歌德所言，比海洋更广阔的是天空，比天空更广阔的是心灵。二要丰富自己，一个人的视野越开阔，就越不会陷入狭隘之中，这就是所谓的站得高，看得远。三要学会宽容，宽以待人。

（六）拖拉及矫正

拖拉是不少高职学生的通病。拖拉是指可以完成的事而不及时完成，今天推明天，明天推后天，春天不是读书天，夏日炎炎正好眠，秋多蚊虫冬又冷，一心收拾待明年。导致拖拉的原因，一是试图逃避困难的事，二是目标不明确，三是惰性作怪。拖拉一方面耽误学习、工作，另一方面并没有使人因此而轻松些，相反往往会导致心理压力，引起焦虑，总觉得有事情没完成，干别的事也难以安心，还会贻误时机。

改变拖拉，首先要充分认识其危害性，找到自己拖拉的原因，下决心改变。其次要科学安排时间，凡事有轻重缓急，要一件一件完成，还要讲究科学的学习和工作方法。再次要敢于做不合心意或者需要花大力气的工作，必须完成的事，与其拖着、欠着，还不如及早动手干，完成后会有一种如释重负的感觉，会有一种欣喜感、满足感、成就感，而拖拖拉拉只会带来疲倦、松垮及焦虑。

（七）抑郁及矫正

抑郁是高职学生常见的情绪困扰，是一种感到无力应付外界压力而产生的消极情绪，常伴有厌恶、痛苦、羞愧、自卑等情绪体验。抑郁人皆有之，对于大多数人来说，抑郁只是偶尔出现，时过境迁，很快会消失；但那些性格内向，多疑多虑，不爱交际，生活中遭遇意外挫折的人更容易长期处于抑郁状态，甚至导致抑郁症。

抑郁的高职学生的主要表现是：情绪低落，郁郁寡欢，闷闷不乐，思维迟缓，兴趣丧失，缺乏活力，反应迟钝，干什么打不起精神，体验不到快乐。抑郁在低年级学生中更为普遍。所谓的周末综合征在很大程度上即抑郁。

要避免抑郁或从抑郁中解脱出来，就需要正确地评价自己，看清自己的长处，建立自尊，增强自信；调整认知方式，建立理性认知，不把事物看成非黑即白；扩大人际交往，多与人沟通，多交朋友。如果抑郁情绪较严重，应寻求心理咨询帮助。

（八）焦虑及矫正

焦虑是个体主观上预料将会有某种不良后果产生或模糊的威胁出现时的一种不安感，并伴有忧虑、烦恼、害怕、紧张等情绪体验。在这个紧张刺激不断增多、竞争不断增强的社会里，每个人都可能处于一定的焦虑状态。适度的焦虑对于保持生命活力是必要的，这里所说的焦虑主要是指不适当地高度焦虑。

被焦虑困扰的高职学生常表现出烦躁不安，思维受阻，行动不灵活，身体不舒服等症状。高职学生焦虑主要集中在考试和人际关系往技能差(或自认为差)、自尊心过强等密切相关。

不适当的高度焦虑对身心健康是不利的。为此，应增强自信，相信车到山前必有路，总会有办法的；应不怕困难、磨练意志，无所谓的担忧正是焦虑之本质，应当机立断，积极行动。总之，凡事尽最大的努力，把注意力从担心失败转移到积极行动、争取成功上来。

（九）虚荣及矫正

虚荣心普遍存在于多数高职学生身上，这是正常的现象，但一旦过分，则会有害无益。虚荣心往往与自尊心、自卑感联系在一起，没有自尊心，就没有虚荣心。没有自卑感，也就不必用虚荣心来表现自尊心，虚荣心是自尊心和自卑感的混合物。

虚荣心强的高职学生一般性格内向、情感脆弱、多愁善感，虽然自惭形秽，却又害怕别人伤害自己的尊严，过分介意别人的评论与批评，与人交往时总有一种防御心理，不允许有稍微侵犯，且常会千方百计地抬高自己的形象，他们捍卫的往往是虚假的、脆弱的、不健康的自我，以致无暇来丰富、壮大真实的自我。

防止或改变过强的虚荣心，首先要对其危害性有清醒的认识，有勇气有决心改变自己。其次应当努力认识自己，了解自己的长处与短处，扬长避短。第三要树立自信和健康的荣誉心，正确表现自己，不卑不亢。第四，不为外界的议论所左右，正确对待个人得失。

（十）自我中心及矫正

随着自我意识的发展，高职学生越来越感到自己内心世界的千变万化、独一无二，他们越来越多地把关注的重心投向自我，尤其是那些有较强自信心、自尊心、优越感、独立感的学生，就比较容易出现自我中心倾向。当这种倾向与一些不健康的思想意识（如个人主义、自私自利思想）和心理特征（如过强的自尊心、唯我独尊等）结合时，就会表现出过分的、扭曲的自我中心。过多自我中心的人往往以自我为核心，想问题、做事情，从“我”出发，不能设身处地进行客观思考，颐指气使，盛气凌人，不允许别人批评，“老虎屁股模不得”。这种人往往见好就上，见困难就让，有错误就推，总认为对的是自己、错的是别人，因而他们常不能赢得他人的好感和信任，人际关系多不和谐。

克服过分自我中心的途径包括：

（1）树立健康的人生观，自觉地将自己和他人、集体结合起来，走出自己的小天地。

（2）恰当地评价自己，既不低估也不高估，既不妄自菲薄，也不自高自大。

（3）尊重他人，只有尊重和信任才能获得友谊。

（4）设身处地地从他人的角度思考问题，将心比心，真诚地关爱他人，从而做到“我爱人人，人人爱我”。别害怕爱，没有爱就不会得到快乐。爱人、爱美，爱一切可爱与美好的东西，把一天的光阴，分一部分给爱。健康的身体需要新鲜的空气，健康的精神需要纯洁的爱慕。但是，要想得到爱，一定要使自己可爱。

事实上，世界各国也在积极调整教育目标，以使其青年一代更能适应 21 世纪。全美教育协会早在 1977 年就提出，学校不限于培养学生成为生存于社会中的人，它要培养出全面发展的、获得了自我实现的、具备着能够缔造美好社会的能动作用的人一个真正的、具有自我革新精神的、自律的个人。毫无疑问，这些教育目标中包含了丰富的人格教育因素，非常值得我们思考和借鉴。面对 21 世纪的挑战，高职学生必须认真做好世纪之交的人格准备。

三、高职学生常见人格障碍及矫治

人格障碍也称病态人格，指偏离常态的人格。人格障碍一般始于童年和青少年，通常是在不良先天素质的基础上，遭受环境有害因素的影响而形成的。人格障碍在高职学生中有一定数量，主要有以下几种类型：

1. 反社会型人格

其特点是缺乏道德责任感，情绪活动呈爆发性，行动呈冲动性，对他人和社会冷酷无情，缺乏同情心和羞耻感，往往目无法纪，且不能从挫折和惩罚中吸取教训等。

2. 偏执型人格

其特点是对自己过分关心，自我评价过高，不信任别人的动机，情感冷淡，孤独多疑，乖僻古怪，多幻想或常有奇怪观念，总认为别人要和自己过不去。

3. 强迫型人格

其特点是过分自我约束和自制，常有不安全感和不完善感，过于追求完美，谨小慎微，顾虑多端，墨守成规，对人对事死板，缺乏随机应变的能力。

4. 癔病型人格

其特点是情绪冲突，待人接物感情用事，爱表现自己，喜欢引起他人的注意和赞扬，自我中心，心理活动范围小，易和他人争吵，易受别人暗示。

5. 情感型人格

其特点是情绪波动大，兴奋时情绪高涨，热情善感，内心充满了希望和喜悦：抑郁时一言不发，悲观失望。

6. 分裂型人格

其特点是极端内向、孤僻，回避社交，言行怪异，情感冷漠，退缩，敏感，羞怯，易沉溺于白日梦。

7. 爆发型人格

其特点是平日表现正常，但偶有因细小的精神刺激而突然爆发强烈的愤怒情绪和冲动行为，且自己不能控制。

8. 无力型人格

其特点是也称依赖型人格，缺乏自主、自信和独立意识，过多依赖他人，总想求助于他人，有被动服从他人的愿望。

变态人格的特点在于整个心理活动不协调，主要表现为情绪的极不稳定，对人缺乏感情，认识与活动脱节，行为的冲动性高，与环境不协调，与他人格格不入。人格障碍可能是生物、心理和社会文化等因素共同作用下形成的。在人格的发展过程中，儿童早期的环境和家庭教育是非常重要的因素。儿童人格的发展与父母的态度和教育方法有很大关系，父母过于严厉，儿童往往形成焦虑、胆怯的性格；反之，则往往形成被动、依赖、脆弱的性格。对儿童的不合理教养和不良生活环境的影响以及童年的某些创伤都可以对儿童人格的发展产生严重的影响。此外，某种特殊的社会、文化环境的潜移默化的影响，也是形成人格障碍的因素。

人格障碍一般地形成于童年或少年时期，并且由于具有人格障碍的人其内心体验背离生活常情，所以矫治比较困难。目前在我国主要的对策是实行“综合治理”，即通过家庭、社会、学校的共同努力，尤其是使本人有所认识，并积极配合、不懈地努力改造，同时配合心理治疗，如认知疗法、行为疗法、集体疗法等，达到一定的疗效。

【活动目的】

学会面对自我，挑战自我。

【活动程序】

（1）请学生在纸上列出五项学习或生活中最怕的事或物。

（2）交流害怕的原因。

（3）尝试去战胜害怕的事物，如：蛇等。

【思考回答】

恐惧往往不是来自外部世界，而是来自于我们的内心。问题本身不是问题，怎样看待问题才是解决问题的关键。

第三节　高职学生健全人格的塑造

如何克服好发脾气的缺点

曾某，女，某高职院校一年级学生，经常觉得自己个性不好，脾气暴躁，容易得罪人。曾同学说：也不知道为什么，一遇到让自己生气的事，就很容易爆发出来，不管不顾地发泄一通，事后也为常常为自己的行为感到后悔，但就是控制不住自己的坏脾气。现在跟周围的同学关系搞得很僵。

曾同学为此大伤脑筋，不知道该怎么改变着自己不良的个性？

心理认知

良好人格的塑造是指在一定社会环境条件下，个体通过吸收一定的社会文化，经过自身主观努力和社会、学校教育的影响，使人格逐步健康化的过程。

人格的塑造不仅可能而且可行。从人格的内涵来看，人的心理素质、道德素质、社会化程度主要是受后天环境的影响。因此，良好的育人环境有助于高职学生人格的健康发展。从人格的发展来看，随着年龄的增长、知识的积累、经验的丰富、实践的参与，人格将不断走向成熟。青年期是人格的再造期。抓住这个有利时机，发挥人的主观能动性，不断完善自我，提高人的心理素质、文化素质和道德修养，必将使高职学生的人格层次不断提高。

一、健全人格的主要特征

健全人格指各种良好人格特征在个体身上的集中体现。健全人格的特征包括以下几个方面：

1. 具有正确的自我意识

人格健全者能够积极地开放自我，正确地认识自己，客观地评价自己，自尊、自信、悦纳自己；能够自我监督，自我调节，努力发展身心潜能；能够与环境保持平衡。

2. 具有和谐的人际关系

人格健全者心胸开阔，善解人意，宽容他人，尊重自己也尊重他人，对不同的人际交往对象表现出合适的态度，既不狂妄自大，也不妄自菲薄，在人际关系中能够相互沟通理解，尊重信任他人多于嫉妒、怀疑，同时也能受到他人的尊重和接纳。

3. 具有乐观向上的生活态度

乐观的人常常能看到生活的光明面，对前途充满希望和信心，对自己所从事的工作或学习抱有浓厚的兴趣，并在其中发挥自身的智慧和能力。即使在遇到困难和挫折时，也能不畏艰险，勇于拼搏。人格健康的学生对学习怀有浓厚的兴趣，表现出观察敏锐、注意集中、想象丰富、充满信心、勇于克服困难。

4. 具有良好的社会适应能力

人格健全者对未来的成就充满希望，他们的成就动机和能力相结合，就引发出巨大的创造力；这种创造力给生活带来欢乐，激发兴趣，维持动机，从而形成良性循环。

二、高职学生健全人格的标准

1. 良好的自我意识

优秀的高职学生应能够正确地认识自己，客观地评价自己，自尊、自信、悦纳自己；能够自我监督，自我调节，努力发展身心潜能；能够与环境保持平衡。

2. 智能结构健全而合理

优秀的高职学生具有良好的观察力、记忆力、思维力、注意力和想象力，没有认知障碍，各种认知能力能有机结合并发挥其应有作用。

3. 对社会环境的适应能力较强

高职学生对外部世界有着浓厚的兴趣，有着广泛的活动范围和许多爱好，人际交往范围扩大，积极参与各种形式的社会实践。同时，能容忍别人与自己在价值观与信念上存在的差别，能根据事物的实际情况看待事物，而不是根据自己的主观愿望来看待事物。

4. 富有事业心、创造性和竞争意识

优秀的高职学生能把事业看成生活的重要组成部分，在事业上有较强的进取心和责任感；具有竞争意识，具有开放性的思想观念，少有保守思想；喜欢创造，勇于创新，甘愿冒险，独立性强，富有幽默感，态度务实。

5. 情感饱满适度

优秀的高职学生情绪上稳定性与波动性、外显性与内隐性并存，情感丰富多彩，积极的情绪、情感体验在学习、生活中占主导。

三、高职学生健全人格的塑造

高职学生追求卓越的人生，必须具各健康的人格，因此了解人格形成与发展的规律，掌握塑造健康人格的途径和方法，才能使人格素质趋于完美，创造更加辉煌的人生。人格健全的过程，就是心理健康和心理成熟的过程。塑造健全人格，是一项系统的自我改造、自我实现的工程，要从小做起，贵在坚持。高职学生应从塑造健全人格做起，努力将自己塑造成为符合时代要求的具有良好综合素质的现代型人才。

（一）强化主体自我意识

在高职学生人格结构中，自我意识具有十分重要的地位。它影响和制约高职学生人格的形成，是高职学生积极向上的内在动力和成才、建功立业的重要因素。因此，在高职学生塑造健康人格过程中，应强化主体自我意识。

对自己要有满意感，悦纳自己，对自己所做的事情、对经过努力完成的目标有认同感，即使这目标并不轰轰烈烈，只要自己尽力而为，就没有什么可以抱怨的。除了悦纳自己之外，还应悦纳别人。一个妄自菲薄的人自己活得很累，一个狂妄自大的人也不会过得很轻松，因为他时时有被周围人抛弃的威胁。承认别人的存在价值，由衷地为别人

的成功而高兴，

要处理好个人与社会的关系。做到“自我设计”要与社会发展相统一；自我奋斗要与社会需要相统一；自我价值要与社会价值相统一。其次，要发挥高职学生自我教育的作用，使其能够从道德、政治品质、思想意识等方面进行自我解剖、自我评价、自我控制，从而使高职学生能根据现实社会发展的要求，选择自己的理想人格目标和人格发展道路，塑造健康人格。

（二）进行心理调适，优化人格整合

人格塑造也就是为了实现优化人格整合，以达到人格的健全。人格整合的基本含义是：随着个体心理的成熟，人格的各个方面逐渐由最初的互不相关，发展到和谐一致状态的过程。优化人格整合，一要择优，二要汰劣。

择优即选择某些优良的人格特征作为自己努力的目标，如自信、勇敢、勤奋、坚毅、善良、正直等可作为人格塑造的依据。汰劣即针对自己人格上的缺点、弱点予以纠正，例如，自卑、胆怯、抑郁、冷漠、懒惰、任性、自我中心等。当然，择优与汰劣往往是同步进行的。

学会自我调适，增强适应生活的能力，健全心理防卫机制等。除此之外，还要通过必要的社会调适来辅助心理调适，例如，积极参加各种有意义的活动，主动进行心理咨询等都是社会调适的有效途径。

（三）提高个人素养

荣格有句名言：“文化的最后成果是人格”，有不少人格发展缺陷源于无知，如无知容易使人自卑、粗鲁，而丰富的知识则使人自信、坚强、理智等。各学科的全面发展是人格健全发展的智力基础，因为各学科的知识同处于一个庞大的系统中，其间既相互联系，又能在各自的发展中相互迁移、相互促进，可以说，有了智力基础，人格发展的速度与质量才有保证。

实践是人格发展的必由之路。无论是知识的获取、能力的形成，还是意志的磨炼都离不开实践。诸如一个人的勤奋、坚韧、乐观、细致等人格特征都是长期实践锻炼的结果。大学生应积极参加各种有益身心健康的实践活动，如近年来校园内兴起的青年志愿者活动对于大学生人格的发展与塑造就很有意义。

因此，优化人格整合要从眼前的小事做起，无数良好的小事可“集沙成塔”，最终构建成优良的人格大厦。

（四）发展良好的人际关系，融入集体

人格发展、塑造的过程是个体实现社会化的过程，是个体与他人、集体、社会相互作用的过程。人格是在行为中表现的，健全的人格也只有在与人交往中才能体现出来。塑造健全人格，必须发展良好的人际关系：尊重社会习俗、关心他人的需要、真诚地赞美、不做无建设性的批评、多与他人沟通意见、保持自尊和独立等。

集体是人格塑造的土壤，通过与集体交往，自己的某些人格品质或受到赞扬、鼓励，或受到压制、排斥、从而有助于做出有针对性的调整，而且集体能够伸出手来帮助集体中的个体择优汰劣。

（五）防止“过犹不及”

凡事都有“度”，人格发展和表现的“度”是十分重要的，人格塑造过程中应把握辩证法，掌握好度，否则就会“过犹不及”，适得其反。

具体说来，应该是：自信而不自负，自谦而不自卑，勇敢而不鲁莽，果断而不冒失，稳重而不犹豫，谨慎而不怯懦，豪放而不粗俗；好强而不逞强，活泼而不轻浮，机敏而不多疑，忠厚而不愚昧，干练而不世故等。

人格“度”的把握还表现在不同的人格特质要协调发展，做到“刚柔兼济”，对于“刚”者应多发展些“柔”，对于“柔”者应多发展些“刚”，这样才能形成合理、和谐的人格结构。此外，还要因人因时因地地表现人格特征，有时表现“刚”比表现“柔”好，有时表现“柔”比表现“刚”好：有时应多表现自信，有时应多谦恭，即所塑造出的人格应有韧性，有较强的应变、适应能力。

1. 互动训练

【活动目的】

认识他人、坦诚反馈、了解自我。

【活动时间】

约 50 分钟。

【适用对象】

团体所有成员。

【材料准备】

每人 1 张“个性特征表”，1 张白纸、笔。

【活动程序】

（1）指导者给每人发 1 张“个性特征表”，请大家详细阅读。

（2）然后研究一下团体内其它成员每个人的个性，把你的认识记下来，对每个人可选择一种类型或选择多种（3～5 种）特征。

（3）每人都写完后，指导者按顺序找出其中一人，请其他人说出对他的分析。最后由本人发表对别人评价的感受及自我的分析。也许非常一致，也许差别很大。为什么会有差别，深入探讨一下会有许多收获。

个性特征表

类　型	长　处	短　处	适合职业
乐天型	热切、诚恳、抱希望、乐观、富感情、优越感、感性强	冲动。浮躁、不坚定、意志弱、易怒、易懊悔	生意人、演员
暴躁型	意志坚决、坚强、敢冒险、独立、思想清楚、敏锐	急躁、激烈。不太会同情人、易谋私利、骄傲自大、报复心重，不太会深思	将军、老板、政治家
忧郁型	思想深远、透澈、能自治、信实、可靠、有天份、才华、理想主义、完美主义、忠心	抑郁、沉闷、忧愁、痛苦、多猜疑、情绪化、好自省、过份求完美、易怒、悲观	艺术家、哲学家、教授
冷静型	平静、稳定、随遇而安、温和、自足、实事求是、善分析、有效率	冷淡、缺感情、迟钝、懒惰、无动于衷、不易悔悟、自满	教师、科学家、作家

2. 测试

焦虑自评量表（SAS）含有20个项目，分为4级评分，主要评定项目所定义的症状出现的频度，评定时须根据最近一周的实际情况来回答。其标准为：

“A”没有，“B”小部分时间，“C”相当多时间，“D”绝大部分时间或全部时间。

（1）我觉得比平常容易紧张或着急。

（2）我无缘无故地感到害怕。

（3）我容易心里烦乱或觉得惊恐。

（4）我觉得我可能将要发疯。

（5）我觉得一切都很好，也不会发生什么不幸。

（6）我手脚发抖打颤。

（7）我因为头痛、颈痛和背痛而苦恼。

（8）我感觉容易衰弱和疲乏。

（9）我觉得心平气和，并且容易安静坐着。

（10）我觉得心跳得很快。

（11）我因为一阵阵头晕而苦恼。

（12）我有晕倒发作，或觉得要晕倒似的。

（13）我吸气呼气都感到很容易。

（14）我的手脚麻木和刺痛。

（15）我因为胃痛和消化不良而苦恼。

（16）我常常要小便。

（17）我的手脚常常是干燥温暖的。

（18）我脸红发热。

（19）我容易入睡并且一夜睡得很好。

（20）我做恶梦。

【评分标准】

正向计分题A、B、C、D按1、2、3、4分计；反向计分题A、B、C、D按4、3、2、1计分。

反向计分题号：（5）、（9）、（13）、（17）、（19）。

总分乘以1.25取整数，即得标准分，分值越小越好，分界值为50。

焦虑总分低于50分者为正常；50～60者为轻度焦虑；61～70者是中度焦虑；70以上者是重度焦虑。

3. 思考题

（1）人格对人的成长与发展有哪些影响？

（2）分析你自己五个最主要的人格特质并说明形成过程。

（3）通过练习思考，你对自己的气质和性格有哪些新的认识？

（4）你打算怎样优化自己的人格？

第四章 高职学生的人际交往

世界上没有比友谊更美好，更令人愉快的东西了；

没有友谊世界仿佛失去了太阳。

（1）了解高职学生人际交往的含义、意义和特点。
（2）了解高职学生人际交往中常见的心理问题。
（3）掌握高职学生成功人际交往的方法与技巧。

第一节　高职学生的人际交往

程鸣的苦恼

又是放寒假的时节，新生程鸣刚刚结束第一个学期的生活。可他却有自己的烦心事：自从跟同宿舍的两个同学因琐事争吵后，只有四个人的宿舍生活变得尴尬和别扭起来，一直到现在，两位吵架的同学还丝毫没有要和解的样子，这让他和另一位同学夹在中间左右为难。程鸣甚至担心，自己高职三年生活都会在这么糟糕的室友关系中度过。

你有没有和程鸣一样的苦恼?不良的人际关系是否也影响着你的生活?

 心理认知

一、人际交往的含义

亚里士多德曾说："能独自生活的人，不是野兽，就是上帝。"在社会生活中，人们

几乎每天都要和他人打交道。可以说，人际交往构成了人生的主要内容，个人是在复杂的人际交往中不断成长与发展的；事业成功、生活幸福也是以人际交往的成功为前提的。人际交往的成败对人的影响超出了人们的想象。

1. 什么是人际交往

人际交往是指两个或两个以上的个体通过一定方式发生某种沟通和交流的活动方式。任何单独的个人是不存在人际交往关系的。

2. 人际关系的含义

人与人的相互交往产生的结果形成人与人之间的社会关系，即人际关系。从通常意义上讲，它是指人与人之间相互联系、相互影响、相互作用的存在形式；从社会心理学角度看，它是特指人与人之间在感情寄托、信息沟通和合作共事中的心理距离。

科学研究已经证明，如果一个人学会了如何与他人打交道，不管你从事什么工作，不管你的职务是什么，你都在通往成功的道路上走完了85%左右的行程，而在取得自己的幸福方面，已经有了99%的把握。

人际关系如此重要，那么，对一个高职学生来说，交往的意义更为突出。

二、高职学生人际交往的重要性

（一）人际关系影响高职学生之间的群体凝聚力和学习效率

人际关系是群体内聚力的基础，而内聚力是提高学生的学习效率的前提条件。友爱、和谐的人际关系会使人感到温暖、安全、愉快，从而激发积极性和创造性。冷漠、排斥、敌意的人际关系使人产生压抑、焦虑、烦恼的情绪体验，从而阻碍人的潜能的发挥。有人统计，不良的情绪使脑力工作者的学习效率降低70%。

（二）良好的人际交往是心理保健的需要

美国心理学家哈娄等人曾做过这样的实验：将一只猴子置于不锈钢的房子里，温度、空气流通、清扫和喂养等一切工作都是自动化的，即隔绝了猴子的一切交往活动。通过一段时间的“社会剥夺”研究发现，被隔绝交往的猴子远比正常交往情况下的猴子恐惧反应强烈，它们在情绪交往行为上受到损害，精神是不健全的。

高职学生情感丰富，情绪尚不稳定，特别需要他人的关心和理解。通过交往活动，同学们彼此诉说心中的喜怒哀乐，表达自己的思想感情和生活态度，可以寻求友谊、理解和帮助，还可以激发多种兴趣和爱好，培养人的自尊心和责任感，从而得到思想的升华和心理的满足。而一个自我封闭、不善交际的人总是更多地体验着情绪低落、孤独空虚，甚至自卑、抑郁、恐惧等不良心理。

英国著名哲人培根说过：“当你遭遇挫折而感到愤懑抑郁的时候，向知心挚友的一席倾诉可以使你得到疏导，否则这种积郁会使人致病。……只有对于朋友，你才可以尽情倾诉你的忧愁与欢乐，恐惧与希望，猜疑与劝慰。总之，那沉重地压在你心头的一切，通过友谊的肩头而被分担了。”

因此，人际交往活动是高职学生保持心理平衡，促进心理健康的有效方式。

（三）良好的人际交往有助于高职学生进一步深化自我认识

（1）人以他人为镜，从与别人的比较中认识自己。人们往往是在具体的交往的情境中，从对别人的认识中来形成自我表象。对人的认识越全面，对自己的表象也就越清楚。有些人对自己的估价过高或过低，极可能是由于自我意识不够成熟，也可能与人群的选择不当有关。

（2）人们还能通过他人对自己的态度和评价，以及自己与他人的关系来了解自己在他人心目中的形象和社会地位，并参照别人的评价来客观地认识自己，这标志着自我意识的成熟。

高职学生对自我的认识往往处于“理想我”和“现实的我”的矛盾冲突之中。只有通过交往，把自己同别人进行比较，检查自己所作所为同周围人们对自己的期望是否相符，从而做出正确的自我评价和自我调整，才能获得与周围环境、社会角色相适应的思想和方法，逐步实现“理想我”与“现实我”的辩证统一，进而摆正个人与他人、集体、社会的关系。

因此可以说，人际交往活动是促进高职学生认识自我的基本途径。

（四）良好的人际交往有利于高职学生个性的发展

心理学家曾经从各个不同的角度做了大量的研究，结果都证明，健康的个性总是与健康的交往相伴随的。心理健康的水平越高，与别人的交往越积极，越符合社会的期望，与别人的关系也越深刻。

个体在自我发展和自我完善的过程中，不仅受自然环境的影响，而且还受人际环境的影响。心理学家发现，如果一个人长期缺乏与别人的积极交往，缺乏稳定的良好的人际关系，那么这个人往往有明显的性格缺陷。在青少年心理咨询的实践中也发现，绝大多数青少年的心理危机，都是与缺乏正常的交往和良好的人际关系相联系的。在高职学院里，同宿舍室友之间的交往状况往往决定了一个学生是否对学校生活感到满意。生活在没有形成友好、合作、融洽的心理氛围的宿舍里的高职学生，常常显示出压抑、敏感、自我防卫、难以合作的特点，对生活的满意程度较低。而在人际关系比较融洽的宿舍里生活的高职学生，则常常表现出愉快、乐于与人交往和乐于助人。可见，人的个性直接受人际交往状况的影响。

（五）良好的人际关系是生活幸福的源泉

在日常生活中，有些人以为，人的幸福是建立在金钱、成功、名誉和地位的基础上的，因此，书摊上的那些教你如何赚钱、如何获得事业成功的书非常抢手。实际上，对于人生的幸福来说，所有的这些方面都远不如健康的交往和良好的人际关系重要。交往和人际关系在人们生活中的地位，无法为金钱、名誉和地位所取代。心理学家通过研究发现，几十年来，人们的金钱收入一直是呈上升趋势的，但是，对生活感到幸福的人的比例并没有增加，而是稳定在原来的水平上。这说明，金钱并不能简单地决定人的幸福。

调查发现，很多“大款”虽然收入很多，但仍然摆脱不了得不到别人尊重、难于与别人建立深刻关系的烦恼，因此去歌厅成为他们排解怅惘与孤独的一种方式。

良好的人际关系对于生活的幸福具有首要意义。西方心理学家的调查表明，当人们被问到“什么使你的生活富有意义”的时候，几乎所有的人都回答，亲密的人际关系是最首要的，其重要性远远超过了金钱、名誉和地位，甚至超过了西方人最为尊重的宗教信仰。

三、高职学生人际交往的特点

高职学生的人际关系具有社会人群的一般共性，但是高职学生是一个特殊的群体。他们生活在校园里，接受着高等教育，交往的对象主要是教师和同学，因而，高职学生的人际关系又有着自己的特点。

（一）人际交往的愿望迫切

中学时期，学生们的主要任务是考上大学，注意力基本上都集中在学习上，没有什么时间和精力与他人交往，就是有个别同学特别想与别的同学交往，但苦于没人理会，没人呼应，有来无往，所以交往水平低下。这主要是因为大家都看重学习，无暇顾及学习以外的事情。可是进入高职学院之后，学习尽管仍然是主流，但已经不再是唯一，高职学院评判一个优秀的学生已不再像中学那样只看成绩，而是一种综合素质的比拼。另外，高职学生第一次远离父母，他们不得不面对陌生的环境独立地生活，要解决生活的问题，就必须与他人打交道。再加上招生制度的改革，用人单位择人的标准也发生了变化，自主择业，双向选择，要求高职学院学生了解社会，接受更多的信息，更好的人际交往已迫在眉睫。

（二）对人际关系的认识理想色彩浓厚

高职学生的人生经历比较单一，从小学到高职，一味地求学，对社会了解很少，思想单纯，很少受社会一些世俗的影响，他们对社会充满幻想，对未来充满憧憬。他们对学校里的人际关系也有着比较高的期望。他们崇尚高雅、真诚、纯洁的友谊，而较少带功利色彩。他们认为朋友应该是志趣相投、互相关心、互相帮助、共同进步的。真正的朋友应该是无话不说、坦诚相见的。而一旦有不到位、不如意的地方，则认为是不够朋友。正是因为对人际关系过于理想化，因而现实中的很多高职学生对人际关系感到不满意，无法接受人际关系中的不和谐。

（三）独立意识强烈，讲究平等相处

随着年龄的增长，社会阅历的丰富，高职学生的独立意识强烈，他们逐渐摆脱对父母、老师的依赖，靠自己的力量与他人交往，与什么样的人交往，怎样交往，都由自己来决定，表现出较强的理性和选择性。高职学生已经基本上能够分清良莠，不再受情绪左右，有着比较强的独立意识和认知能力。高职学生处于同一年龄阶段，个人阅历、社会经验、认知能力、思想观念等都大致相同，因此，他们没有尊卑长幼之分，比较容易产生平等的心理和意识。他们渴望理解与尊重，渴望平等相处。即便是师生关系，他们

也渴望能平等相处。所以，学校里的老师不再高高在上，既是老师，又是朋友，高职学生与老师之间是一种新型的师生关系。事实证明那些在人际交往中，将自己的意志强加于他人，傲慢无理，不尊重他人，操纵欲、支配欲、妒忌、报复心强的高职学生，是不受他人欢迎的。

（四）交往对象单一，人际关系简单

高职院校虽有“小社会”之称，但毕竟与真正的社会有很大差异，它是相对封闭的高等学府。高职学生的学习、生活基本上都是在校园里展开的。特别是现在很多高校，通常距离城市中心比较远，交通不便，客观上，导致高职学生交往的对象更为单一，高职学生交往接触的对象主要是老师和同学，特别是同宿舍、同班级、同专业、同学院的老师和同学，交际能力强的同学可能与老乡、其他院系的同学或老师交往的多，但总的说来交往的范围就在校园里。

高职学生交往的目的主要是为了交流思想，联络感情，探讨人生、学问和国家大事等，交往方式主要是接触交谈。因此，高职学生的人际关系比较简单。当然，高职学生由于年轻、交往经验不足等原因，在交往中也会出现这样那样的矛盾和冲突，但是他们之间并没有什么根本的利害关系，因而出现问题后，只要双方愿意，还是比较容易解决的。近年来，社会竞争的加剧，客观上导致了高职学生人际关系问题的频繁发生，尽管如此，高职学生的人际关系还是相对比较纯洁，比较稳定的。

（五）异性交往频繁

处于青年中期的高职学生生理上已经完全成熟，性意识被唤醒。他们逐渐对异性产生了兴趣，喜欢与异性交往。这对于高职学生而言，是很正常的。现在的高职学生异性之间交往已经不像过去的高职学生那样躲躲闪闪、拘谨、严肃，而是公开、开放的，表现出从未有过的大胆。很多一、二年级的学生也匆匆地加入恋爱大军。但由于高职学生没有做好恋爱的准备，使得校园成为恋爱最多的地方，同时也是失恋最多的地方。而失恋是人生路上的雷区，处理不好，将会伤及他人，伤及自己。当然，正常的异性交往是值得提倡的。过分地排斥异性，对高职学生的身心健康也极为不利。

高职学生的人际关系除了上述几种特点之外，还有诸如交往过程的情感性、注重精神世界、重义轻利等特点。

四、高职学生人际交往的发展模式

高职学生开始进入人际交往的巅峰时代，其发展模式具有渐次拓展、稳定多样的主要特征，具体类型主要有：

（一）维系型

维系型是指高职学生为了巩固已有的人际关系，从而使自己始终拥有良好的人际资源所进行的人际交往。其意义在于：①维系友谊。友谊是维护人们之间的关系和情感的最广泛的基础性的情感表现，所以要学会珍惜友谊。高职学生虽然离开了昔日的朋友，

但要积极地呵护、维系这种友谊，使自己的人际关系链变得更为牢固。②优化心理。当你心情不好或遭遇委屈时，给昔日的友人写封信、打个电话、发封邮件，也许心中的痛苦很快就会烟消云散，可以保持自己健康良好的心态，促进身心健康。③学会做人。身份地位的改变，时过境迁，友谊是否改变，是对一个人品质好坏的直接检验。通过维系性的交往，不断内省，见贤思齐，优化品性，调节性格，学习做人。

（二）拓展型

拓展型是指高职学生在新的环境里，在人生新的发展阶段面对并建立新的人际关系的交往模式。其主要特征有：

（1）拓展与创新。在原有的人际关系的基础上，进行新的人际关系的拓展和创新。

（2）转变与调整。受社会转型期人们交往模式转变的影响，以及高职学生正处于生理发育相对成熟的动荡时期，他们对交往的价值判断和需求也在不断地调整变化。

（3）适应与融入。为了适应新的生存环境，以谋求新发展。高职学生通常要使所建立的新的人际关系能有利于人生发展。

（4）开放与多元。高职学生的人际交往体现出强烈的时代特点，表现为交往模式的开放性、交往对象的广泛性、交往价值的多元性、交往方式的多样性，以及交往群体内的合作和竞争等方面。

（三）服务型

服务型是指高职学生通过建立自愿型或契约型服务关系而形成人际关系的交往模式。自愿型服务是指高职学生通过自觉地服务他人、奉献爱心而不求取回报的义务服务行为，一般有自我服务和服务他人两种形式；契约型服务是指高职学生与企事业单位或聘用方签订服务协议，通过自己的服务获取相应的权利和报酬的交往行为。其主要形式有：学生自治活动、学生义务活动、社区服务活动、勤工助学活动和职业选择尝试等。高职学生通过积极参与这些活动，为大家的学习生活提供良好的服务，促进社区的发展，融入社会和职业环境；培养自己的社会责任感、奉献精神和服务技能，提升自身的交往形象；得到社会的认可，从中获得信赖和锻炼，促进了自身的社会化进程。

心灵互动

1. 互动训练

反思自己的交际圈，在下面的四种朋友类型后面的横线上，按照联系的密切程度由大到小列出你认为是你的朋友的人名。

（1）能分享快乐与痛苦的知心朋友：________________，有_____人。

（2）能鞭策自己的德高之友：____________________，有_____人。

（3）能合作去做一些事情志趣相同之友：______________，有_____人。

（4）能交流思想的学问之友：__________________________，有_____人。

【思考回答】

（1）哪种类型的交际圈人数最多，质量最好，对你的性格、学业和未来发展最有利？

（2）交际圈的哪些是空白？哪种圈子人数最少，甚至可能一个人也没有？

（3）在哪个圈子里？我更加如鱼得水？在哪个圈子里我感觉到不太自在？

（4）为什么在有的人际圈子里我发展得好，另一些则不然？

（5）在与人交往中，存在哪些问题？这些问题如何影响我的人际网络的形成和发展？

2. 测试

你想检验自己的处世能力吗？那就请实事求是地选择测试题，并对照鉴定，看看如何？

（1）当你埋头赶做一件事时，一个朋友上门来找你倾诉苦闷，你怎么办？

A. 放下手中的工作，耐心倾听；

B. 显得很不耐烦；

C. 似听非听，还在想自己的事；

D. 向他解释，另约时间。

（2）在公共汽车上，你无意踩了别人一脚，别人对你骂个不停，你怎么办？

A. 充耳不闻，任其骂去；

B. 同他对骂；

C. 推说别人先挤你；

D. 请他原谅，同时提醒他骂人不对。

（3）在电影院里，你的邻座旁若无人地讲话，你感到厌烦，怎么办？

A. 希望别人会向这个人提意见；

B. 大声指责他们；

C. 叫来服务员干涉他们；

D. 有礼貌地请对方别讲话。

（4）家有急事，领导不了解情况，要你加班，你怎么办？

A. 人去加班，心中却在埋怨；

B. 拒绝加班，言语生硬；

C. 推说有病不能加班；

D. 同领导商量能否不加班，的确需要加班，就服从安排。

（5）你辛苦了好几天，自以为某项工作做得不错，不料领导很不满意，你怎么办？

A. 满腹委屈，但不作声；

B. 拂袖而去，不受委屈；

C. 把责任归于客观原因；

D. 注意自己做得不够的地方，以后加以改正。

【评价标准】

若多选择A，说明自制力强，胆小怕事，明哲保身，不直爽，欠缺原则性。

若多选择B，说明自制力很强，虽直爽但不善于待人接物。

若多选择C，说明虽灵活，但为人不够真诚、坦率。

若多选择D，说明既有较强的自制力，积极向上，又为人真诚、坦率。

3. 思考题

（1）在过去的人际交往中给你印象最深的事件是什么?你从中有什么感受?

（2）你认为什么是友谊?怎样才能获得友谊?

第二节　高职学生人际交往中的心理障碍

心灵求索

个性差异可能导致宿舍矛盾

宿舍六个人最后一次聚餐的时间，二年级学生刘敏已经记不清了，虽然偶尔会怀念昔日宿舍的和谐，但刘敏已经习惯了每天早出晚归，把自己泡在图书馆和自习室，连周末也不例外。

“其实，南方的冬天常刮风下雨，谁不想待在暖和的宿舍里？但是，宿舍的气氛压抑得让人宁愿出去挨冻也不愿多待一分钟。”刘敏说，从一到二年级，自己就慢慢“逃离”宿舍了，因为六个人中的五个形成了相对稳定的小团体，而自己成了被排斥的那一个。

宿舍里只有刘敏来自农村，与个性张扬的城市孩子不同，她很注意自己的言行，尽量不与室友发生冲突，甚至在观点争论时不发表意见，遇到委屈也是宁愿强忍也不说出口，因此大一时，她的人缘还不错。

但刘敏很在乎别人对自己的评价，平时，哪怕一句无心的玩笑也让刘敏半天想不开。一次，有室友评价一个人穿着品味“很土、像个乡下妹子”，刘敏忽然觉得是在针对自己，她冲着室友发火：“我就是乡下人，你什么意思？”这次意外的冲突让该室友也很憋气，向来活跃的她发挥了“意见领袖”的作用，让另外四个人对刘敏也多少有了看法。

想到自己的忍耐，没能换来室友的感激，甚至没有起码的尊重，这一次爆发后刘敏心里极度失望。随着和室友间的矛盾越积越深，刘敏选择了逃避。

刘敏的人际关系到底遇到了什么问题？什么原因造成刘敏的这些苦恼？

心理认知

一、高职学生人际交往中常见的问题

高职学生的人际交往总的来说是健康、积极的，但也存在着不少问题。许多高职学

生不同程度地存在着各种各样的人际交往失调，有些甚至出现了严重的人际交往障碍，这给他们的学习、生活、情绪、健康等方面带来了不良影响。一项覆盖我国 29 个省、市、自治区的调查表明，80%的人对人际交往失去了信心，80%的人感觉人情淡漠，交往困难。近几年来，因人际关系不适而自杀的青年人数明显上升。

高职学生的人际交往问题归纳起来，主要有以下表现：

（一）交往平淡

这是许多高职学生所共有的一种人际交往的心理体验。这些同学通常能够正常交往，但自感缺少能够互吐衷肠、肝胆相照、配合默契、同甘共苦的知心朋友，所以常常感到心里有话没有地方去说，满足不了较深层次的交往需要，因而内心有时不免感到孤独和无奈。

（二）不善交往

这类同学有很迫切的交往愿望，但常常不知道怎样与人交往，交往中常常有挫败感，不是书生气十足，遭同学笑话，就是不善表达，让同学误会，或者说话过于耿直、生硬，使同学难以接受，有时还会由于言行失当而使交往陷入尴尬局面。这些同学往往很苦恼，因为他们不知该如何让人接纳、信任、喜欢自己。

（三）不敢交往

这类同学虽然交往的愿望也很强烈，渴望得到别人的肯定和接纳，渴望理解，渴望友谊，但对交往有恐惧心理，与人交往时胆怯、害羞、自卑，害怕被人看不起，害怕交往会遭到失败。他们的行为往往与内心的愿望不符，极力回避与人接触，不得不交往时则紧张、恐惧、心跳加快、面红耳赤，难以自制。为此，他们常常陷入焦虑、痛苦、自卑、自责之中，严重影响了身心健康和日常生活。

（四）不易交往

这类同学个性一般都较封闭、内向，防御心理重，戒各心理强，既不会主动接近别人，关心别人，也不会侵犯别人，常常给人以高深莫测、难以接近的感觉。

（五）不当交往

这类同学可能一开始给人的感觉还不错，与别人的交往也很主动，但交往的效果往往不理想，甚至有时会使关系倒退。例如，有的同学喜欢把自己的兴趣和意志强加于人，不管别人是否乐意，硬要别人和他一起去参加某项活动；有的同学与人讲话不善察颜观色，不注意场合，常使对方难堪；有的同学在别人面前不懂装懂，夸夸其谈，让人觉得不愉快。这些都是不利于交往的行为方式。

（六）不良交往

这类同学常常怀着不良的交往动机，或是带着利用别人的心理与人交往，或是为了满足自己的某种不健康的心理而与人交往。他们在交往中缺少真诚和信用，也不懂得尊重对方，而是一切从自己的利益出发，自我中心，自私自利，虽然他们的交往手段很多，但却很难赢得别人的信任和友谊，最终会被集体所排斥。

（七）不愿交往

这类同学可能表现出两种情况，一种是生性孤僻，个性怪异，长期封闭自己，缺乏与他人的交往，也害怕交往会打破心理的平衡；另一种是孤芳自赏，清高自傲，对周围的人大多看不起，因此不屑与他们交往。

二、高职学生人际交往的主要障碍及心理原因

造成高职学生人际交往适应不良的原因很多，既有环境变化的客观因素，也有高职学生自身的主观原因。

从客观上看，高职学生的集体生活，一方面创造了彼此交往的条件，另一方面，也构成了矛盾纠纷的源泉。同学们来自五湖四海，个性脾气、生活习惯、兴趣爱好、价值观念千差万别，甚至有时语言都难以相通，难免会分歧、矛盾。

（一）人际交往的认知障碍

对人际交往的不良认知是引起高职学生人际关系困惑、障碍的重要原因之一，主要有：

1. 人际交往的认知偏差

在社会认知过程中，人际交往的双方总是处在相互影响和相互作用的状态，

因此，高职学生在认知他人、形成有关他人印象的过程中，社会认知往往会发生这样或那样的偏差。

（1）首因效应。

在许多回忆录中，常常有这样一句话：“他还是老样子，像我第一次见到他的时候……”事实上不是对方依然如故，而是作者脑海中的第一印象太深刻了，没有因时间的流逝而改变，这就是人际交往中的首因效应。所谓首因效应，是指人们与陌生人交往时的最初印象深刻地印记在脑海里，进而影响着人们以后在人际交往中的认知取向。第一印象有时和一个人的气质相吻合，有时和一个人的气质大相径庭。我们在交往中一方面要尽量避免受第一印象的影响，要把第一印象作为一种信息储存在脑子里，且慢对一个人做出什么结论，要想对一个人理解得准确，有待于交往的进一步深化。“路遥知马力，日久见人心”仍不失为一个真理。同时，我们在人际交往过程中 ，应该努力给人留下一个良好的第一印象。

（2）晕轮效应。

晕轮效应又称光环效应，是指人际交往中将某个显著特征泛化到其他特征上，即从好或坏的局部印象出发扩展得出某人全好或全坏的整体印象。“一俊遮百丑”、“爱屋及乌”说的就是晕轮效应。晕轮效应往往是在掌握认知对象信息很少的情况下做出总体判断的结果，常常使人以偏概全，容易对人做出不公正、不客观的评价。因此，高职学生

应该做到有效地控制自己输出的信息，避免对自己产生不良的晕轮效应。

（3）刻板效应。

刻板效应是指人们对某类人和事进行简单的概括分类所形成的不正确的印象，是用固定的、笼统的的印象加在一类人中每个人身上，用共性的东西抹杀个性的群体现象。例如：商人见利忘义、女人的名字叫弱者等。在高职学生的现实生活中，大多数的社会刻板效应是通过社会学习获得的。刻板效应有着一定的合理性，它是关于某类人或事的特点的社会共识，有助于高职学生迅速地了解陌生的人或事，提高自己的认识水平；但它是固定而笼统的看法，缺乏变通性，以共性来评价同类中的个性，具有明显的局限性。在人际交往中，高职学生应辩证地认识刻板效应的合理性和局限性，使其成为自己正确评价、辨别事物的工具和手段。

2. 过分追求完美

高职学生自我意识迅速增强，开始了主动交往，但其社会阅历有限，客观环境的限制使其不能够全面接触社会，了解人的整体面貌，心理上也不成熟，因而人际交往中常又带有理想的模型，然后据此在现实生活中寻找知己，一旦理想与现实不符，则交往产生障碍，心理出现创伤。

3. 过分以自我为中心

以自我为中心是高职学生人际交往中最突出的障碍。人际交往的目的在于满足交往双方的需要，是在互相尊重、互谅互让，以诚相见的基础上得以实现的。以自我为中心的人只考虑自己的感受、自己的利益，而不考虑他人的感受和利益，对人和事缺少客观分析，主观性特别强烈。高职学生常常忽视平等、互助这样的基本交往原则，喜欢自吹自擂、装腔作势、盛气凌人、自私自利，从不考虑对方的需要，这样的交往必定以失败而告终。

（二）人际交往的情绪、情感障碍

1. 自卑的心理

自卑是一种过低的自我评价。自卑的浅层感受是怕别人看不起自己，而深层的体验是自己看不起自己。自卑是高职学生人际交往的主要障碍之一。许多高职学生因没考上心目中理想的大学，老觉得抬不起头，在交往中常常是瞧不起自己，只知其短不知其长，甘居人下，缺乏应有的自信心，无法发挥自己的优势和特长。有自卑感的人，在社会交往中办事无胆量，习惯于随声附和，没有自己的主见。遇到一点挫折，便怨天尤人；如果受到别人的耻笑与侮辱，更是甘咽苦果、忍气吞声。这类人主要是由以下几种原因引起：过多的自我否定、消极的自我暗示、挫折的影响和心理或生理等方面的不足。像有的学生身材矮小、相貌丑陋、出身低微、学习差等，这种心境使自卑者在交往中常感到不安，因而常将社交圈子限制在狭小的范围内。

2. 孤独与害羞心理

孤独心理是一种感到与世隔绝、无人与之进行情感或思想交流，孤单寂寞的心理状态。孤独者往往表现出萎靡不振，并产生不合群的悲哀，从而影响正常的学习、交际和生活。这类学生主要由以下几种原因引起：性格缺陷、过于自负或过于自尊、挫折等。有句话说的好：水至清则无鱼，人至察则无友。自尊、自负、自傲都会引起孤独的产生；还有一种人比较容易孤独，那就是“喜欢做语言上的巨人、行动上矮子的人！”

害羞是指一个人过多地约束自己的言行，以至无法充分表达自己思想感情的一种心理状态。害羞是绝大多数人都会产生的一种普遍的情绪体验，但这种体验若达到一种不正常的程度，就会严重妨碍人际交往。害羞在高职学生人际交往中常常表现出腼腆，动作忸怩，不自然，脸色绯红，说话音量低而小，严重者怯于交往，对交往采取回避的态度，过多约束自己的言行，无法充分表达自己的愿望和情感，也无法与人沟通，造成交往双方的不理解或误解，妨碍了良好人际关系的形成。

3. 嫉妒心理

嫉妒心理是指一个人对别人的才能、名誉、地位、财富、品德、相貌、学习成绩等方面比自己好而产生的羞愧、憎恨、敌意、愤怒等组成的复杂情感体验。嫉妒是高职学生常见的交往不良心理。特点是：对他人的长处、成绩心怀不满；看到别人冒尖、出头不甘心，总希望别人落后于自己。嫉妒还有一个特点：就是没有竞争的勇气，往往采取挖苦、讥讽、打击甚至采取不合法的行动给他人造成危害。这种情况严重阻碍了高职学生的心理健康和交际能力，给高职学生成人和成才带来了莫大的困难，因为嫉妒会吞噬人的理智和灵魂，影响正常思维，造成人格扭曲！

4. 猜疑心理

猜疑是指无事实依据凭主观推测而产生的不信任的复杂情感体验。猜疑心重的人一般会从某一假想目标出发，没有实际考查，而是凭空想象，最后又回到假象目标上来。往往越看越像，越想越是如此。一些猜疑心重的高职学生，总是怀疑别人在议论自己，说自己的坏话，遇到不顺心的事，不从自己身上找原因，而是怀疑他人在背后捣鬼。猜疑心重的人往往心胸比较狭窄，气量小，对别人缺乏起码的信任。猜疑心是良好人际关系的天敌，会导致人与人之间产生隔阂、矛盾和冲突。

5. 报复心理

报复心理是在人际交往中，以攻击的方式向那些曾给自己带来挫折的人发泄不满的、怨恨的情绪的一种方式。它极富有攻击性和情绪性。报复心理是人际交往中危害最大的一种心理。报复心理和报复行为常发生在心胸狭窄、个性品质不良者遭到挫折的时候。据社会心理学家研究表明：报复心理的产生不仅同个性特点有关，而且与挫折的归因和环境有关。

（三）个性冲突

1. 个性差异

人格的差异带来交往中的误解、矛盾与冲突，人格不健全可直接造成人际冲突。如不同气质类型的人对同一问题的处理方式不一样，胆汁质的人性情急躁，言谈举止不太讲究方式，这会使抑郁质的人常感委屈和不安，造成双方的互相抱怨和不满。而相同性格类型的人（同是内向性格或同是外向性格）也很容易产生矛盾。

2. 个性缺陷

社会心理学研究表明，一个人的个性品质往往直接影响着他的交往质量。调查显示，大学生群体中存在着“人缘型”和“嫌弃型”两种不同的个性类型。

其中不受欢迎的“嫌弃型”有两种不同的表现特征：

（1）具有攻击性特征，如争强好胜，自高自大，自我中心，嫉妒心重，报复心强，敌对冲动，自私虚伪，统治欲强，好干涉，不懂得尊重别人等。这种个性特征常常会挫伤别人的自尊心，让人没有安全感，造成交往的紧张、压抑，易使他人敬而远之、望而生畏。

（2）具有退缩性特征，如害羞胆怯，敏感多疑，孤僻狭隘，不求上进，过分自卑，自我封闭，依赖性强等等。与这种人交往会使人感到负担很重。气氛沉闷，需谨小慎微地对待他们，让人觉得很累。因此，改善人际交往，应努力培养良好的个性品质。

（四）能力不足

有些同学的人际交往失败是与其交往能力不足有很大关系的。这些同学在中学时只顾埋头读书，学习成绩拔尖，但很少注意培养与他人的交往、沟通的能力。中学时，学习似乎成了唯一需要完成的任务，学习成绩几乎成了评价一个学生的唯一标准，所以他们在人际交往方面能力的缺乏并没有引起自己的注意，也没有受到周围人的关注。

然而到了高职学院，面对多样化的生活内容和多元化的评价标准，他们的人际交往问题就暴露出来了，并成为影响他们适应高职学校生活的障碍。进高职学院后，他们很快就意识到了人际交往的重要，内心也有很强烈的交往愿望，但由于以前没有学会怎样与人交往，所以挫折感很强，有的干脆退缩逃避。人际交往让他们体验到了从未有过的自卑和烦恼。

人际交往能力并不是天生的，是可以通过有意识的锻炼来提高的，关键是要有主动锻炼的意识。其实，人际交往能力是一个人知识、修养、人品以及各种心理能力的综合，所以提高人际交往能力应重视综合素质的培养。

1. 互动训练

请分析以下不正确的人际认识主要存在什么问题？

（1）我必须与周围的每个人建立密切关系。
（2）应随时防备他人，言多必失。
（3）接受别人的帮助，必须立即予以回报。
（4）人都是自私的，不可信任的。
（5）别人都应该待我好。
（6）只有顺从他人，才能保证友谊。
（7）别人对我好，是想利用我或占我的便宜。
（8）有些人自私、自利、斤斤计较，他们应该受到指责和惩罚，我不能与他们来往。
（9）朋友之间应该坦诚，所以不应有保密的事。
（10）如果有一个人对我不好，说明我的人际关系有问题。
（11）应随时思考别人是否有兴趣与我交往。

2. 测试

表 4-1 中列出了高职学生中经常有的一些感受，请选择最适合你情况的答案。填写到答题纸上。

表 4-1　社交回避及苦恼量表（SAD）

题　目	是	否
1. 即使在不熟悉的社交场合里我仍然感到放松	1	0
2. 我尽量避免迫使我参加交际应酬的情形	1	0
3. 我同陌生人在一起时很容易放松	1	0
4. 我并不特别想去回避人们	1	0
5. 我通常发现社交场合令人心烦意乱	1	0
6. 在社交场合我通常感觉平静及舒适	1	0
7. 在同异性交谈时，我通常感觉放松	1	0
8. 我尽量避免我与人家讲话，除非特别熟	1	0
9. 如果有同新人相会的机会，我会抓住的	1	0
10. 在非正式的聚会上如有异性参加，我通常觉得焦虑和紧张	1	0
11. 我通常与人们在一起时感到焦虑，除非与他们特别熟	1	0
12. 我与一群人在一起时通常感到放松	1	0
13. 我经常想离开人群	1	0
14. 在置身于不认识的人群中时，我通常感到不自在	1	0
15. 在初次遇见某些人时，我通常是放松的	1	0
16. 被介绍给别人使得我感到紧张和焦虑	1	0
17. 尽管满房间都是生人，我可能还是会进去的	1	0
18. 我会避免走上前去加入到一大群人中间	1	0
19. 当上级想同我谈话时，我很高兴与他谈话	1	0
20. 当与一群人在一起时，我通常感觉忐忑不安	1	0
21. 我喜欢躲开人群	1	0
22. 在晚上或社交聚会上与人们交谈对我不成问题	1	0
23. 在一大群人中间，我极少能感到自在	1	0
24. 我经常想出一些借口以回避社交活动	1	0
25. 我有时充当为人们相互介绍的角色	1	0
26. 我尽量避开正式的社交场合	1	0
27. 我通常参加我所能参加的各种社会交往。不管是什么社交活动，我一般是能去就去	1	0
28. 我发现同他人在一起时放松很容易	1	0

【评分标准】

社交回避及苦恼量表计分：

（1）与下列答案相同的选择便各得 1 分：

是：2，5，8，10，11，13，14，16，18，20，21，23，24，26。

否：1，3，4，6，7，9，12，15，17，19，22，25，27，28。

（2）回避分量表的条目为：

2，4，8，9，13，17，18，19，21，22，24，25，26，27。

（3）焦虑分量表的条目为：

1，3，5，6，7，10，11，12，14，15，16，20，23，28。

社交回避及苦恼分别指回避社会交往的倾向及身临其境时的苦恼感受。得分越高，社交回避和社交焦虑程度越高。

3. 思考题

（1）高职学生人际交往中存在哪些主要障碍？

（2）试分析一次不成功的人际交往的主要原因？

第三节　高职学生良好人际关系的培养

被冤枉了怎么办

张剑进教室发现自己的书掉在地上，而且上面还被踩了一脚，这时教室里有好几个同学，其中平时不大合得来的李洁正站在边上，眼睛看着他。张剑冲着李洁大声喊："讨厌！眼睛看什么看？"李洁回过身说："不是我踩的。"张剑更生气了，冲着李洁直瞪眼。李洁拿起书举到张剑的眼前："看看看！这根本不是我的鞋印。"这时，张剑发现这鞋印真的不是李洁的，自己都觉得有些不好意思了。李洁觉得自己受了委屈，怒视着张剑："凭什么冤枉好人？走，咱们找老师评理去。"

你遇到过这样的事吗？你对李洁的做法怎么看？想一想，结果会怎样？如果你是李洁你会怎样做？

心理认知

一、正确认识人际关系

（一）改变过分自我关注的认知方式

自我关注的实质是希望受人关注，获得他人的尊重和关心，这是人的基本需要之一，也是人际交往的功能之一。

人们通过人际交往来满足自我关注的需要，但是为了交往，人们又不得不适当地放弃自我关注，在满足对方需要（包括自我关注的需要）的过程中，促进双方的交往。因为人际交往是一个互动、互利的过程，交往双方通过思想互动，形成一定的感情联系，从而使双方都能获得人际交往心理需求的满足。只有双方都在这一过程中不断地调整自己的观点和行为，以适应彼此的需要，交往才能持续和发展。

因此，当自我关注这种原本是正常自然的需求变得过度时，就成了一种认知偏差，容易带来人际交往问题，使交往难以得到健康发展。

（二）改变过分追求完美的认知方式

“人无完人，金无足赤”，这是客观世界亘古不变的真理。然而，现实中却有不少高职学生偏偏要以完美的尺度去衡量人际交往中的自我、他人和人际交往本身，这使得他们在人际交往中常常既不能悦纳自己，也不能宽容待人，对一切都显得过于苛刻、挑剔，从而总是在人际交往中把自己置于十分尴尬、被动甚至孤立的境地。

例如，有些同学以完美的尺度衡量自己，结果很容易关注自己的弱点和不足，贬低自己的价值，产生自卑心理；而那些以追求完美的眼光看待他人和周围环境的同学，则不能容纳他人和环境中的不足，容易对人苛刻、挑剔，自己也经常体验到不满和不快的情绪。追求完美的同学，常常会与现实中的“不完美”发生冲突和碰撞，把自己弄得痛苦不堪。

因此，高职学生在人际交往中应逐渐学会“弹性”思维，以合理的方式要求自己以及看待周围的人和事，这样才能给自己和他人营造一个宽松的人际交往氛围。

（三）改变过分理想化的认知方式

理想化色彩较浓是青年人共有的心理特征，高职学生表现得尤为突出。在人际交往中过分理想化的认知方式，常常是高职学生对人际交往不满的根源。

不少调查资料显示，与同龄人相比，高职学生对人际交往的满意程度最低，这固然与人际交往实际中存在不足有关，但更重要的原因是高职学生对人际交往的期望值普遍偏高，因而对现实中的人际交往的失望和不满亦多。

由于缺乏社会经验和生活阅历，不少高职学生常常把想象和希望当作现实，他们在未进高职学院之前就赋予了人际交往以理想、完美的色彩，这使得他们对校园里人际交往的复杂性和多样性缺乏足够的心理准备，因而，一旦接触到人际交往中的矛盾和不足，就会感到与自己的理想相去甚远，从而产生失望和不满的情绪。一些新生进校后不久就陷入了人际交往的苦恼和困惑之中。过分理想化的认知方式常常把丰富、复杂的人际交往简单化，从而在复杂的现实面前四处碰壁。

为此，高职学生要学会调整好理想与现实的关系，对现实的人际交往给予合理的评价。

二、运用好人际交往的原则

高职学生要想建立良好的人际关系，需要掌握一些人际交往的具体原则。这样才会避免一些低级错误的发生，减少人际交往的盲目性，大大提高自己的人际交往能力。

（一）尊重和平等原则

尊重包括自尊和尊重他人两个方面。自尊就是在各种场合自重自爱，维护自己的人格；尊重他人就是重视他人的人格、习惯与价值，尤其是对隐私的尊重。尊重是由人人平等的社会伦理规范所决定的人际交往原则。平等是建立良好人际关系的前提，是人际交往最基本的原则或者说是第一原则。尽管由于主、客观因素的影响，人与人在气质、性格、能力、知识等方面存在差异，但在人格上是平等的。只有尊重他人才能得到他人的尊重。

俄国大作家屠格涅夫有一天走在街上，一个年迈体弱的乞丐向他伸出发抖的双手，大作家找遍所有的衣袋，分文没有，感到惶恐不安，只好上前握住乞丐那双脏手，深情地说道："对不起，兄弟，我什么也没有，兄弟!"哪知，大作家这一声声"兄弟"，却超过钱币的作用，立刻使老乞丐为之动容，泪眼盈盈地说："哪儿的话，这已经很感恩了，这也是恩惠啊!"无论什么人，无论地位高低，渴求得到尊重的心情是一样的。

高职学生有很多的共同点，年龄相仿，经历相似，缺乏社会经验；同时高职学生也有很多不同的地方，他们来自全国各地，生活习惯、家庭出身、经济状况、知识水平、能力等有所不同。但是，无论高职学生的各自状况怎样，在学校这一特定的环境里，他们之间应该是无贵贱之分的，关系是平等的，任何人不可以凌驾于他人之上。只有互相尊重，才能融洽相处，营造和谐、友好的人际环境。

一般来说，善于交往的高职学生，懂得"你要别人怎样待你，你就得怎样待人"。交往中，那些傲慢无理，不尊重他人，操纵欲、支配欲强，或嫉妒、报复心理重的高职学生常常是不受欢迎的。同时那些防御心理过重，自我封闭过严的同学，也会让人又不平等的感觉，而难以为大家所接受。

要做到平等地与人交往，首先必须正确地认识和看待自己。既不能因为某些地方比别人强，就自以为是，目中无人，处处高人一等；也不能因为自己有某些不足而自卑自怜，与人交往时缩手缩脚，敏感多疑。交往中既要悦纳自己，也悦纳他人；既表现出对对方应有的尊重，又不卑躬屈膝，更不能一味地迎合他人。

（二）真诚原则

真诚的原则就是要真心实意地表现自己，对待他人。真诚是人际交往的基础。在人际交往中遵循真诚原则是做人之本，是最有价值的、最重要的人际交往"良方"。因为在人际交往中最基本的保证是安全感，没有安全感的人际关系是难以正常发展的，而只有真诚才能给人以安全感，才能促进相互了解，并在理解的基础上相互理解、相互接纳，建立起良好的人际关系。

美国一位心理学家曾列出 555 个描写人品的形容词，让学生说出最喜欢哪些、最不喜欢哪些，结果学生评价最高的品质是：真诚。在八个评价最高的形容词中，有六个和真诚有关，即真诚、诚实、忠诚、真实、信赖和可靠。而评价最低的品质中，虚伪居首位。可见真诚在学生心目中处于至关重要的位置。在人际交往中只有表里如一、坦率真诚、言行一致、信守诺言，才能赢得别人的尊敬和好感，才能让建立良好的人际关系成为可能。古人说："以诚感人者，人亦诚而应。"在交往中，只有彼此抱着心减意善的动机和态度，能相互理解、接纳、信任，感情上引起共鸣，使交往关系巩固和发展。那种"逢人只说三分话，未可全抛一片心"的交往信条，侵蚀着健康的交往关系。高职学生要时刻谨记这个基本原则，真诚待人，他人会以真诚来回报。

（三）宽容原则

宽容是一种人际交往中以容忍和谦让对待人与人之间的差异、误会、分歧，处理回应对他人对自己的感情的伤害、利益的侵犯和某种武力行为的态度。是在一定原则和某种限度内，一般不采取针锋相对的反击态度。宽容表现在对非原则问题不斤斤计较，能够以德报怨。

阿拉伯著名作家阿里，有一次和吉伯、马沙两位朋友去旅行。三人行经一处山谷时，马沙失足滑落，幸而被吉伯拼命拉住。马沙于是在附近的大石头上刻下了："某年某月某日吉伯救了马沙一命。"三人继续前行，来到一处河边，吉伯与马沙为一件小事吵了起来，吉伯一气之下打了马沙一耳光，马沙跑到沙滩上写下："某年某月某日，吉伯打了马沙一耳光。"他们旅行回家后，阿里好奇地问马沙，为什么吉伯救他的事刻在石块上，而吉伯打他的事写在沙滩上。马沙回答："我永远感激吉伯救我，至于他打我的事，我会随着沙滩上字迹的消失而忘得一干二净。"

宽容是一个人自信、力量和勇气的表现，尤其是对现实生活中，错误明显在对方时，表现出"有理让三分"的宽容态度的人更是如此。从表面上看，那种"得理不饶人"的人，似乎是勇者，是强者，实际上，这是缺乏自信的表现，也是缺乏理智和自制力的表现。"以牙还牙"的结果会导致关系隔阂，交往失败，还会带来烦恼和懊悔，甚至会有一种内心虚弱的感觉。

高职学生在相处中难免会产生矛盾与冲突，他们要朝夕相处，所以遇到矛盾与冲突时，回避是不能解决问题的。我们要得到别人的谅解或宽容，首先自己要宽容对待他人。高职学生要承认彼此之间存在差异，"求大同而存小异"，悦纳自己和他人，这样才能够和谐相处。如果任何事只是考虑自己的感受和利益，对别人的不是耿耿于怀，那么，自己的心情一定不会愉快轻松。"比海洋更广阔的是天空，比天空更广阔的是人的心灵"，高职学生要保持一个开阔的胸襟，容忍别人的过错，得饶人处且饶人，学会宽容与忍耐，努力创造一个宽松的人际环境。但是，高职学生如果任何事总是委曲求全，一味地任他人践踏自己的自尊心，任人随意摆布、羞辱，以求苟安，这就不是宽容，而是一种懦弱无用的表现。高职学生要分清宽容与懦弱的界限，要对事但不要对人，与人相处时要本着有理、有利、有节的原则和平共处。

（四）角色互换原则

从心理学上讲，每个人都是天生的自我中心者，个体都希望别人能承认自己的价值，支持自己，接纳自己，喜欢自己。由于这种寻求自我价值被确认和情绪安全感的倾向，在社会交往中，更重视自己的自我表现，注意吸引别人的注意，希望别人能接纳自己，喜欢自己。阿伦森的研究表明，人际关系的基础是人与人之间的相互重视、相互支持，对于真心接纳我们，喜欢我们的人，我们也更愿意接纳对方，愿意同他们交往并建立和维持关系。

我们每个人在生活中都要充当不同的社会角色，在同具体对象交往时，又总是以特定的角色出现的。由于我们习惯于从自己的的角色出发来看待自己和别人的行为，因此有可能带有片面性。这样自己的看法与他人的看法由于角度不同，而发生冲突，达不到相互间积极沟通和反馈，彼此都不能谅解对方，这样就会造成交往障碍。角色互换的作用正在与克服这种角色自我中心的缺陷。

人际交往中的角色互换可包括两方面。一方面站在别人的角度，从别人的心理需要来考虑问题，即“设身处地”替别人着想，“将心比心”。这样，就能通情达理地理解或原谅别人的行为和态度。另一方面，通过角色互换，以对待“客观的我”的方式来对待他人。这样就能在人际交往中采取适当的行为，即所谓的“己所不欲，勿施于人”。比如，你不希望别人在背后议论你，那你就先不要在背后说别人的坏话，也不要轻易相信他人在背后传播的谣言。

在人际交往中角色互换能使人体验到交往对方在“此情此景”的感受，从而能够为对方提供最需要的帮助，并收回可能伤害对方的举动，使人际交往得到发展。人际交往时心理互动过程，“将心比心”、“以心换心”是建立互相信任；彼此融洽的人际关系的重要原则。

（五）互利原则

互利是指在人际交往中彼此都能从对方得到一定的利益和好处，相互满足各自的需要。它是人格上的平等、关系上的互利。

人际交往是一个社会交换的过程，人们之间的所有活动都是交换，是一种准经济交易：当你与他人交往时，你希望获取一定的利益，作为回报，也准备给予他人某种东西，他人也是如此。交换关系中的每个个体都会评估自己和他人在贡献和收益两方面的相对大小。如果他们觉得自己的投入获得了大致相等的回报，他们就会认为这种社会关系是公平的。有学者指出，公平性的关系是比较稳定和愉快的关系，当关系中存在不公平时，双方都有可能感到不舒服，产生恢复公平的动机。

这就要求高职学生在人际交往时，首先，要相互给予，共同成长。你在别人需要你的时候，使别人心有所依，你的自尊也得到了满足，获得丰富的经验，使自己能在良好的环境中不断成熟。其次，要做到优势互补，团结合作。“两个人拥有一个苹果，互相交换还是一个苹果；两个人个拥有一种思想，互相交换就变成两种思想。”通过广泛的人际交往，从中寻求优势互补，信息共享，团结合作，开拓自己的发展空间。再次，可以分享快乐，收获幸福。当我们帮助别人的时，内心常会有自我满足的成就感，这就是人生快乐的源泉；正是有了平时真心的利人之行为，才使自己在接受利己的同时感到欣慰而无愧。

三、培养良好的人际交往品质

一个人的人际交往品质往往会影响其人际关系的好坏。良好的人际交往品质可以增加人际吸引力，而不良的人际交往品质则会形成一股人际排斥力，使得身边的同学越来越疏远。

在人际交往中，一个人的交往品质往往是人际交往成功的基础，那么高职学生可从哪些方面来培养良好的交往品质呢？

（1）真诚。真诚的心能使交往双方心心相印，彼此肝胆相照，真诚的人能使交往者的友谊地久天长。

（2）信任。在人际交往中，信任就是要相信他人的真诚，从积极的角度去理解他人的动机和言行，而不是胡乱猜疑，相互设防。信任他人必须真心实意，而不是口是心非。

（3）克制。与人相处，难免发生摩擦冲突，克制往往会起到“化干戈为玉帛”的效果。克制是以团结为金，以大局为重，即使是在自己的自尊与利益受到损害时也是如此。但克制并不是无条件的，应有理、有利、有节，如果是为一时苟安，忍气吞声地任凭他人的无端攻击、指责，则是怯懦的表现，而不是正确的交往态度。

（4）自信。在人际交往中，自信的人总是不卑不亢、落落大方、谈吐从容，而决非孤芳自赏、盲目清高。而是对自己的不足有所认识，并善于听从别人的劝告与帮助，勇于改正自己的错误。培养自信要善于“解剖自己”，发扬优点，改正缺点，在社会实践中磨炼、摔打自己，使自己尽快成熟起来。

（5）热情。在人际交往中，热情能给人以温暖，能促进人的相互理解，能融化冷漠的心灵。因此，待人热情是沟通人的情感，促进人际交往的重要心理品质。

四、增强人际魅力

魅力，是指人与人之间的一种由喜欢而引起的感召力和吸引力。那些受人欢迎，在人际交往中有一定影响力的高职学生，往往具有较强的魅力。

展示自我魅力，增强人际吸引。人际吸引是人际关系状况的一个重要标志，是交往双方在情感方面相互亲近的现象。这就要求高职学生在人际交往中充分展示魅力，增加人际吸引。

国内外一些社会学和心理学工作者研究发现，魅力主要与一个人的外貌、品德、知识、能力、个性等因素有关。一个人的魅力，虽然有些与先天的因素有关，但更多的却是靠后天自己创造和培养出来的。因此，一个人的魅力可以通过努力得到增强。对于成长中的高职学生来说，则可塑性更大。

1. 仪表魅力

高职学生在与人交往中要按自己的形体特点来选择服饰，把得体合适的服饰与整洁干净相结合，使之散发青春与知识的气息。同时，还应通过加强文化修养不断提高思想认识，使自己谈吐儒雅，举止得体，豁达开朗，宽厚容忍。

2. 态度魅力

要实事求是地对人，真心实意地表示友善；要相信他人的真诚，从积极的角度去理解他人的动机和言行；要以团结为重，豁达谦和，把握克制与自卫、反击之间的分寸，做到有理、有利、有节；要谈吐从容，而不盲目清高；要学会整体、全面和本质地看人，认清社会上大多数人是可信赖的，培养自己热情的态度。

3. 才能魅力

有才能的人会使别人对他产生钦佩并愿意与之接近。高职学生的主要职责是学习，应当有过硬的专业知识和专业技能；不卖弄才华，学会含蓄，适当地展示自己的才华；不恃才自傲，养成谦虚谨慎的学风。

4. 性格魅力

性格是人际魅力中最为强烈的因素，它无时无刻不在对人们的交往发生着背景性的影响。高职学生在人际交往中，要富有同情心，热心集体活动；认真负责，忠厚老实，聪颖好学；热情开朗，喜欢交往，谦虚平和，乐于助人；兴趣广泛，幽默可爱，温文尔雅，持重端庄。

增强自身的魅力，首先需要合理利用自己已有的条件。例如，女生可以利用自己的美貌吸引男生的目光，也可以用自己温柔、细心的性格打动男生。在工作中，有的可以用自己很强的工作能力赢得上司的信任，也可以用诚恳的态度获得上司的肯定。

增强自身的魅力，还要善于取长补短，创造条件。一个人虽然不能改变自己的生理和自然素质，但却可以在实践中提高修养，丰富知识，增强能力。因此，人不能老是为那些自己不能改变的因素而忧虑、悲伤，而应去努力改变那些自己可以改变的，创造那些自己可以创造的。实事证明，在人际交往中，后天培养的内在魅力，比天赋美貌的魅力作用更具持久性。

五、学习人际交往技巧

人际交往是一门学问，一门艺术，一种技巧。学习和掌握人际交往的柜天巧，对于人际交往的成功也十分重要。

（一）注意第一印象的作用

高职学生要重视第一印象在人际交往中的作用。第一印象的好坏往往意味着交往关系是否会进行下去以及交往的质量如何。如果第一印象不好，则会在今后很长时间内难以扭转局面，甚至可能导致对方对自己一直印象不好。例如，一个人初次给同学的印象是虚伪、不诚实的，尽管在以后的若干次的交往中，该同学都很真诚，可还是会让对方难以接受，甚至怀疑他的用心是否纯正，是否另有企图。人在初次见面时，外貌、衣着、气质、表情、言行举止等容易给对方留下很深的印象。所以我们在初次见面时，要特别注意留下美好的第一印象。尽管第一印象多停留于表面，可能是一种肤浅的印象，但作为人际交往的基础，其作用是不可小视的。

（二）利用姿态语言，传递情感信息

姿态语言通过人的面部表情、肢体动作、行为习惯等来交流思想和情感。它不仅能昭示心理、传递信息，还可以表示交际者的文化背景和社会联结关系。

1. 表情语言

上扬的眉毛，亮丽的眼神，不仅使人具有青春朝气，而且让人产生信任和接近的愿望；顾盼自如、灵活有神的眼睛马上会让人感到内心的灵动与活力；对视时间的长短，目光的投向，视线的位置，也都说明了沟通的程度和效果。微笑是热情的标志，是友善的信号，它可以使初交者感受到亲切和友善，使朋友间体味到信任和支持，也会使对立者感受到谅解和宽容。可见微笑的魅力和魔力。轻松的微笑，能抵御那些无聊或不近人情的问题；真诚的微笑，能使人如沐春风。但是，微笑必须是真诚的、自然的、发自内心的，而不是强颜作笑或虚伪的笑。此外，微笑还要根据时间、场合恰当地使用。

2. 动作语言

在人际交往过程中，人的躯体的各个部分都会有一定的伴随动作，这些动作在特殊情况下可以传递一定的信息。双手相绞，显得神情紧张；十指交叉叠放，显得漫不经心。心事重重，常步履沉重；烦躁不安，常频繁变换架腿姿势；怡然自得，常跷二郎腿并用脚尖有节奏地敲打地面。最具有交际意义的动作要属握手。握手时，一般由主人、长辈和女性先伸手有所表示，客人、年轻人再伸手与其相握。男女握手时，一般男士只要握一下女士的手指部分即可。

3. 体态语言

体态语言是指人们在交际中身体各部位处于相对静止状态时所传递的交际信息。拘谨内向的人体态僵硬，外冷内热；傲慢无礼的人挺胸腆肚，自高自大；溜须拍马的人奴颜婢膝，点头哈腰；注重形象的人端庄自然，不卑不亢。

社会心理学家艾根曾提出过一个很好的建议，也就是SOLER技术，即：S——坐或站要面对对方；O——姿势要自然、开放；L——身体要微微前倾；E——目光接触；R——放松。如果能做到这几点，则意味着向对方传达了诸如“我很尊重你”、“对你很有兴趣”、“我的内心是接纳你的”、“我们可以交往下去”等积极的含义。高职学生在交往中不妨运用此技术，提高自己人际交往的成功率。

（三）选择合适的交往距离

人与人之间是不是越亲密越好？如果一个人的“隐蔽区”过小会怎么样？其实，人与人之间应该保持一个适当的距离，太远了生疏，太近了令人厌恶。在美学史上，有一种“心理距离说”，是指在审美过程中，如果主体与客体的心理距离太近，则极易产生实用、功利的心态；若两者相距甚远，则会产生不理解、陌生的感觉，这两种情况下都

难以进入审美状态。而只有主体与客体距离适当时，才会产生美感，此所谓“距离产生美”。距离产生美即在人际交往中，无论是在空间、时间及情感上，均有保持一定距离的需求。叔本华曾说过这样一段话：“社交的起因在于人们生活的单调和空虚。社交的需要驱使他们聚到一起，但各自具有的尊严令人厌憎的品行又驱使他们分开。终于他们找到了能彼此容忍的适当距离，那就是礼貌。”

森林中有十几只刺猬冻得直发抖，为了取暖，它们只好紧紧地靠在一起，却因为忍受不了彼此的长刺，很快就各自跑开了。可是天气实在太冷了，他们又想要靠在一起取暖，然而靠在一起时的刺痛使它们又不得不再度分开。就这样反反复复地分了又聚，聚了又分，不断在受冻与受刺两种痛苦之间挣扎。最后，刺猬们终于找出了一个适中的距离，既可以互相取暖而又不至于被彼此刺伤。

这群刺猬对我们有什么意义?它们告诉了我们一个如何与人相处的道理：在人际交往中，距离是一种美，也是一种保护。

何谓保持距离？简单地说，就是不要太过亲密，一天到晚在一起。也就是说，心灵是贴近的，但肉体是保持距离的。能保持距离就会产生礼貌，尊重对方，这礼貌便是防止双方碰撞而产生伤害的海绵。

由于交往对象、交往场景的不同，人们希望在交往中保持的人际空间距离是很不相同的。如果超过了一定的界限，往往会引起对方的不安和不快。一般来说，交往距离的远近与人际交往的亲疏成正比，也与交往对象的个性有关。通常情况下，关系密切、融洽的人交往空间距离较近，关系一般的人交往空间距离较远。

同样，距离远近也会影响双方的交往。初次交往，距离太远，会让对方认为你没有诚意，距离太近，又会让对方感到不自在，特别是男女之间的交往距离太近，会造成女方的紧张感和不安全感。因此，选择适当的交往距离是高职学生人际交往中应注意的问题。

（四）掌握交谈技术

曾经接待过这样一位学生，他说他非常烦恼，自己也不知道怎么了，在宿舍只要他一说话，其他三人就会跳起来（该同学宿舍一共四人）。其实，可以想象这个问题可能就出在这位同学的谈话上。

人际交往中语言的交流是最直接、最经常的方式。善于交谈是增进人际交往的一个很重要的手段，交往常常从交谈开始。不善交谈的人，往往会感到难以与人交往，难以发展真诚的友谊。那么高职学生在与人交谈时应注意什么问题呢？

（1）交谈时态度要诚恳、适度。态度过于恭维，会给人以虚情假意之感；过于傲慢，会使人难以接近，容易伤害感情。同学之间的交谈要真诚坦率，使气氛和谐一致，增加双方的心理相容度。

（2）谈话要措辞文雅，态度自然，使用的言词富于感情色彩，显示善意。要学会用清新、流利、文雅的词句表达自己的意见或观点；注意用词的准确和通俗，不要故弄玄虚。交往开始时彼此问候，可表现出对对方亲切的感情，增添友好气氛；告辞时，表达以后还想再见的愿望有利于保持良好而持久的人际交往。交谈态度要谦和、诚挚。

人与人交谈时，有一些通常的交往礼貌需要注意，例如：

交谈时注意听说结合，不要轻易打断别人的谈话，应等别人说完后再提问或发表自己的见解。

不宜自己滔滔不绝地说个没完，要给对方以讲话的机会。

如果几个人一起谈话，不要把注意力只放在个别人身上，而应兼顾其他人。

交谈时目光要适度注视对方，不要心不在焉或东张西望，同时，谈话时不要做小动作，如压指节、搔脑勺、理头发等。

尽量不要说对方没兴趣的话题。

若对方说的话题自己没兴趣，可巧妙地转移话题，不宜直截了当地用语言、表情或动作表现出没兴趣。

可根据谈话内容运用手势、身姿、表情等以表达自己的思想感情，但要恰到好处，不要过于频繁，更不能手舞足蹈，以免有浮夸之嫌。

（五）用好倾听技术

有效的交流有赖于倾听回应，那些善于倾听的人的人际关系一般都比较好。这是因为当你在仔细倾听他人的叙述时，就表示你对对方的友好、尊重与肯定，这极大地保护了对方的自尊心，从而加深了彼此的感情。当然，倾听不是简单地听，而是一种支持性地倾听。要表达最佳倾听效果应注意以下几点：

（1）耐心地听，体验地听。要身心专注，一边听一边品味，体会对方说的内容、感受对方的情绪，设身处地地为对方着想。比如倾听时表情要专注，面带微笑，要不时地接触对方的目光，并以点头表示你对他说的话是赞同的，还可以配合一些语言，如重复对方的话或用“对”、“是这样的”、“嗯”等词语。这些方法能鼓励对方畅所欲言，继续他的话题，最大限度地引发他对你的好感，从而使你们的关系更加融洽。

（2）不要随便打断别人的话。让对方有时间不慌不忙地把话说完，不要在中间插进来人讲特讲，会使别人感到未得到理解和尊重。

（3）积极反馈，适当回应。倾听别人的谈话要注意信息反馈，及时查证自己是否了解对方，并提出积极的建议；但要注意避免干涉性或盘问式的回应。

（六）适度赞扬别人

要想矫正某人的缺点，不妨反过来先赞美对方的其他优点，他才会乐于迎合你的期望，自我矫正。天底下，不论是穷人、富人、小偷或是神父，只要他们听到别人赞美自己的某一优点，他一定会全心全力去维护这份美誉，生怕辜负了自己和别人。赞美不但让别人高兴，也可以让自己获得无数的友谊和协助。

人们对于被肯定的渴望，绝不亚于对食物和睡眠的需要。无论在工作学习中，还是在家庭生活中，人们都渴望得到认同，希望能和别人友好相处，从别人那里得到支持和帮助。而称赞对温暖人类的灵魂而言，就像阳光一样，没有它我们就无法成长开花。

人际交往中，有这样的不等式：赞赏别人所付出的远远小于被赞赏者所得到的。

如果在人际交往中人人都乐于赞赏他人，善于夸奖他人的长处，那么，人际间的愉快度将会大大增加。

尼丝肯特太太想聘用一位女佣，便打电话给那位女佣的前任雇主，询问了一些情况，得到的评语却是贬多于褒。女佣到任的那一天，艾尼丝说：“我打电话请教了你的前任雇主，她说你为人老实可靠，而且煮得一手好菜，唯一的缺点就是理家比较外行，老是把屋子弄得脏兮兮的，我想她的话并非完全可信，我相信你一定会把家里整理得井井有条。”事实上她们果然相处得很愉快，女佣真的把家里打扫得干干净净，而且工作非常勤奋。

生活中，我们都渴望得到别人的赞美与肯定，可是我们却很少去赞美别人。很多高职学生在背后总是习惯说他人的坏话，批评或贬低他人，而对他人的赞美之词却吝啬得很。这对于良好人际关系的建立相当不利。在与同学相处的过程中，运用恰当的机会给别人以赞美，会比较容易拉近彼此的距离，增进彼此的感情。但是对他人赞美并不是溜须拍马，要分场合、地点，恰如其分地赞美别人，这样让对方听起来比较真诚，只有发自肺腑、真诚地去赞美别人，才能达到应有的效果，而缺乏真减的赞美会变得廉价而苍白。

（七）把握对方心境

交往中善于体察对方的心境，适时恰当地予以心理满足，有利于良好人际交往的建立。一个人在不同的时空、场景往往具有不同的心境，俗话说“人逢喜事精神爽”，人处在这种心境的时候，乐于与人交往，易于与人沟通：忧愁苦闷时，需要别人的关心；遇到困难时，需要别人的帮助和支持。不同心境下的人有不同情感需要，交往中若能恰当地把握，往往会大大缩短交往双方的心理距离，有利于交往的顺利进行和友谊的加深。如：你在对方有困难需要帮助还未提出来时，就伸出援手，既保护了对方的自尊心，又让对方心里有温暖的感觉，从而拉近了彼此的距离，获得对方的好感。

值得注意的是，交往技巧固然重要，但在人际交往中一个人的个性品质、知识修养、道德境界、人格魅力等内在素质更为关键，真正受人欢迎的是那些有内涵的人。

人际交往能力是现代高职学生所应该具备的重要素质，也是衡量一个人能否有效适应社会的一个最关键的指标。高职学生要想在不久的将来在这个充满竞争的社会中求得自己的一席之地，必须要学会与人打交道，学会与他人合作共事。如果连与人相处都无法做好，那么根本谈不上去适应社会，自身的价值得不到体现，为社会做贡献也会成为一句空话。高职学生们客观上在与他人交往上会受到很多限制，甚至有很多高职学生根本不知道如何与他人和睦相处。尽管有一些客观因素的影响，但是高职学生必须克服这些不利因素，要十分重视人际交往能力的培养，在人际交往中注意人际交往原则以及成功交往的技能与艺术的运用，不断地克服人际交往障碍，积极主动地与他人交往，掌握交往的主动权。只有这样，才能拥有一个强大的社会支持网，才能改善自己的人际关系状况，有效地保护自己的身心健康。

1. 互动训练

下面是一个赞美计划：

（1）我要在未来一周内观察别人的优点，并把它表达出来。

（2）我要用语言的和非语言的方式，直截了当地表达我对别人的欣赏。

（3）我要经常使用“你真棒”“你真行”“做得太漂亮了”等口头语来鼓励同学。

（4）要把赞美别人当做一种习惯，而不是达成某种目的的手段。

一周后，总结你的收获：

（1）你觉得周围同学对你的态度有变化吗？

（2）当你赞美同学后，他们有反应？

（3）你赞美别人后，你自己的感觉如何？觉得不舒服吗？

2. 测试

（1）人际关系水平测验。表 4-2 共有 36 道题目。每道题目有“是”、“否”两种选择，请你根据自己的实际情况选择其中的一种答案，并在题目的相应选项上打“√”。

表 4-2　人际关系水平内容测验

序号	内　容	是	否
1	你平时是否关心自己的人缘		
2	在食堂里你一般都是独自吃饭吗		
3	和一大群人在一起时，你是否会产生孤独或失落感		
4	你是否时常不经同意就使用他人的东西		
5	当一件事没做好，你是否会埋怨合作者		
6	当你的朋友有困难时，你是否时常发现他们不打算来求助你		
7	假如朋友们跟你开玩笑过了头，你会不会板起面孔，甚至反目		
8	在公共场合，你有把鞋子脱掉的习惯吗		
9	你认为在任何场合下都应该不隐瞒自己的观点吗		
10	当你的同事、同学或朋友取得进步或成功时，你是否真的为他们高兴		
11	你喜欢拿别人开玩笑吗		
12	和自己兴趣爱好不同的人相处时，你也不会感到兴趣索然，无话可谈吗		
13	当你住在楼上时，你会往楼下倒水或丢纸屑吗		
14	你经常指出别人的不足，要求他们去改进吗		
15	当别人在融洽地交谈时，你会贸然地打断人家吗		
16	你是否关心和常谈论别人的私事		
17	你善于和老年人谈他们关心的问题吗		
18	你讲话时常出现一些不文明的口头语吗		
19	你是否时而做出一些言而无信的事		
20	当有人与你交谈或对你讲解一些事情时，你是否时常觉得很难聚精会神地去听		
21	当你处于一个新的集体中时，你会觉得交新朋友是一件容易的事吗		
22	你是一个原意慷慨地招待同伴的人吗		
23	你向别人吐露自己的抱负、挫折以及个人的种种事情吗		
24	告诉别人一件事情时，你是否试图把事情的细节都交待得很清楚		
25	遇到不顺心的事，你会精神沮丧、意志消沉，或把气出在家人、朋友、同事身上吗		
26	你是否经常不经思索就随便发表意见		
27	你是否注意赴约前不吃大葱、大蒜，以及防止身带酒气		
28	你是否经常发牢骚		
29	在公共场合，你会很随便地喊别人的绰号吗		

续表

序号	内容	是	否
30	你关心报纸、电视等信息渠道中的社会新闻吗		
31	当你发觉自己无意中做错了事或损害了别人，你是否会很快地承认错误或做出道歉		
32	有闲暇时，你是否喜欢跟人聊聊天		
33	你跟别人约会时，是否常让人等你		
34	你是否有时会与别人谈论一些自己感兴趣而他们不感兴趣的话题		
35	你有逗儿童的小手法吗		
36	你平时告诫自己不要说虚情假意的话吗		

【评分标准】

如果你所选的答案与表 4-3 所列这道题的答案相同，就得 1 分；如果不相同，就不得分。然后把全部得分加起来，与表 4-4 的评价参照标准相对照，便能大致判断出自己人际关系的好坏。

表 4-3　评分标准

1	是	2	否	3	否	4	否	5	否	6	否
7	否	8	否	9	否	10	是	11	否	12	是
13	否	14	否	15	否	16	否	17	是	18	否
19	否	20	否	21	是	22	是	23	是	24	否
25	否	26	否	27	是	28	否	29	否	30	是
31	是	32	是	33	否	34	否	35	是	36	是

表 4-4　结果分析

总　分	人际关系情况
30 分以上	很 好
25～29 分	较 好
19～24 分	一 般
15～18 分	较 差
15 分以下	很 差

（2）你的人缘如何？会不会交朋友？请你根据自己的实际情况，就下面 15 个测试题如实回答，并按后面的评分标准计算总分，再参照评语，就可以大体上明白自己的人缘，怎么和朋友相处心里也就有数了。

① 你和朋友过得很愉快，因为：

A．你既爱玩又会玩；

B．朋友们都挺喜欢你；

C．你认为你不得不这样做。

② 当你休假的时候，你是：

A．很容易交上新朋友；

B．比较喜欢自己一个人消磨时间；

C．想交朋友，但发现这不是一件容易的事。

③ 你安排好会见一位朋友，又感到很疲倦，却不能让朋友知道你的这种处境时，你是：

A．希望他能谅解你，尽管你没有到朋友那儿去；

B．还是尽力去赴约会，并且试图让自己过得愉快；

C．到朋友那儿去了，并问他如果你早点回家，他有什么想法。

④ 你和你的朋友们在一起的时间有多长，

A．一般情况下是几年；

B．有共同感兴趣的东西时，也可能呆上几年；

C．一般都不长，有时是因为迁居他乡。

⑤ 一位朋友向你吐露了一个非常有趣的个人问题，你是：

A．尽自己最大努力不让别人知道；

B．根本没有想到把它传给别人听；

C．当那位朋友刚离开，你马上找别人来议论这个问题。

⑥ 当你有了问题的时候，你会：

A．通常感到自己完全能够对付这个问题；

B．向你所能依靠的朋友请求帮助；

C．只有当问题确实严重时，才找朋友帮忙。

⑦ 当你的朋友有困难时，你会发现：

A．他们马上来找你帮忙；

B．只有那些和你关系密切的朋友才来找你；

C．朋友们打算不来找你了。

⑧ 你通常要交朋友的时候，会：

A．通过你已经结识的熟人帮助你；

B．在各种各样的场合下都能这样做；

C．经过一段长时间的观察、考虑，甚至可能经历某些困难后才交朋友。

⑨ 在以下三种品质中，你认为哪种是你的朋友应当具备的：

A．使你感到快乐和幸福的能力；

B．为人可靠，值得信赖；

C．对你挺感兴趣。

⑩ 下面哪一种情况对你最适合或者最接近你的实际：

A．我通常让朋友们高兴地大笑；

B．我通常让朋友们认真地思考问题；

C．只要有我在场，朋友们都感到很舒服。

⑪ 假如你应邀参加一次活动、一次比赛，或者应邀在聚会上唱歌，你会：

A．借口不去参加；

B．饶有兴趣地去参加这些活动；

C．当场就直率地谢绝了邀请。

⑫ 对你来说，下面哪一条是真实的：

A．我喜欢称赞和夸奖我的朋友们；

B．我认为诚实是最重要的品质之一，所以我常常不得不持有与众不同的看法，讨厌鹦鹉学舌，人云亦云；

C．我不奉承但也不批评我的朋友。

⑬ 你发现：

A．你只是同那些能够为你分担忧愁和欢乐的朋友们相处得很好；

B．一般来说，你和几乎所有的人都能相处得比较融洽；

C．有时候你甚至想与你漠不关心、不负责任的人相处下去。

⑭ 假如朋友们跟你做恶作剧，你会：

A．跟他们一起哈哈大笑；

B．感到气恼，并且溢于言表；

C．可能和他人一起哈哈大笑，也可能恼怒发火，这都取决于恶作剧发生时你的状态和情绪。

⑮ 假如别人想依赖你，你有什么想法：

A．在某种程度上，我并不在乎，但是我想和我的朋友们保持一定的距离，独立性；

B．很不错，我喜欢让朋友依赖，认为我是一个可靠的值得信赖的人；

C．我持着谨慎的态度，比较倾向于避开可能要我承担的某些责任。

【评分标准】

根据表 4-5 所列评分标准，假如你得到的总分是 36～45 分，那么你对周围的朋友们都很好。你愿意和他们在一起，他们也喜欢你，你们相处得不错。而且，你能够从平凡的生活中得到许多乐趣，你的生活是比较充实而且丰富多彩的。一句话，你会交朋友，你的人缘很好。

要是你的总分是 26～35 分，那么你的人缘不怎么好。换句话说，你和朋友们的关系并不牢固，时好时坏，经常处于一种波动的状态中。这就表明，一方面你确实想让别人喜欢你，想多交一些朋友，尽管你自己也做了很大的努力，但是别人不一定喜欢你，朋友跟你在一起时可能不会感到轻松愉快。你只要认真检查自己的言行，虚心听取那些逆耳的忠言，正常地对待朋友，学会正确地待人接物，你的处境肯定会改观的。

如果你的总分是 15～25 分，那就有点糟糕了。你很可能是一个孤僻的人，思想不活跃，不开朗，喜欢独来独往。但是，这一切并不意味着你不会交朋友，更不能说你的人缘很差，其主要原因在于你对社交、对人与人的关系不感兴趣。记住：人生活于社会，就是社会的一员，人们要想和睦相处，就应当互相帮助、互相尊重、互相关心。

表 4-5　评分标准

题目 答案	1	2	3	4	5	6	7	8	9	10	11	12	13	14	15
A	3	3	1	3	2	1	3	2	3	2	2	3	1	3	2
B	2	2	3	2	3	2	2	3	2	1	3	1	3	1	3
C	1	1	2	1	1	3	1	1	1	3	1	2	2	2	1

3. 思考题

（1）如何增加自己在人际交往中的魅力？
（2）用人际交往的基本理论试着分析你自己体会最深的一次人际交往实践。
（3）高职学生人际交往中存在哪些主要障碍？
（4）试分析一次不成功的人际交往的主要原因。

4. 案例分析

事与愿违

终于来到了梦寐以求的高职学院，小李沉浸在对美好未来的憧憬中，他一向刻苦努力，因此一开学就制定了一系列宏伟的计划，希望这是一个崭新的开端。可惜，开学没多少时间，他便得了肾炎，住进了医院。身体不舒服自然不用说，心情就更糟。他来自农村，家里很穷，他拼命读书，就希望有朝一日出人头地。可现在刚上高职就得了这么麻烦的病，将来身体能恢复吗？学习是否还能坚持下去？治病花的钱怎么办？那可能需要很多钱吧？病房的人都不认识，没有人能听他诉说烦恼，同学们会来探望我吗？

正在这时，同宿舍的小孔看他来了。小孔捧着一束漂亮的鲜花，脸上满是关切："小李，我看你来了，怎么样，好一点了吗？"

小李精神为之一振。"好了一点"，他说："不过听说这种病很难彻底治好。严重的以后要失明，甚至会死人。"

"没有的事，"小孔急忙打断小李的话："现代医学很发达，肾炎算得了什么！很容易好的，你不要瞎想。"

小李没有回答。

"不要想悲观的一面，想想好的一面。你得病了还可以多休息休息。我们现在学得可苦了。每天课都排得满满的。"

"休学一年对你不一定是坏事，"小孔接着说，他没注意到小李的情绪变化："上中学留一级是耻辱，上高职晚一年毕业根本没什么。因为病嘛，也不丢脸。也许晚一年毕业更好呢。以前我哥哥就是晚一年毕业，找的工作比上一年毕业的同学都好。"

"晚一年毕业晚一年挣钱。"小李反驳说。

"一年才多少钱呀!"小孔顺口说。

"你们城里人不在乎，我们穷农民可没你们那么舒服!"

听了这话，小孔只责怪自己，我怎么忘了，对农村同学来说钱很重要，我这种不在乎钱的口气也太优越了。于是他忙解释说："我没有别的意思，我的意思是说，大家都是同学，如果你有什么困难，大家会帮助你的。如果你需要钱，要多少我都可以给你。"

小孔又说了一些话，但是小李一声不吭。最后小孔问："你是不是累了？"

小李点点头。

"那你休息吧，我回头再来看你。"走出医院，小孔纳闷：我对人一片好心，他怎么这么不领情？

分析上述案例，思考下列问题：

（1）他们的交往为什么会陷入僵局?

（2）分析小李的心理变化历程。

（3）在交往中，小孔应如何改善自己的做法？

（4）小李应如何调整自己的心理状态？

第五章 高职学生的情绪与心理健康

> 一切对人不利的影响中，
>
> 最能使人短命夭亡的，
>
> 要算不好的情绪和恶劣的环境。

学习导航

（1）理解情绪的概念。

（2）熟悉高职学生情绪的特点及其健康标准。

（3）掌握情绪调适的策略和方法。

心灵求索

消极的小文

小文是一名高职一年级的学生。入学后由于环境发生变化和本身有些自卑等因素，小文在学习和生活中的许多方面表现出了不适应，情绪也由此而低落。这种情绪的增加和累积，对其精神状态及个性造成消极的影响。他开始厌学，平时也不参加集体活动，不愿与同学们交往等等。一晃三年过去了，他已经十分抑郁，对未来没有希望，没有目标，对任何事情都不感兴趣，终日处于消极状态中，十分痛苦。

你能体验小文这样的痛苦吗？不良的情绪是否也曾给你带来苦恼？

心理认知

在生活中，情绪是人的心理状态的晴雨表，它反映着每个人内在的心理状态。情绪和情感像空气一样时刻围绕着我们，正因为有了喜、怒、哀、乐、爱、憎等不同的情绪和情感，生活才显得如此丰富多彩。处在青年期的高职学生，心理上正经历着急剧的变化，尤其反映在情绪和情感方面，表现为情绪起伏波动大，情感体验深刻、丰富和复杂，容易陷入情绪困扰。这一特点明显地影响到高职学生的学习、生活等各个方面，长期持续的不良情绪还会危害高职学生的身心健康。因而做为高职生，应了解自身情绪和情感发展的特点，学习调适、消除不良情绪，培养良好的情绪和情感，增进自己的心理健康。

第一节 情　绪

一、情绪的定义

（一）情绪的定义

情绪是人对客观事物态度的体验，是人的需要获得满足与否的反映。当客观事物能够满足人的需要时，人就会产生积极的情绪体验，如高兴、喜悦、满意；反之则会使人产生消极的情绪体验，如悲痛、愤怒、生气等。人类的需要是多种多样的，既有物质需要又有精神需要，涉及方方面面，因而也会产生出复杂多样的情绪。

情绪总是同人的需要和动机有着密切的关系，如果人的某种需要得到满足或目的没有达到时，他将会产生愉快或者难过等等感受。因此，情绪是客观事物是否符合个体的需要所产生的态度体验，是人脑对客观事物与人的需要之间关系的反映。

（二）情绪的维度

1. 情绪的强度

情绪体验在强度上有由弱到强的不同等级的变化，如喜，可以从适意、愉快到快乐、大喜、狂喜。哀，可以从伤感到难过、悲伤、哀痛、惨痛；怒，可以从轻微的不满、生气、愠怒、激愤到大怒、暴怒；惧，可以从害怕、惧怕、惊恐到惊骇。情绪的强度越大，整个自我被情绪卷入的程度也越深。情绪体验的强度首先取决于对象对人所具有的意义。意义越大，引起的情绪就越强烈。其次，情绪体验的强度还取决于人对自己所提出的要求。

2. 情绪的紧张度

在紧张度方面，情绪体验的变化是很大的，紧张的情绪体验通常与活动的紧要关头，最有决定意义的时刻相联系。在考试、讲演、运动比赛之前，人们都可以体验到这种紧张情绪。在活动进行的过程中，通常存在着关系到活动成败的关键时刻，当这种时刻在实际上或想象中临近时，情绪体验的紧张水平就会逐渐增长。活动成败对人越重要，则关键时刻到来时情绪就越紧张。关键时刻过去之后，则可以体验到轻松或紧张的解除。以前的紧张水平越高，则关键时刻过去之后，就越感到轻松。

3. 情绪的快感度

快感度是指情绪体验在快乐和不快乐的程度上的差异，如悲伤、耻辱等有明显的不快乐的感受。而欢喜、骄傲、满意等有明显快乐的感受。还有一些情绪在快感度上应摆在什么位置，显得十分模糊，如怜悯、惊奇既不是明显的快乐，也不是明显的不快乐。

4. 情绪的复杂度

情绪通常是不同体验的组合模式，因而往往是非常复杂的。爱，包含柔情和快乐的成分；恨，包含愤怒、惧怕、厌恶等成分。如“惊喜悲叹”、“惊喜疑惧”这两种情绪就比“快乐”要复杂得多，“悲喜愧惧”、“悲恨爱悔”这两种情绪就比“悲哀”要复杂得多。有时，情感的成分非常复杂，我们甚至很难用言语来描述它到底是一种什么样的体验。

（三）情绪的要素

人类有数百种情绪，其间又有无数的混合变化与细微的不同，情绪的复杂是远远超过语言所能及的。面对复杂的情绪现象，心理学家通常把情绪归结为三个方面：内省的情绪体验、外在的情绪表现、情绪的生理变化。

1. 内省的情绪体验

简单地说，就是人对情绪状态的自我感受，是在强度、紧张度、激动度和确信度四个维度上产生的心理感受。情绪的四维理论是由心理学家伊扎德（Izard，1977）提出的，在他看来，愉快度表示主观体验的享乐色调；紧张度表示情绪的心理激活水平，包括肌肉紧张和动作抑制等成分的激活水平；激动度表示个体对情绪、情境出现的突然性，即个体缺乏预料和缺乏准备的程度；确信度表示个体胜任、承受感情的程度。内省的情绪体验是人脑对客观环境和客观现实的重要反映形式之一，这种反映形式不同于认知活动，它不是对客观事物本身的反映，而是带有主观色彩的反映。例如，人在受到伤害时，会感到痛苦；在朋友聚会时，会感到由衷的快乐；当面临极度危险境地，会让人产生毛骨悚然的恐惧感；当自己的某些需要得到充分的满足时，会感到幸福愉快；在遇到被欺辱时，会感到愤怒；在失去亲人时，会感到悲伤。

2. 外在的情绪表现

外在的情绪表现即表情，具体指面部表情、声态表情和体态表情。表情在情绪活动中具有独特作用，是情绪本身不可分割的发生机制，也是传递情绪信息的外在表现。面部表情最直接反映着人的情绪状态，人们可通过一个人面部表情的变化，了解一个人的情绪状态。例如，当自己所希望的球队获胜时，不由自主地会喜笑颜开；当遇到困难和挫折时，会愁容满面。声态表情则是指人们在与人交流时的说话的声调、音色和声音节奏的快慢等方面的变化。例如，一个人悲伤时，语调低沉、言语缓慢、语言断断续续；而当人兴奋时则会语调高昂、语速加快，声音抑扬顿挫，清晰有力。体态表情同样反映着一个人的情绪状态，例如，在期末考试过后，我们可通过考生们的坐立不安、手舞足蹈和垂头丧气看得出他们此时此刻的情绪状态和面临的境地。

3. 情绪的生理变化

在不同的情绪状态下，人的生理上的心律、血压、呼吸乃至人的内分泌、消化系统等都会发生相应的变化。例如，人在焦虑状态下，会感到呼吸急促、心跳加快；人在恐惧状态下，则会出现身体颤栗、瞳孔放大；而在愤怒状态下，则会出现汗腺的分泌增加、面红耳赤等生理特征。情绪的生理变化既是主观体验的深化，又是外在情绪表现的基础，在情绪结构中起着承上启的作用。

（四）情绪、情感与情商

情绪和情感是人的心理生活的一个重要方面，它是伴随着认识过程而产生的。它产生于认识和活动的过程中，并影响着认识和活动的进行。但是，它又不同于认识过程，它是人对客观事物的另一种反映形式，即人对客观事物与人的需要之间的关系的反映。是客观事物在人脑中产生的是否充足人的需要的态度体验。

在日常生活中，情绪和情感常被混用，或者被看作是同义词。但在心理学中，原始的情绪是与生理的需要满足与否相联系的心理活动，而情感是与社会性需要满足与否相联系的心理活动。

情绪是动物和人都具有的，但人的情绪与动物的情绪有着本质的区别。由于人类生活在社会中，因此，人的情绪活动具有社会性。情感是人所特有的，它同社会性的需要、人的意识紧密相联。它是在人类社会发展的过程中产生的，因此具有社会历史性。

情绪是与生理的需要满足与否相联系的心理活动，而情感是与社会性需要满足与否相联系的心理活动。情绪表现一般不稳定，带有情境性。当某种情境性消失时，情绪立即随之减弱或消失。情感与情绪相比，较为稳定，是比较本质的东西，是人对现实事物的比较稳定的态度。

情绪和情感的联系很紧密。一方面，情绪依赖于情感，即情绪的各种不同的变化一般都受制于已形成的情感及其特点；另一方面，情感也依赖于情绪，即人的情感总是在各种不断变动着的情绪中得以表现。离开了具体的情绪过程，人的情感及其特点就不可能现实地存在。因此，从某种意义上说，情绪是情感的外在表现，情感是情绪的本质内容。同一种情感在不同的条件下可以有不同的情绪表现。

情商（emotional quotient，简称 EQ）是由美国心理学家丹尼尔·高尔曼提出的，他认为：利用智力测验或标准化的成就测验来衡量一个人的智力，并预测其未来的成败，实际上比不上利用情绪的特质来衡量它更具有意义。情商是相对于智商（IQ）的一个概念，是情绪、情感商数的简称，也是情绪评定的量度。情商是情感理论的新发展，情商高，才能情绪稳定、意志坚强、乐观豁达，有利于自身学习、工作及人际关系调整。

具体说来，情商包含以下五种能力：认识自己的情绪、妥善管理情绪、自我激励、认知他人的情绪、人际关系的管理。

情商与智商虽然不同，但并不冲突，每个人都是两者的综合体。智商高而情商低、或情商高而智商奇高的人都很少见。一般而言，多数人都是情商与智商协调发展，很多研究表明：情商仍然是高职学生人格能否健全、完整发展的重要因素。专家发现，学业上的聪明与情绪的控制关系不大，再聪明的人，也可能因情绪失控而铸成大错。情感智商是发自内心的智慧，不仅决定着现实智力水平的发挥，还可预示良好的发展趋势。

二、情绪的状态

依据情绪发生的强度、速度、紧张度、持续性等指标,可将情绪分为心境、激情和应激。

（一）心境

心境是一种具有感染性的、比较平稳而持久的情绪状态。当人处于某种心境时，会以同样的情绪体验看待周围事物。如人伤感时，会见花落泪，对月伤怀。心境体现了“忧者见之则忧，喜者见之则喜”的弥散性特点。平稳的心境可持续几个小时、几周或几个月，甚至一年以上。

（二）激情

激情是一种爆发快、强烈而短暂的情绪体验。如在突如其来的外在刺激作用下，人会产生勃然大怒、暴跳如雷、欣喜若狂等情绪反应。在这样的激情状态下，人的外部行为表现比较明显，生理的唤醒程度也较高，因而很容易失去理智，甚至做出不顾一切的鲁莽行为。因此，在激情状态下，要注意调控自己的情绪，以避免冲动性行为。

（三）应激

应激是指在意外的紧急情况下所产生的适应性反应。当人面临危险或突发事件时，人的身心会处于高度紧张状态，引发一系列生理反应，例如：肌肉紧张、心率加快、呼吸变快、血压升高、血糖增高等。例如，当遭遇歹徒抢劫时，人就可能会产生上述的生理反应，从而积聚力量以进行反抗。但应激的状态不能维持过久，因为这样很消耗人的体力和心理能量。若长时间处于应激状态，可能导致适应性疾病的发生。

三、情绪的生理和心理意义

（一）情绪影响身心健康

现代生理医学、心理医学研究成果均表明，情绪对人的身心健康具有直接的作用：

1. 不良情绪危害身心健康

不良情绪主要是指两种：一是过度的情绪反应，二是持久的消极情绪。过度的情绪反应是指情绪反应过分强烈，超过了一定的限度，如狂喜、暴怒、悲痛欲绝、激动不已等。持久的消极情绪是指在引起悲、忧、恐、惊、怒等消极情绪的因素消失后，仍数日、数周甚至数月沉浸在消极状态中，不能自拔。

过度的情绪冲击，会抑制大脑皮层的高级心智活动，打破大脑皮层的兴奋和抑制之间的平衡，使人的意识范围变得狭窄，正常的判断力、自制力被削弱，甚至有可能使人精神错乱、神志不清、行为失常。许多反应性精神病就是这样引发的。而持久性的消极情绪常常会使人的大脑机能严重失调，从而导致各种神经症和精神病，例如，焦虑症、抑郁症、强迫症、神经衰弱等。心理问题和心理疾病大多与长期消极情绪有密切关系。

不良情绪还可严重损害人的生理健康。我国古代医学中很早就有关于不良情绪影响人的生理功能的记述，如喜伤心、怒伤肝、忧伤肺、思伤脾、恐伤肾。这里的喜、怒、忧、思、恐都是指情绪反应超过了一定的限度，或过分强烈，或持续过久。

强烈或长久的消极情绪会造成心血管机能紊乱，引起心律不齐、心绞痛、高血压和冠心病，严重时还可导致脑栓塞或心肌梗塞，以致危及生命。

消极情绪会影响消化系统的功能。如人在恐惧或悲哀时胃黏膜变白、胃酸停止分泌，可引起消化不良；而在焦虑、愤怒、仇恨时，胃黏膜充血、胃酸分泌增多，从而引起胃溃疡。

消极的情绪常引起肌肉收缩甚至引发痉挛疼痛。

不良的情绪会影响内分泌系统，强烈的情绪刺激会导致内分泌失调，使皮肤灰暗无光，在女性身上还表现为月经不调，甚至发生闭经。

长期消极情绪还会影响人的免疫力，从而造成人体抗病能力下降。现已知不良情绪与癌症、糖尿病、风湿病等严重危害人生命的疾病发生、发展密切相关。

2. 良好的情绪能促进身心健康

欢乐、愉快、高兴、喜悦、乐观、恬静、满足、幽默等都是良好的情绪体验。这些情绪的出现能提高大脑及整个神经系统的活力，使体内各器官的活动协调一致，有助于充分发挥整个机体的潜能，有益于身心健康和提高学习工作效率。

良好的情绪能增强机体免疫力，提高机体抗病能力。曾有许多癌症患者都是以乐观向上的积极良好情绪，创造了战胜死神的奇迹。长寿者的最大共同点就是能够保持心情愉快、乐观豁达或心平气和。心情愉快还会使人容光焕发，神采奕奕，正所谓人逢喜事精神爽。

良好的情绪可使血压稳定、心跳舒缓、胃张力上升、消化液分泌增强，能增强心血管、消化系统的功能。

（二）情绪左右人的认知和行为

人人都有这种体验：在情绪良好时思路开阔，思维敏捷，学习和工作效率高；而在情绪低沉或郁闷时，则思路阻塞，操作迟缓，无创造性，学习工作效率低。强烈情绪会骤然中断正在进行的思维；持久而炽热的情绪，则能激发无限的能量去完成任务。当你对某人、某事、某物产生强烈的爱或恨的情感时，你的认知和行为都会有所改变，如常说的情人眼里出西施、爱屋及乌等。具体表现在如下几方面：

1. *左右动机*

情绪可以激励人的行为，改变人的行为效率，发挥重要的动机作用。积极的情绪可以提高人们的行为效率，对动机起到正向推动作用；消极的情绪则会干扰、阻碍人的行动，降低活动效率，对动机产生负面影响。研究发现，适度的情绪兴奋性会使人的身心处于最佳活动状态，能促进人积极地行动，从而提高活动效率。

2. 调控智力活动

情绪、情感是心理活动的组织者。它可以影响人们对事物的知觉选择，维持稳定的注意或重新分配注意资源到更重要的刺激上，对人的记忆和思维活动也会产生明显的影响。例如，人们往往更容易记住那些自己喜欢的事物，而对不喜欢的东西记起来则比较吃力。人在高兴时思维会很敏捷，思路也很开阔，而悲观抑郁时会感到思维迟钝。

3. 人际信息交流的重要手段

情绪不仅仅是一种内心体验，而且具有外部表现，它可在人际之间进行传递，因而成为人类信息交流的一种重要形式。

情绪可以通过面部表情、体态表情和声态表情等外在形式表现出来。高兴时眉开眼笑，手舞足蹈，讲起话来眉飞色舞、神采飞扬；发怒时横眉立目，握紧拳头，大声斥责；悲哀时语言哽咽，悔恨时顿足捶胸；失望时垂头丧气……，所有这一切，都作为一种信号被赋予特定意义，传达给别人，而他人亦会在接受信号的同时发出反馈信号。

表达自己的感受，了解他人的感受是人际交流中重要的能力。人们通过细微的，有时是难以觉察的情绪信号来彼此传递和获取信息，并在此基础上进行下一步的交流。情绪的交流协调着人们的日常生活，传送着有时言语所难以直接表达的细微信息。

1. 小游戏

请每人想出一个描述人类情绪的词或成语，交给教师。教师将随机抽两名同学出来，一名同学表演，另一名同学来猜出表现情绪的词或成语。

（1）你认为自己的情绪表现准确吗？

（2）你能准确读懂别人的情绪吗？

（3）该游戏给你什么启示？

2. 练习想法如何引起情绪

记录一周当中发生的主要事情，事情引发的情绪，以及与情绪一起出现的想法和行为，填写在表5-1中。这是觉察情绪并对其进行梳理的过程。坚持记录，并对情绪的周期及变化原因做分析总结，不仅能够增加情绪的觉察与识别能力，而且能够洞悉情绪与事件、想法之间的因果关系。

表5-1　想法和情绪

发生的主要 事情	想法：我认为……	情绪：因此，我感到	结果：行为

第二节 高职学生的情绪

被嫉妒折磨的同学

某高职二年级学生小林，性格内向，沉默寡言，没有太多的兴趣爱好，人际关系很糟糕。一年级时，她的学习成绩是寝室六位同学中最好的，她常常以此为傲。可是二年级时，寝室有一位同学的外语成绩优于她，她心里觉得难受，怎么看这位同学都不顺眼，便趁这位同学不在寝室时，将其听英语磁带的收录机损坏。之后，内心很内疚，也很矛盾，可她无论如何也不能容忍其他同学比自己的成绩好，因为她就只有这一点在寝室里占绝对优势。后来又有两位同学的总分超过她，她觉得无地自容，感到痛苦不堪，甚至感觉自己的天塌了，坐卧不宁。有一天深夜，趁同学们睡着时，她用剪刀将那两位同学摘下的隐形眼镜各捅破一个，内心获得了暂时的平衡。事后又不断的谴责自己，心理上产生了严重的罪恶感，导致自我否定，进而产生了轻生的念头。

心理认知

一、高职学生的情绪特点

高职学习时期是青年人心理成熟的重要时期，也是情绪丰富多变、相对不稳定的时期。随着社会地位、知识素养的提高以及所处特定年龄阶段的影响，高职学生的情绪带有鲜明的特征。具体表现在以下几方面：

（一）情绪的冲动性与复杂性

高职学生有着丰富、强烈而又复杂的感情世界，情绪体验快而强烈，喜怒哀乐常常一触即发，表现出热情奔放的冲动性特点。心理学家常用“疾风暴雨”来比喻这种激情性的情绪特征。这种冲动性的情绪尤其在群体中往往会变得更激烈。高职学生有较强的群体认同感，喜欢模仿，易受暗示，容易受当时情境气氛的感染、鼓动，表现出比单个人时更大胆的举止，因为群体可以增强一个人的力量感，同时在群体中个人可减少其应负的责任。

高职学生的情绪冲动性是有其生理和心理基础的。由于性成熟，性激素分泌的旺盛会通过反馈影响下丘脑的兴奋性，而大脑皮层的调节作用一时还不能适应这种情况。因此在皮层和皮层下之间出现了不平衡状态。心理发展的相对缓慢，心理调节机制的不完善，缺乏对外界变化的弹性和应变能力，缺乏对心理活动调节和支配的意志和能力，从而使得高职学生的生理和心理的发展出现了某种程度的不平衡，影响了情绪的表现，使得情绪容易冲动。

（二）情绪的摇摆性和弥散性

高职学生的情绪容易从一个极端跳到另一个极端，情绪跌宕起伏，表现出动荡不安的状况，他们的积极性往往随情绪起伏而涨落。

高职学生情绪还有较强的弥散性。一种情绪一经产生，就可能越出原先的对象而扩散开来。在不自觉中，使得他们把自己的情绪赋予外物，转移到其它事物中去，即具有较明显的情绪迁移性。正是由于高职学生对事物带有强烈的感情色彩，因而他们有时就很难保持实事求是的客观态度。

引起情绪摇摆性与弥散性的原因，主要有三个方面：

（1）由于高职学生对事物的认识还不稳定，对事物还缺乏完整的把握，因而往往轻易地加以绝对的肯定或否定，易走极端。他们的思想发展过程，是一个伴随着正确与错误、全面与片面、深刻与肤浅的曲折前进的过程，他们还没有形成系统的、固定的观点。当他们用这种不成熟的认识去看待外界时，就容易发生矛盾，从而引起情绪的波动起伏。同时他们在对事物的认识过程中，伴随有强烈的情绪色彩，从而容易用有色眼镜去看待外界。

（2）此时高职学生的内在需要正处在不断的改组过程中。他们的人生观、价值观正在逐步确立中，他们的情绪状态会随着对需要的再认识而不断变化，他们对是否符合他们需要有联系的事物会表现出情绪的弥散性。

（3）由于高职学生的生理成熟（尤其是性成熟）而带来的一系列情绪骚动、不安。这种情绪的骚动往往会因为主观评价而被放大、扩散。

高职学生情绪的动荡性是处在青春期的高职学生在发展过程中迅速走向成熟而又未完全成熟的表现。然而正是通过摇摆起伏，他们逐渐地认识了自己，认识了社会，从而逐渐地走向成熟。

（三）情绪的压抑性与高情感性

处在青春期的高职学生是情感最丰富最强烈的时期，同时也是一个充满压力和冲突的时期，而这往往会导致情绪的压抑性。

相当多的高职学生常常感到自己的情感不能尽情地得到倾诉，时时感到有一种压抑感。这种感觉有些是自己意识到的原因引起的，有些则是连自己也不知道究竟这种压抑来自何方，只觉得自有一种不满、烦恼，有一种空虚感、孤寂感。处在这个年龄阶段的高职学生都有高情感的需求，他们觉得自己的内心充满了情感，充满了爱，但在现实中不能得到充分的满足和寄托。于是，他们就到书籍、音乐中寻找某种程度的共鸣、满足。这其实是一种情感的补偿。

导致高职学生情绪压抑性的原因，一是高职学生正好处在人格发展的“自我同一性”阶段上。此时的他们常常会思考着“我是谁”、“我生活的目的是什么”、“我应该如何发展”等问题。正确地解决好自我同一性，就可以比较顺利地完成个体与环境、主体我与客体我、理想我与现实我相统一的任务，为投身社会生活做好准备。然而伴随着这一过程，会给高职学生带来精神上的迷茫，情绪上的苦闷，心理上的不安。当高职学生在确立自我同一性的过程中，对他人、社会与世界感到不可把握，对自己不可理解时，往往会陷入苦闷、烦恼乃至忧郁悲伤的情绪中去。二是由于在实际生活环境中，高职学生遇到了诸多的问题，他们的需要没能得到满足。例如：学习生活的紧张；三点一线的枯燥；人际关系的烦恼；成绩下降的焦虑；失恋带来的痛苦；需求难以实现的不满；情感丰富而无所寄托带来的寂寞；精力充沛而难以施展导致的空虚；对社会现实难以理解产生的疑惑；对当代社会压力增多而难以适从的紧张感等等。

以上这些会使敏感的高职学生感到一种挫折，从而导致情绪困扰，这种困扰会逐渐转变为心境状态。不良心境的日积月累便可能抽象出一种情绪即压抑。此时的压抑已经失去了原来的具体内容而更多地表现为一种抽象内容，或者说已经离却了原来的内容而主要表现为一种形式。

当这种压抑的强度较大或持续时间过长，而又找不到或没有适宜的可宣泄的途径时，加之个体素质上的某些缺陷，往往会导致心理异常，乃至出现精神疾病或自杀。这尤其表现在内向型的、自我压抑严重的高职学生身上。我们应该充分正视高职学生中存在的压抑状况，分析压抑源，寻找适当的途径和方法以释放他们压抑的能量。这对于社会的安定和高职学生的身心健康都具有重要意义。

（四）情绪的社会-文化性

高职学生是对社会-文化变迁最敏感的人，他们的情绪变化在一定程度上反映了社会-文化的变迁和特色。不同的社会-文化下的高职学生会有不同程度和内容的情绪特征，这既表现在不同的国度，也表现在不同的时代里、不同的层次里。

当代高职学生更多地表现出情绪的开放性、大胆性、进取性、情绪内容的丰富性，以及与传统文化矛盾而带来的情绪矛盾性、冲突性，由急速变化的现代社会引起的情绪应激程度增加而导致的紧张性、压抑性增强等。更值得一提的是目前较多的高职学生是在一种众所周知的家庭、学校、社会的环境里成长起来的，从而使他们的情绪往往易感而且具有脆弱性、不成熟性。

（五）情绪的阶段性和层次性

1. 不同年级高职学生的情绪和情感

低年级高职学生刚迈进校园，对一切感到新鲜、好奇，体验到走出“黑色六月”的轻松和愉快；由于非理想的专业、院校，以及自己在班级中位置上的落差，会感到失望、迷惑和自卑。同时，会产生压力和紧迫感；对陌生的环境不适应，往往产生恋旧感，思念父母、家人和旧日同学。

中年级高职学生适应性情感增强，专业思想趋于稳定，学习兴趣浓厚，求知欲强，思维活跃，独立感、自尊感和自信心得到发展。他们的人际交往渐多，建立友谊，感情密切，爱好广泛，积极参加社会活动，社会责任感、义务感、荣誉感、美感进一步发展，情绪和情感较为平稳。

高年级高职学生社会责任感明显增强，社会性情感日趋丰富，更多地关心个人与社会的关系、思考人生价值，紧迫感和忧虑感明显，留恋学校和同学。

2. 不同层次高职学生的情绪和情感

优秀生的独立感、自尊心和自信心较强，情绪积极、愉快、乐观，求知欲强，学习兴趣浓厚，能体验到快乐，责任感和荣誉感。后进生内心充满矛盾，一方面想甩掉落后帽子，一方面又缺乏毅力和恒心，感到痛苦、自责，有自卑感也有自尊心。

二、高职学生情绪健康的标准及特点

健康的情绪是健全人格的必要条件之一。一般而言，情绪的目的恰当、反应适度，不带有幼稚的、冲动的特征，符合社会规范的要求，就是情绪健康的标准。

情绪是心理健康的窗口，它在很大程度上反映了心理健康的状况。一般来说，情绪是否健康有如下三个基本标志：

1. 情绪的目的性明确，表达方式恰当

情绪健康的人能通过语言，仪表和行为准确表达情绪，能够采用被自己和社会所接受的方式去表达或宣泄。

2. 情绪反应适时、适度

情绪健康人的情绪反应，不论是积极的还是消极的，都是由一定的原因引起的。情绪反应的适度与引起该情绪的情境相符合，情绪反应的时间与反应的强度相适应。

3. 积极情绪多于消极情绪

情绪健康并不否认消极情绪存在的合理性和它的意义，没有消极情绪就谈不上如何促进情绪健康。但情绪健康者必须是积极情绪多于消极情绪，而且所出现的消极情绪时间较短，程度较轻，不涉及与产生消极情绪无关的人和事，即对象明确。否则，情绪反应就是不健康的。

对高职学生来说，情绪健康具体表现为以下特点：

（1）开朗，豁达，遇事不斤斤计较。

（2）及时、准确、适当地表达自己的主观感受。

（3）情绪正常、稳定，能承受欢乐与痛苦的考验。

（4）充满爱心和同情心，乐于助人。

（5）正确地认识自己和他人，人际关系良好。

（6）对前途充满信心，富有朝气，勇于进取，坚忍不拔。

（7）善于寻找快乐，创造快乐。

（8）能面对现实，承认现实和接受现实，善于把个人需要与社会的需求协调起来。

三、情绪对高职学生的影响

情绪是个体与环境、事物之间关系的反映，它具有独特的主观体验和外部表现形式，具有极为复杂的神经生理、生化机制，包括有机体心理的和生理的许多水平上的整合。

情绪对人的活动有重要影响，尤其是处于青年时期的高职学生群体，他们的情绪特点主要表现为:稳定性与波动性并存，外显性与内向性并存，强烈性与细腻性并存。他们的每一个心理过程都是在某种特定的情绪背景下进行的并受其影响和调节。

（一）情绪对健康的影响

早在汉代的《黄帝内经》载曰：“心者，五脏六腑这大主也……故悲哀忧愁则心动，心动则五脏六腑皆摇。”《医学入门》中写道：“内伤七情，暴喜动心，不能动血。暴怒伤肝，不能藏血，积忧伤肺，过思伤脾，失志伤肾，皆能动血。”即情绪与五脏的对应关系是：喜伤心，怒伤肝，思伤脾，忧伤肺，恐伤肾。现代医学也已经证明，不少疾病的发生并不是由于器质性的病变，而是由于精神状态不佳，情绪异常所致。

高职学生中常见的一些疾病，如紧张性头痛、神经衰弱、心律不齐、哮喘、神经性皮炎、十二指肠溃疡、月经不调等，都与情绪变化有关。高职学院的学习生活，从总的来说是紧张的，如果高职学生不善于适应这种富有竞争性的环境，或对自己的期望与要求过高，精神长期处于紧张状态，则易导致身心疾病。为此，高职学生们应该在生活中注意调节自己的情绪，凡事应采取宽容大度的态度，以利于保持一个良好的心境，顺利完成大学学业。

（二）情绪对学习成绩的影响

心理学家用实验方法研究情绪与学习成绩的关系时，通常将焦虑程度与学习成绩分别作为自变量和因变量，然后采用自我评定法和生理反应法来研究它们之间的函数关系。研究结果表明，适度的焦虑能使学生取得最好的学习效率，焦虑程度过高或过低，均难以取得优异的学习成绩。常有这种情况，有的高职学生在考试时过分紧张，结果出现“晕场”现象。反之，有的学生对考试采取不以为然的态度，考试成绩也不高。就平时的情绪差异而言，一般情况是:低焦虑者的学习效率优于高焦虑者。

（三）情绪对行为目标的影响

1979年，埃普斯顿在《人类情绪的生态学研究》这篇文章中，介绍了他对大学生的自我观念、情绪与行为变化之间关系的研究成果。他让数百名大学生描述其自我观念发生积极或消极的显著变化时的生活经历，用12点量表表示此事件前、中、后的情绪变化情况，并报告其相应行为、态度和目标方面的变化。结果表明，大学生的情绪与自我观念、行为目标的关系有下列三种情况：

1. 积极-积极型

积极-积极型即经历某事件时，体验到的是积极的情绪，如感到高兴、亲切、安全、平静。这时，高职学生的行为目标也往往是积极、生动的，其神经兴趣、对新经验的接受和开放、对周围人的尊重和理解、对价值和长远目标的献身精神等，都有明显增强。

2. 消极-消极型

与第一种情况相反，在经历发生的过程中，体验到的是痛苦、愤怒、紧张或受威胁等消极情绪。这时，一部分学生在行为方面也相应发生了消极的变化：社会兴趣下降，反社会行为增加，对新经验持审慎、甚至闭锁的态度等。

3. 消极-积极型

消极-积极型经历发生时，与消极-消极型相同，感到痛苦、愤怒、紧张或受威胁等，但此时的行为并没有向消极方面转化，而与积极-积极型相近，汲取教训，准备再干。

上述结果表明：积极的情绪体验与积极的行为变化总是有一致的关系，在高职生活中要尽可能多地缔造这种关系。而消极的体验，则倾向于一种混合效应，它既能激发起人们对价值和长远目标的献身精神，也能使之减弱。埃普斯顿通过分析大学生被试的自我报告后认为，那些消极体验之后，行为出现积极变化的学生，在这种体验出现前，其生活是幸福、快乐和充足的，后来发生的消极体验导致他们对价值和长远目标的重新评价，使其变得更加明智、更富于思想和现实感、更少地轻浮和脆弱，结果，随着时间的推移，消极的结果减少，积极的结果增大。可见无论何种情绪，都会对高职学生的行为目标发生一定的影响。问题在于情绪发生时，要善于因势利导，使之起到强化或促进积极的行为变化的作用。

（四）情绪对人际关系的影响

具有良好情绪特征的人，例如：乐观、热情、自尊、自信是人际间产生相互吸引的重要条件，能彼此间心理距离缩短、情感融洽。而自卑、情绪压抑、爱发怒的人，往往不能与他人正常相处，难沟通、易疏远，使人与人之间产生隔阂，关系淡漠。

由于情绪具有感染性与传染性，因为良好的情绪、积极而稳定、适度的情绪反应，正性情绪大于负性情绪的人，在人群中更受欢迎，更容易获得别人的赞赏，容易形成良好的人际关系。一位高职学生这样形容宿舍另一位同学：他的情绪正如六月的天，喜怒无常，无法把握，与他相处，有些如履薄冰，我们时刻要受他情绪的支配与感染。我们认为：他没有用坏情绪影响我们好心情的权利，因而我们选择逃避，尽量少与他交往。

与此同时，高职学生在人际交往中，注重提高自身修养，学会适度控制与调适自己的情绪，做情绪的主人，才能拥有良好的人际关系。

心灵互动

情绪是良心健康的重要标志，一个人的情绪是否稳定就反映了他的身心健康状况。那么怎样测量你的情绪是否稳定呢？请做一做下面这个测验。该测验共有 30 道题，每道题都有三种答案可供选择，请你从中选择出与自己的实际情况最相接近的一种答案，对测验题中与自己生活、身份不相符合的情况，可以不予选择。

（1）看到自己最近一次拍摄的照片，你有何想法？

A．觉得不称心；　B．觉得很好；　C．觉得可以。

（2）你是否想到若干年后会有什么使自己极为不安的事？

A．经常想到；　B．从来没有想过；　C．偶尔想到过。

（3）你是否被朋友、同事、同学起过绰号、挖苦过？

A．这是常有的事；　B．从来没有；　C．偶尔有过。

（4）你上床以后是否经常再次起来一次，看看门窗是否关好？

A．经常如此；　B．从不如此；　C．偶尔如此。

（5）你对与你关系最密切的人是否满意？

A．不满意；　B．非常满意；　C．基本满意。

（6）在半夜的时候，你是否经常觉得有什么值得害怕的事？

A．经常有；　B．从来没有；　C．偶尔有。

（7）你是否经常因梦见可怕的事而惊醒？

A．经常；　B．从来没有；　C．极少有。

（8）你是否曾经有过多次做同一个梦的情况？

A．是；　B．否；　C．记不清。

（9）是否有一种食物使你吃后呕吐？

A．是；　B．否；　C．记不清。

（10）除去看见的世界外，你心里是否有另外一种世界？

A．是；　B．否；　C．偶尔是。

（11）你心里是否时常觉得你不是现在的父母所生？

A．是；　B．否；　C．偶尔是。

（12）你是否曾经觉得有一个人爱你或尊重你？

A．说不清；　B．否；　C．是。

（13）你是否常常觉得你的家庭对你不好，但你又确知他们的确对你好？

A．是；　B．否；　C．偶尔是。

（14）你是否觉得没有人十分了解你？

A．是；　B．否；　C．不清楚。

（15）在早晨起来的时候，你最经常的感觉是什么？

A．忧郁；　B．快乐；　C．不清楚。

（16）每到秋天，你经常的感觉什么？

A．秋雨霏霏或枯叶遍地；

B．秋高气爽或艳阳天；

C．不清楚。

（17）在高处的时候，你是否觉得站不稳？

A．是；　B．否；　C．偶尔是。

（18）你平时是否觉得自己很强健？

A．是；　B．否；　C．不清楚。

（19）你是否一回家就立刻把房门关上？

A．是；　B．否；　C．不清楚。

（20）当你坐在房间里把门关上时，是否觉得心理不安？

A．是；　B．否；　C．偶尔。

（21）当需要你对一件事做出决定时，你是否觉得很难？

A．是；　B．否；　C．偶尔是。

（22）你是否常常用抛硬币、玩纸牌、抽签之类的游戏来测凶吉？

A．是；　B．否；　C．偶尔是。

（23）你是否常常因为碰到东西而跌到？

A．是；　B．否；　C．偶尔是。

（24）你是否需用一个多小时才能入睡，或醒得比你希望的早一个小时？

A．经常这样；　B．从不这样；　C．偶尔这样。

（25）你是否曾看到、听到或感觉到别人觉察不到的东西？

A．经常这样；　B．从不这样；　C．偶尔这样。

（26）你是否觉得自己有超越常人的能力？

A．是；　B．否；　C．不清楚。

（27）你是否曾经觉得因有人跟你走而心里不安？

A．是；　B．否；　C．不清楚。

（28）你是否觉得有人在注意你的言行？

A．是；　B．否；　C．不清楚。

（29）当你一个人走夜路时，是否觉得前面潜藏着危险？

A．是；　B．否；　C．偶尔。

（30）你对别人自杀有什么想法？

A．可以理解；　B．不可思议；　C．不清楚。

【评分标准】

以上各题的答案，凡选 A 得 2 分，选 B 得 0 分，选 C 得 1 分。请将你的得分统计一下，算出总分。

总分：0～20 分，情绪稳定，自信心强；21～40 分情绪基本稳定,但较为深沉、冷静；41 分以上，情绪极不稳定，日常烦恼太多。

第三节　高职学生常见的情绪问题与调控策略

考试怯场怎么办

小王是一名二年级的学生，平时在学习上十分用功。就在上学期末准备考试的一段日子里，小王整天心神不定，注意力也不能集中，甚至记忆力都下降了，晚上还经常失眠，以致于他在考试时没能发挥出正常水平，最终与奖学金失之交臂。在后来的回忆中，小王坦诚地道出自己十分想得到奖学金，又很担心自己考试没有发挥好而得不到奖学金。然而，正是这份没有得到正确处理的过度焦虑，直接导致了小王的“怯场”。你有何建议，帮助小王克服“怯场”？

心理认知

“人非草木，孰能无情”，一般的情绪起伏和波动是正常的，100%的时间都保持良好、稳定的情绪，既不现实，也不可能。生活中总会遇到挫折和不如意，这时出现短期的情绪波动，如伤心悲痛、压抑消沉、愤怒急躁等，都很自然，只要这些负性情绪反应适度，持续时间不长，都算正常范围。反之，则会影响到我们的人生发展。

风华正茂的高职学生，本该是最健康的一族，但许多调查资料显示，我国高职学生心理障碍和疾病的发病率呈上升趋势。造成学生身心不健康的原因是多方面的，但与高职学生的情绪关系最为密切，特别是一些强烈而持久的情绪问题，对高职学生的危害更大。

高职学生的情绪问题，一般是指高职学生消极情绪，指因生活事件引起的悲伤、痛苦长时间持续不能消除的状态。情绪问题一方面导致高职学生大脑神经活动功能紊乱，使情绪中枢部位的控制减弱，使其认识范围缩小，自制力、学习效率降低，不能正确评价自我，甚至会产生某些失去理智的行为，造成心理障碍和心理疾病；另一方面，情绪问题又会降低高职学生的免疫功能，导致其正常生理平衡失调，引起心血管、消化、泌尿、呼吸、内分泌等系统的各种疾病。

一、高职学生常见的情绪问题

高职学生群体中比较突出和普遍的情绪问题，主要有自卑、焦虑、抑郁、易怒、冷漠、嫉妒等。

（一）自卑

自卑感是高职学生中常见的一种心理现象，长期过度的自卑感是导致高职学生各种心理问题的原因之一，也是影响高职学生成长的一个重要因素。研究表明：高职学生自卑感有一定的普遍性。高职学生自卑感分为三类：生理性自卑感、心理性自卑感和社会性自卑感。高职学生自卑感产生的主要原因是心理因素。在自卑感成因上，男生与女生存在明显差异。

自卑是自我情绪体验的一种形式，在心理学上又称“自我否定”，主要表现为对自己的能力、学识、品质等自身因素评价过低。没能考上理想的大学是造成部分高职学生自卑的重要原因，还有一些学生由于家庭条件差或自身某些不足而自卑。有自卑感的学生由于自我评价过低，导致行为畏缩、瞻前顾后、多愁善感，自尊心极强，过于敏感，严重影响各方面的正常发展。

（二）焦虑

焦虑是一种比较复杂的消极情绪现象，是人们对即将发生的某种事件或情境感到担忧和不安，又无法采取有效的措施加以预防和解决时产生的情绪体验。过分的焦虑使人处于一种无所适从的状态，总是担心将要发生的事情，坐立不安，注意力分散，办事效率低下。

焦虑是高职学生常见的情绪状态，当他们在学习、工作、生活各方面遭遇挫折或担心需要付出巨大努力的事情来临时，便会产生这种体验。焦虑对高职学生的影响是复杂的，既可以成为高职学生成才的内驱力，起促进作用，也可以起阻碍作用。实验证明，中等焦虑能使学生维持适度的紧张状态，注意力高度集中，促进学习。但过度焦虑则会对学生带来不良的影响。如有的高职学生在临考前夜的失眠或考试时“怯场”，在竞赛中不能发挥正常水平等，多是高度焦虑所致。被过高的焦虑困扰的高职学生，常常会感到内心极度紧张不安，惶恐害怕、心神不定、思维混乱、注意力不能集中，甚至记忆力下降，同时还容易产生头痛、失眠、食欲不振、胃肠不适等不良生理反应。焦虑的高职学生在内心深处有一种无法解脱、不愿正视的心理问题，焦虑只是矛盾、冲突的外显，借此作为防御机制以避免那更深层次的困扰。

高职学生常见的焦虑有自我形象焦虑、学习焦虑与情感焦虑。自我形象焦虑是担心自己不够漂亮、没有吸引力，体貌过胖或矮小等，也有的因为粉刺、雀斑等影响自我形象而引起的焦虑；这类焦虑主要与自我认知有关，需要通过调整自我认知重新接纳自我，建立新的自我形象。与学习有关的焦虑如学习焦虑、考试焦虑，在学生情绪反映中最为强烈，需要引起重视。情感焦虑多数由于恋爱受挫而引发的自我否定，认为自己不具备爱人与被爱的能力，因而过度担心引起焦虑。

引起学生焦虑的主要原因有：入学适应困难、学习问题（如考试焦虑）、人际交往（如社交恐惧引起的焦虑）、求职就业问题等。

（三）抑郁

抑郁也是极为复杂的情绪障碍，是正常人以温和方式体验到的、已经作为日常生活一部分的、持久的一种情绪状态。当个体感到无法面对外界压力时常常会产生这种消极情绪。一部分高职学生由于不喜欢所学专业，感到前途渺茫，或是由于人际关系处理不当，失恋等问题而过早“看破红尘”，导致情绪抑郁，他们的主要表现是：情绪低落、思维迟缓、郁郁寡欢、闷闷不乐、兴趣丧失，体验不到生活、学习的快乐，并伴有食欲减退、失眠等。

抑郁是高职学生中常见的情绪问题。不少学生在遇到学习成绩落后、失恋、生活受挫、家庭出现意外事件等刺激后，心理上无力承受由此带来的压力而出现的情绪反应。抑郁在行为上表现为丧失学习和工作的兴趣及动力，反应迟钝，无精打采，拒绝交际，回避朋友，并伴随着食欲减退、失眠等不良反应。大多数学生都多少有过这种消极情绪，但体验的时间比较短暂，随着时过境迁也就消失了。但其中也有少数性格内向、孤僻、自尊心强、怀疑心重、承受挫折能力低的学生容易长期陷入抑郁状态，导致抑郁性精神症的出现。

（四）易怒

心理学的研究表明，在一般情况下，情绪反应都是由大脑皮层决定的。但是美国纽约大学的莱克杜斯通过研究表明，并不是所有的情绪的发生都要经过大脑皮层的加工整合与评估，他认为“除了情绪通道之外，另有一小络神经元直接自丘脑连接到杏仁核，通过这些狭小通道，杏仁核可直接在大脑皮层尚未做出评价之前抢先做出反应导致有机体的一时冲动”。处于青春期的高职学生内分泌系统处于空前活跃时期，大脑神经过程的抑制和兴奋发展不平衡，内制力较差，容易冲动。

易怒是高职学生常见的一种消极情绪，处于精力充沛、血气方刚的青年时期的高职学生，在情绪情感发展上往往容易产生好激动、易动怒的特点。如有的高职学生因一句刺耳的话或一件不顺心的小事而暴跳如雷；有的因人际协调受阻而怒不可遏、恶语伤人；有的因别人的观点或意见与自己相左而恼羞成怒；有的因一时的成功、得意而忘乎所以；有的因暂时的挫折或失败而悲观失望，痛不欲生。如此种种遇事缺乏冷静的分析与思考，图一时之快，逞一时之勇的好激动、易动怒的不良情绪特点，在一些高职学生身上时有体现。这种情绪对高职学生的影响是极其有害的，因而有人说：“愤怒是以愚蠢开始，以后悔结束”。

（五）冷漠

冷漠是指人对外界刺激缺乏相应的情感反应，对生活中的悲欢离合都相无动于衷。具体表现为：凡事漠不关心、冷淡、退让的消极情绪体验。如有的高职学生对周围的人和事漠不关心，对集体和同学态度冷淡，对自己的前途命运、国家大事等漠然置之，似乎自己已看破红尘、超凡脱俗。于是，把自己游离于社会群体之外，独来独往，对各种刺激无动于衷。这种冷漠的情绪状态，多是压抑内心情感情绪的一种消极逃避反应。具有这种情绪的人从表面上看虽表现为平静、冷漠，但内心却往往有强烈的痛苦、孤寂和压抑感。如果高职学生长时间地处于这种情绪状态下，巨大的心理能量无法释放，超过了一定限度时，就会以排山倒海的形式爆发出来，致使心理平衡遭到破坏，影响身心健康。

冷漠与退缩一样，是一种消极情绪的内化而非外显的行为，事实上，冷漠比攻击更可怕。冷漠会带来责任感的下降、生活意义的缺失与自我价值的放弃。可以说是有百害而无一利的消极情绪体验。冷漠的形成多数与人生重大生活事件与重要丧失有关，也与个体的生活经历有关。

克服冷漠最根本的是改变认知，发现生活的意义，发现自我的价值，改变长此以往形成的对人生消极的看法；从行为上，积极投身各种有意义的活动中，融入到集体中，进行积极的自我暗示与自我提升；正确认识自我与他人，个体与社会，并不断矫正自己的非理性观念。

（六）嫉妒

嫉妒是高职学生中有一定普遍性的不良情绪。容易引起高职学生嫉妒的因素主要有以下几类：外表、成绩、能力、物质条件、恋人、运气等。而那些自尊心过强，虚荣心过盛，自信心不足，以自我为中心，认知有偏差，自控能力弱的高职学生更易产生嫉妒，而且程度也较一般人更重。嫉妒心会影响高职学生的人际关系，造成同学间的隔阂甚至对立，同时使自己处于烦躁，痛苦的情绪中。因此高职学生应学会进行正确的比较，善于取人之长，补己之短，要化消极的嫉妒为积极的进取，以达到调节自己情绪的目的。

同时，要充实自己的生活，培根就曾经说过：“嫉妒是一个四处游荡的情欲，能享有它的只能是闲人，每一个埋头于自己事业的人，是没有功夫去嫉妒别人的。”

二、情绪问题产生的原因

当代中国正处于急剧社会变革时期，嬗变的环境条件给高职学生的心理带来了极大的冲击。由于高职学生正处于生理、心理及思想变化时期，心理状态及情绪动荡不安，且缺乏社会生活的磨炼，心理承受能力相对薄弱，在这些巨大冲击面前，缺乏恰当的适应能力，极易导致焦虑、抑郁、自卑、逆反等等情绪问题的产生。归纳起来，高职学生中的情绪问题主要受以下因素影响：

（一）生理因素

1. 遗传

有些情绪障碍，尤其是精神分裂类的精神病，与遗传的关系是十分密切的。引起这类精神病的原因可能是：家族有精神病遗传史；基因突变或染色体突变所致。

2. 激素分泌发生紊乱

激素是调节机体生理生化活动的重要物质，内分泌活动发生紊乱，就会引起机体的生理活动失调。如甲状腺素和去甲状腺素的含量偏高或偏低都会使人情绪处于波动状态。甲状腺素含量过高，人就可能表现出狂躁不安；甲状腺素衰竭时，病人就会表现出抑郁烦闷。

3. 神经系统的功能的器质性变化

脑干、下丘脑、边缘系统、网状结构等皮下中枢是控制情绪的关键部位，这些部位若发生了功能的器质性变化，便可能会引起各种情绪障碍。大脑皮层是控制和调节情绪的最高中枢，大脑皮层的不同部位控制着不同的情绪。

（二）客观因素

1. 社会环境

社会因素的影响表现为当今社会变革的影响与多元价值观的冲击。随着社会主义市场经济体制的建立和发展、竞争机制的引入、生活节奏的加快、传统价值观念嬗变以及转型时期社会腐败、职工下岗、社会治安和贫富差距加大等社会问题出现，这些社会刺激对社会阅历浅、心理应对和承受能力弱的高职学生带来了很大的冲击，容易引发高职学生的心理与行为严重失调，产生不良情绪。高职学生面临的任务就是要全方位塑造自己，将自己推入市场，接受市场的选择。不少学生由于对自己信心不足，时常出现过于焦虑和担心的情绪。

2. 学校环境影响

就学校环境来看，随着我国高校教育体制改革的深入，只重学习成绩或一纸文凭的时代将永远成为历史。高职院校为了适应市场的需要，提高自身办学水平、培养优秀人才，对学生的学习、综合素质等方面也要求更高，并制定了完善的考核标准。高职学生稍有松懈就会在竞争中失利，这也成为产生高职学生消极情绪的诱因之一。另外，由于目前高校改革不断深化，招生不断扩大，由此带来了高校办学的一系列变化，学校实行的上学交费制度、奖贷金制度、考试淘汰机制及择业制度的变更、完善，无不牵动着每一个高职学生，冲击着高职学生动荡不稳的心理，影响着高职学生的情绪。

3. 家庭因素的影响

家庭是人才成长的启蒙学校，家庭经济状况，家长教育态度、内容与方式，家庭成员之间的亲疏关系，学生情绪、情感水平的培养起着非常重要的影响。当前，生活节奏的加快、社会的转型，对家庭的冲击较大，单亲家庭、下岗家庭增多，越来越多深刻地影响着高职学生的情绪。另外，家长对子女过高的期望值或要求，过于急切的“望子成龙”的心态，对加重其子女的心理负担、使之产生焦虑不安等情绪体验起了推波助澜的作用。一些高职学生因为害怕不能满足家长的要求或不能为家庭增添光彩，因而引发高度焦虑和极度苦闷的情绪反应。个别高职学生因体验不到家庭的温暖或感受不到来自教师、同学对他的关爱和体贴，也极易使他们产生“冷眼看世界”的消极情绪体验和反应。

（三）主观因素

外在的环境刺激对高职学生情绪问题的产生影响固然深刻，但高职学生的情绪变化的决定性因素还取决于高职学生自身。

1. 不能正确地评价自我

高职学生都曾有远大的理想，希望考上自己心中向往的大学，由于考试失利等原因未能如愿，而进了高职院校学习。同时，校园里人才济济，不少高职学生发现自己并不是最优秀的。这样的变化，常常会使一部分学生感到失落，变得不知所措而逐渐产生自卑感。因此，每个高职学生都需要重新认识自我，摆正位置，寻找新的起点。如果一味沉溺于过去，不愿正视现实，遇到困难挫折时很容易产生自负自卑的情绪。相反，习惯于过高地估价自己，心里常常觉得自己什么都比别人强，自然容易使其滋生骄傲自满的情绪体验，一旦遇到挫折，就会一蹶不振、自暴自弃。

2. 依赖性与自主性的矛盾

在高职院校学习期间，高职学生进入了较为自由和开放的环境，独立日益意识增强，希望独立自主，凡事想依靠自己的力量，处处想显示个人的主张。他们渴望在各个方面取得成功，关心时事政治，积极参加校内外各种活动，力求处处显示出自己的能力。但是，由于他们的心理成熟落后于生理成熟，认识能力落后于活动能力，在经济上、行为上尚不能完全独立，长期形成的依赖心理一时难以摆脱，面对复杂的环境，常常不知所措。另一方面，多数学生是独生子女，独立性比较差，有较强的依赖性，缺乏社会经验和独立生活能力，生活中的一切事务都要亲自处理，这对于生活自理能力极差的高职学生来说缺乏必要的心理准备。这种依赖性和自主性的矛盾容易导致部分学生对高职院校生活的严重不适，处于悲伤、抑郁状态。

3. 期望值偏高与现实状况的反差

处在“青春少年”的高职学生，一般比较自信，对自己的前途和未来怀有美好的向往，成就动机很强，自我期望值很高。但现实状况却不尽如人意，如果高职学生经过一个阶段的努力仍然不能实现自己的愿望，就会感到理想破灭，一旦遇到困难和挫折，就很容易萎靡不振，情绪低落；或者产生逆反情绪，与社会对立。

4. 性和恋爱引起的情绪波动

由于高职学生的性机能日益成熟，对感情的欲望逐渐加强，他们渴望与异性交往，追求美好爱情。但由于高职学生心理尚未完全成熟，情绪有较大波动性；而且由于高职学生的性格尚未定型，承受挫折的能力不够，对爱情的理解又过于浪漫而不切实际，一旦情感问题上遭受挫折（如失恋、单相思）便难以接受而灰心丧气、一蹶不振，甚至走向极端而采取毁灭行为。

另一方面，有些高职学生由于缺乏必要的性教育而导致谈性色变，性罪恶感。性心理常处于受压抑状态，本能的释放性与心理的压抑性的矛盾必然导致性焦虑。个别学生会因此精神蒙受痛苦，心灵备受煎熬，情绪波动明显，陷入惶恐不安、担心害怕、心神不宁、头昏脑胀、失眠多梦的心境之中。

5. 人际交往的受挫

一些高职学生对人际交往具有浓厚的理想主义色彩，对友谊的渴求十分强烈，人际交往的期望值过高，一旦期望值难以达到，就容易对人际交往采取消极冷漠的态度。当出现心理困扰，又苦于无人倾诉排解，由于得不到及时的帮助与治疗，就可能引发精神上的疾病。

另外，不少学生或多或少地怀有封闭心理，担心自己在社交场合不善言谈，担心自己缺少社交风度和气质，不被人重视接纳。有些同学很想正常地与人交往，却因生性内向，过于腼腆，存在思想顾虑，从而游离于校园交际圈之外。一旦在心理上与人群格格不入，就不可避免地陷入紧张、焦虑情绪之中。

6. 重要丧失

在校期间的重要丧失也会对高职学生的情绪产生重大影响。一是与高职学生有关的重要丧失，如考试失利、学业失败等；二是与高职学生自我发展有关的荣誉的丧失，如入党、评优等；三是情感方面的重要丧失，如失恋、好友失和等；四是重要他人的丧失，如亲人去世、家庭发生重大变故等，都对高职学生的情绪构成影响，特别是负性生活事件对高职学生不良情绪的滋长与蔓延起着不容忽视的作用。如果不及时调整，容易引发情绪问题

三、高职学生情绪调控的策略

健康的情绪会给人的学习、工作和生活带来高质量、高效率，不良的情绪对人的学习及生活都存在不同程度的影响。因此，高职学生要对情绪加以调控，培养积极、健康

的情绪，调节、控制不良情绪。

（一）高职学生良好情绪的培养

1. 保持积极乐观的态度

（1）树立科学进步的人生观、价值观、道德观。科学进步的人生观、价值观、道德观是良好情绪和情感的基础。在人的一生中，它们处于核心地位，它对于人的发展起着定向作用。凡是具有科学进步的人生观、价值观和道德观的人，必然胸怀宽广、目标远大、不计较个人得失，在任何艰难困苦的条件下，都有巨大的热情和忘我的献身精神，一时受阻也会迂回超越；相反，必然谋求私利，目光短浅，一旦受挫就会牢骚满腹，心情沉闷，一蹶不振。

（2）正确对待不幸和挫折。人生之事，不如意者十分之八九。巴尔扎克说过："世上的事永远不是绝对的，结果完全因人而异。苦难对于人才是一块垫脚石……对于能干的人是一笔财富，对于弱者是一个万丈深渊。"高职学生在受挫或处境尴尬时，可以用幽默的方式化解困境；在失败时，以英雄、楷模作为榜样去激励自己。

（3）充分投入生活。生活是丰富多彩的，宇宙间有各种美好的事物，例如，山光水影、鸟语花香、优秀图书、尖端科技、艺术作品、同学互助、亲人关怀、健康身体、孩子那明亮的眼睛……热爱生活的人，都能感受到这一切。要激发兴趣，倾注热情，投身各项活动。

2. 走出错误观念的误区

对于同一件事情，不同的人有不同的情绪体验。譬如，同样是竞选班干部落选，有的人痛苦、失望、烦躁易怒，有的人心态平静；同样是考试得了 60 分，有的学生十分满意、高兴，有的则伤心不已。片面的认知方式和错误的观念，是高职学生产生焦虑、抑郁、自卑、恐惧、痛苦等不良情绪的根本原因。

例如，有的高职学生绝对化，凡事以自己的意愿为出发点，认为"一定会……""一定不会……"，所以，有时会听到"我必须……""他应该……"的观点；还有概括化，这是以偏概全、以点概面的片面认知方式；再有夸大化，认为某事一旦发生，就"全完了""糟糕极了"等。高职学生对自己的情绪体验应有正确的认识，走出观念的误区，保持自身情绪的健康。

3. 在实践中培养良好情绪和情感

多参加社会实践，例如，参观、调查、游览等；多参加学习和科技活动，这些活动能够产生学习兴趣和求知欲；多参加审美活动，这是发现美、欣赏美和创造美的活动，例如，书法、摄影、绘画，参加学生社团，开展书评、影评、书画展、文艺表演等活动；还有其他实践，例如，在体育比赛中可以培养高职学生团结、协作、奋进、拼搏的集体荣誉感，在帮困活动中可以培养助人为乐的情感和集体友谊感等。

（二）高职学生不良情绪的调控

由于不良情绪会妨碍人的身心健康，因此，心理学家积极主张对高职学生的情绪进行科学指导，并提倡高职学生进行自我调控。不同情境中的负性情绪可以采取不同方法进行自我调节和控制。

从操作层面看，不良情绪的自我调控方法很多，经常使用的有如下几种：

1. 理智调控

所谓“理智”，首先要求自己理智地考虑消极情绪带来的不良后果，当强烈爆发出消极的情绪时，能理智地控制、审察一切，根据理智的判断去行动，尽可能减少消极情绪波动的影响。而作为教育工作者培养学生理智调节情绪的能力，最好的时机就是在学生最不理智的消极情绪爆发时，老师以合乎原则性、逻辑性的思维，理智地帮助他。对于每个同学来讲是应该在平时培养自己的意志力，能够很好地控制自己的情绪和行为，这种培养不是一时一刻就可以完成，需要同学们每时每刻都注意完善自己的意志力，形成良好的习惯，从一点一滴做起，用理智控制自己，与消极情绪作斗争。

2. 转移调控

转移调控就是根据自我要求，有意识地把自己已有的情绪转移到另一个方向上，使情绪得以缓和。因为在发生强烈情绪反应时，头脑中往往有一个较强的兴奋灶，此时如果另外建立一个或几个新的兴奋灶，便可以抵消或冲淡原来的优势兴奋灶。因此，当情绪激动起来时，为了使它不至于立即爆发，使自己有冷静地分析和考虑问题的足够时间和机会，可以有意识地通过转移话题或做点别的事情的方法来分散注意力。例如，俄国作家屠格涅夫提倡用舌头在口腔里转圈子的方法来分散和缓解紧张情绪，用看电影、听音乐、下棋、打球、郊游等使精神上得到自慰，从而使自己重新振作起来。

3. 激励调控

激励调控就是采取自我激励的方法，调节自己的情绪，并将情绪激起的能量调节、引导到对人、对己、对社会都有利的方向上去。有一个学生学习很努力，成绩一直排在班上前三名，总能得到奖学金。可上二年级以后由于大家都全力以赴，竞争非常激烈，他的名次便只能在第五六名上徘徊。这时他开始有点灰心了，出现了不利其发展的消极情绪，于是便随手写了“当命运把你抛入到无穷的追逐中的时候……”。在偶然间他的纸条被老师发现了，老师便在他的纸条省略号上，用红笔写下了“那就把自己看成是天之骄子。”当他看到加了红字的纸条后，一下子激起了他的自信心，便又在老师的“天之骄子”下面写了“不鸣则已，一鸣惊人”的决心。从此在教师和自我的激励下，不断努力，学习效率提高，学习效果良好，如愿获得了一等奖学金。每个人可以利用这一特点，积极激励自己的良好情绪，充分挖掘自己的潜能，充分发挥自己的创造力，实现自我价值。

4. 宣泄调节

情绪的宣泄有直接和间接的两种方式，直接宣泄就是针对引发情绪的刺激来表达情绪。当直接发泄对于别人或自己不利时，可用间接发泄使情绪得到表达出路。正因为这样，当心中有了不平之事时，可以找老师谈话，也可以向同学、家长倾诉。这样，通过感情的充分表露与外界得到的反馈信息，将能促进自我评价而改变不适当的行为。尤其是女同学爱哭，因为痛哭作为一种纯真的感情爆发，是人的一种保护性反应，是释放体内积聚能量、排出体内毒素、调节机体平衡的一种方式。因此在某种意义上讲，哭对人来讲是有利的，可以使压抑自己的情绪得到缓解。所以当我们面对消极情绪的影响时，不妨找一个适当的时机，在不伤害他人的情况下释放它，这样于你的心理健康有利。

5. 自我安慰

当一个人遇有不幸或挫折时，为了避免精神上的痛苦或不安，可以找出一种合乎内心需要的理由来说明或辩解。如为失败找一个冠冕堂皇的理由，用以安慰自己，或寻找理由强调自己所有的东西都是好的，以此冲淡内心的不安与痛苦。这种方法，对于帮助人们在大的挫折面前接受现实，保护自己，避免精神崩溃是很有益处的。例如，对于失恋者来说，想到“失恋总比结婚后再离婚要好得多”，便可减轻因失恋带来的痛苦。因此，当人们遇到情绪问题时，经常用“胜败乃兵家常事”、“塞翁失马，焉知非福”、“坏事变好事”等词语来进行自我安慰，可以摆脱烦恼，缓解矛盾冲突、消除焦虑、抑郁和失望，达到自我激励，总结经验、吸取教训之目的，有助于保持情绪的安宁和稳定。

6. 交往调节

某些不良情绪常常是由人际关系矛盾和人际交往障碍引起的。因此，当我们遇到不顺心、不如意的事，有了烦恼时，能主动地找亲朋好友交往、谈心，比一个人独处冥想、自怨自艾要好得多。因此，在情绪不稳定的时候，找人谈一谈，具有缓和、抚慰、稳定情绪的作用。另一方面，人际交往还有助于交流思想、沟通情感，增强自己战胜不良情绪的信心和勇气，能更理智地去对待不良情绪。

7. 情绪升华

升华是改变不为社会所接受的动机、欲望而使之符合社会规范和时代要求，是对消极情绪的一种高水平的宣泄，是将消极情感引导到对人、对己、对社会都有利的方向去。如一同学因失恋而痛苦万分，但他没有因此而消沉，而是把注意力转移到学习中，立志做生活的强者，证明自己的能力。

心灵互动

1. 测试

（1）下面这份“自卑心理诊断量表”，有助于你了解自己是否存在明显的自卑及造成自卑的主要根源。本测验共 15 个问题。每个问题有 A、B、C 三种选择答案，请你在与自己情况较符合的答案上打“√”。

① 你的身高与周围的人相比如何？

A．较矮；　B．差不多；　C．较高。

② 早晨，照镜子后的第一个念头是什么？

A．再漂亮一点就好了；　B．想精心打扮一下；　C．别无他意，毫不在意。

③ 看到最近拍的照片你有何想法？

A．不称心；　B．拍得很好；　C．还算可以。

④ 如果有来世，下列三种中选哪类好？

A．做女人够苦的，做男人好；

B．做男人太苦了，做女人好；

C．什么都一行，男女一样。

⑤ 你是否想过五年或十年后会有什么使自己极为不安的事？

A．多次想过；　B．不曾想过；　C．偶尔想过。

⑥ 你受周围人们的欢迎和爱戴吗？

A．常有；　B．没有过；　C．偶尔有。

⑦ 你被别人起过绰号、挖苦过吗？

A．常有没；　B．没有过；　C．偶尔有。

⑧ 老师批过的考卷发下来了，同学要看怎么办？

A．把分数折起来让他们看不到；

B．让他们看；

C．将考卷全部藏起来。

⑨ 体育运动后，有过自己“反正都不行”的想法吗？

A．常有；　B．没有；　C．偶尔有。

⑩ 你有过在某件事上决不次于他人的自信吗?

A．有一两次；

B．从来没有过；

C．在某些方面自己有这种自信，但对不是特殊之事件并不介意。

⑪ 如果你所喜欢的异性同学与其他人更亲近，你怎么办？

A．灰心丧气，以后竭力避开那位异性；

B．跟那位同公开或暗地里展开竞争；

C．毫不在乎，一如往常。

⑫ 碰到寂寞或讨厌之事怎么办?

A．陷入深深的烦恼中；

B．吃喝玩乐时就忘却了；

C．向朋友或父母诉说。

⑬ 当被别人称做“不知趣的人”或者“蠢东西”时，怎么办？

A．我回敬他：“笨蛋！没有教养的”；

B．心中感到不好受而流泪；

C．不在乎。

⑭ 如果碰巧听到有人正在说你所要好的同学的坏话，你怎么办？

A．断然反驳："根本没有那种事"；

B．担心会不会真有那么一回事；

C．不管闲事，认为别人是别人，我是我。

⑮ 不管怎样努力学习，如果你的主要功课都输给你的竞争对手，怎么办？

A．尽管如此还是继续挑战，今后加劲干；

B．感到不行，只好认输；

C．从其他的学科竞争取胜。

【评分标准】

把 15 题的得分加起来计算出总分，与表 5-2 的总体评价标准对照，看看自己是属于哪种类型的，再阅读有关四种自卑类型的说明。

表 5-2　自卑心理诊断评分表

题　　号	答　　案			
	A	B	C	
1	5	3	1	
2	5	3	1	
3	5	1	3	
4	5	1	3	
5	5	1	3	
6	1	5	3	
7	5	1	3	
8	3	1	5	
9	5	1	3	
10	1	5	3	
11	5	1	3	
12	5	3	1	
13	3	5	1	
14	1	5	3	
15	3	5	1	
类型	Ⅰ	Ⅱ	Ⅲ	Ⅳ
得分	15～29	30～44	45～60	61～75

类型Ⅰ：环境变化造成自卑。

你平时没有自卑感，是个乐天派，而且往往很自信。你对自己的才能、外表、风度充满自信和骄傲，极少有自卑感。如果你抱有自卑感的话，那是环境起了变化的缘故，譬如你进了出类拔萃的人物相聚一堂的学校或其他场所而未能充分体现你个人价值时，才引起自卑。

类型Ⅱ：动机与期望过高引起自卑。

你有过高的追求，有动机过强、期望过高的缺点。你不满足于现状，想出人头地，以至于去追求不切实际的目标。也往往陷入自卑，难以自拔。

类型Ⅲ：过早断定不行造成自卑。

你在干事情前就贸然断定自己不行，自认为不如别人。这主要是你不了解周围人们真实情况，不清楚使你焦虑的事情的本来面目。当你搞清楚后，会恍然大悟："怎么，竟是这么回事？！"随之则坦然自如。你的自卑感主要是你的无知造成的，症结在于自认为不行就心灰意冷。

类型Ⅳ：性格怯懦造成自卑。

用消极悲观的眼光看待事物，也与你的自卑有关。症结在于对自身的体魄和外貌缺乏自信，光是看不足与利之处，因而，遇事退缩胆怯。不管与人交往还是学习功课，懦弱导致你自酿苦酒。

（2）下面有 20 条文字，请仔细阅读每一条，把意思弄明白。然后根据您最近一星期的实际情况在适当的方格里划一个 √，每一条文字后有四个格，表示：A 没有或很少时间；B 小部分时间；C 相当多时间；D 绝大部分或全部时间。

表 5-3　抑郁自评量表（SDS）

内　容	A	B	C	D
1. 我觉得闷闷不乐，情绪低沉				
2. 我觉得一天之中早晨最好				
3. 我一阵阵哭出来或觉得想哭				
4. 我晚上睡眠不好				
5. 我吃得和平常一样多				
6. 我与异性密切接触时和以往一样感到愉快				
7. 我发觉我的体重在下降				
8. 我有便秘的苦恼				
9. 我心跳比平时快				
10. 我无缘无故地感到疲乏				
11. 我的头脑跟平常一样清楚				
12. 我觉得经常做的事情并没有困难				
13. 我觉得不安而平静不下来				
14. 我对将来抱有希望				
15. 我比平时容易生气激动				
16. 我觉得做出决定是容易的				
17. 我觉得自己是个有用的人，有人需要我				
18. 我的生活过得很有意思				
19. 我认为如果我死了，别人会生活得好些				
20. 我平常感兴趣的事仍然照样感兴趣				

【评分标准】

A、B、C、D 分别记 1、2、3、4 分，将所有得分相加，再将总分乘以 1.25，取整数即可得到标准分，2、5、6、11、12、14、16、17、18、20 为反向计分，即 A、B、C、D 分别记 4、3、2、1 分。以 50~55 分为界，超过 55 分为异常，说明你的情绪处于抑郁状态。

（3）下面的测验题可以测定你管理自己情绪的能力，请对照你的状况，选择符合你的选项。

① 如果你因为在家里不顺心而带着不愉快去上班（上学），你会（　　）。

A．继续不快，并显露出来；

B．把烦恼丢在一边，投入工作学习；

C．继续不快，很少流露。

② 在电影、电视看到伤心和悲痛的场面时，你会（　　）。

A．经常哭或觉得要哭；

B．有时哭或觉得要哭；

C．从不哭。

③ 你正要去上班时，一个朋友打电话，向你诉说烦恼，你将（　　）。

A．耐心地听，宁可迟到；

B．在电话中禁不住地埋怨；

C．向他解释上班要迟到了，不过答应中午打电话给他。

④ 当你与别人发生冲突时，你会（　　）。

A．非常生气，久久不能平静；

B．很快冷静下来，认为应该谅解他人；

C．主动退让，认为多一事不如少一事。

⑤ 你辛苦干了一天，自己很满意，不料领导却指责你，你会（　　）。

A．不耐烦地听他埋怨，心中满是委屈，但不做声；

B．拂袖而去，认为自己不该受屈；

C．耐心地听，并在以后找适当的机会解释。

⑥ 你在学校食堂里吃饭，饭菜的味道不合你口味，你会（　　）。

A．向同桌的人发牢骚，指责食堂人员的工作；

B．默默地吃下去，然后把碗筷搞得乱七八糟；

C．平静地告诉服务员，希望他们改进工作。

⑦ 在影剧院里，你邻座的人吸烟，而你讨厌烟味，你会（　　）。

A．很反感，希望其他人向这个人提意见；

B．大叫吸烟是令人讨厌的习惯，并声言要叫服务员来干涉；

C．问此人是否知道影剧院里不准抽烟。

⑧ 一位售货员向你热情地介绍商品，但你都不满意，你会（　　）。

A．买一件并不想买的东西；

B．说一声谢谢，然后离去；

C．直率地说这些产品不好。

⑨ 当你所爱的人去世时，你很悲伤，你会（　　）。

A．长时间地想念他，难以自拔，以致影响工作和学习；

B．虽然想念他，但一段时间后能恢复平静；

C．能很快从悲伤中解脱出来，投入正常的工作。

⑩ 当你考试或工作失败时，你会（　　）。

A．灰心丧气，长时间打不起精神；

B．冷静从失败中吸取教训，争取今后提高；
C．认为失败是常有的事，不必认真对待。

⑪ 当你在一个漆黑的夜晚独自行走时，你会（　　）。
A．非常害怕，头脑一片空白；
B．有点害怕，设想如何应对突如其来的变化；
C．想象自己是个英雄，一点也不害怕。

⑫ 一位同学与你差不多或甚至不如你，但却得到老师的赏识，你会（　　）。
A．感到不公平，找别人说理；
B．加倍努力，争取更多的机会；
C．认为这件事不公平，但很少表露。

⑬ 当你做出一件能够引以为豪的有成就感的事情时，你会（　　）。
A．总想找机会向别人一吐为快；
B．尽管很激动，但不向别人透露；
C．只告诉家人和知心朋友。

⑭ 当你遇到你很讨厌的人时，你会（　　）。
A．面带笑容与他打招呼；
B．尽量回避与他打招呼；
C．打招呼，但语言和面部表情很难协调起来。

⑮ 当你在工作或学习中取得成绩时，你会（　　）。
A．心情舒畅，认为自己的努力没有白费；
B．心情激动，并显著地表现出来；
C．尽管内心非常激动，但不表露。

【评分标准】

请根据表 5-4 计算你的得分。

表 5-4　情绪管理评分表

题目/案答	1	2	3	4	5	6	7	8	9	10	11	12	13	14	15
A	1	1	2	1	2	1	2	2	1	1	1	1	1	3	3
B	3	2	1	3	1	2	1	3	2	3	3	3	2	2	1
C	2	3	3	2	3	3	3	1	3	2	2	2	3	1	2

36～45 分：能够主动调节自己的情绪，经常保持一种稳定、快乐的心态。

26～35 分：对情绪不加约束，将它们坦率、自然地表现出来。

12～16 分：过度调节自己的情绪，压制自己的各种亢进情绪（例如：兴奋、激动、愤怒等），忍受各种低落情绪（例如：忧虑、悲伤、痛苦等）。

2. 思考题

（1）什么是情绪？
（2）高职学生常见的情绪问题有哪些？如何调节？

（3）结合个人实际，谈谈如何培养良好的情绪？

（4）为自己喝彩：找出自己十个以上的优点和长处。

（5）学会识别他人的情绪。

（6）体验：用深度呼吸法放松情绪。

第六章 高职学生的恋爱心理

没有一场深刻的恋爱，

人生就等于虚度一场。

(1) 了解什么是爱情，什么是正确的恋爱动机、恋爱需要具备什么条件。
(2) 掌握如何调适自己恋爱中的心理困扰。
(3) 正确认识婚前性行为。

爱情，是一个充满魅力的字眼。高职学生正处在恋爱的高峰期，如何正确地理解爱情的内涵，处理恋爱中的种种问题是他们不得不面对的现实问题。本章从爱情是什么、恋爱动机和恋爱条件、学会恋爱、恋爱的心理困扰与调控、婚前性行为等方面做了较系统的阐述，以期同学们能正确地理解和对待自己的感情，并找到属于自己的真正美好的爱情。

第一节 爱情是什么

过分依赖的芳芳

芳芳“众里寻他千百度”，终于找到了她梦中的白马王子小林。她觉得世界上再没有第二个能像小林一样令她如此动心的男子了。所以，她对这个白马王子简直言听计从，百依百顺，唯恐失去他对自己的欢心。

每次约会她都会提前半小时去等候着，而从没有让小林等过半分钟；一同吃饭，从来是按照小林的口味点菜；出去游玩，从来都选择小林喜欢的地方；再往后，她包揽了小林生活的方方面面。然而有一天，小林却提出了分手，因为他要找一个有独立人格的妻子，而不是一个唯唯诺诺的女儿或者絮絮叨叨的母亲。芳芳委屈万分，甚至痛不欲生。认为男人都是忘恩负义的“白眼狼。”

心理认知

关于爱是什么，有很多很多的描述，例如，爱是一首诗；爱是一支歌；爱就是付出；爱就是全心全意；爱就是激情；爱是深深的理解和接受；爱是火热的友情，沉静的了解，相互信任，共同享受和彼此原谅；爱是不受时间、空间、条件、环境影响的忠实；爱是人们之间取长补短和承认对方的弱点；爱是生命的延续，不但滋润别人，还滋润着我们自己……“问世间情为何物，直教人生死相许。”爱情到底是什么？为什么会有那么多美好的描述，有那么神奇的魔力呢？

一、心理学上对爱情的定义

有人认为，爱情是指一定社会文化状态下，两性间以共同的生活理想为基础，以平等的互爱和自愿承担相应义务为前提，以渴求结成终身伴侣为目的，而按一定道德标准自主地结成一种具有排他性和持久性的特殊社会关系。也有人认为，爱情是一对男女之间基于一定客观物质基础和共同生活理想，在各自内心形成的最真挚的相互倾慕并渴望拥有对方，直至成为终身伴侣的强烈的、持久的、纯真的感情。

二、爱情有三个重要的要素

虽然人们对于爱情含义的表述各有不同，但其基本内容都涉及三个方面：

1. 依恋

卷入爱情的恋人在感到孤独时，会强烈地希望有自己恋人的宽慰，别人不能替代。“我感到孤单的时候第一个想法就是去找他。”

2. 关怀和奉献

恋人之间彼此会高度关注对方的情感状态，“他开心的时候我也开心，他不舒服的时候我也不愉快。”感到让对方快乐和幸福是自己的责任，并对对方的不足表现出高度宽容。“我愿意为他做任何事情。”

3. 亲密

恋人有特殊的身体接触的需要。在一定意义上，他很像高度依恋母亲的幼儿对母亲爱抚的需要。

三、真正的爱情应具备的特征

1. 具有自主性

爱情关系的建立，必须是当事人的自愿，而不能出自其他外来因素和势力的干预，尽管有时需要通过其他人的中介作用，包括父母的意愿，但最终应完全由当事人自己决定。

2. 具有对等性

爱情是不可强求的，只能以当事人双方的互爱为前提。因此，在发展爱情的过程中，男女双方必须处于平等的地位，包括表达爱情的方式也应是对方所愿意的。

3. 具有排他性

男女两人之间一旦形成爱情关系，就不容许第三者介入，也不容许其中的任何一方涉足第三者。同其他人的友谊再深，也不能超出同志和朋友关系的范围。因此，三角恋爱、四角恋爱等被认为是不道德的。

4. 具有冲动性

所谓冲动性是指恋爱双方表现出的强烈的亲近欲望。男女相爱，或因美好的情境、或因心理相容、或因言语投机而产生冲动，例如，搂抱、接吻、抚摸等。

5. 具有持久性

爱情所包含的感情因素和义务因素，不仅存在于整个恋爱过程，而且存在于婚后的夫妻生活和家庭责任中。在整个夫妻生活和家庭责任中，双方都要忠贞不渝，经得住人生道路上的种种波折和考验。如果双方或者一方把结婚当作爱情的坟墓，或者一方因地位的变化而见异思迁，那就不是真诚纯洁的爱情，而是不道德的行为。

6. 具有道德性

衡量爱情有一定的道德标准，并用一定的道德标准来评价自己和他人的爱情关系。它与婚姻依靠法律力量来维护不同，完全是依靠道德的舆论，习俗和信念的力量。

四、爱情的类型

心理学家的研究发现，现代青年男女的爱情关系，不外以下六种形式：

1. 浪漫式爱情

将爱情理想化，强调形体美，追求肉体与心灵融合的境界。这类学生强调跟着感觉走，较少考虑现实问题。

2. 游戏式爱情

视爱情如游戏，只求个人需要的满足，对其所爱者不肯负道义责任。对恋爱对象的更换，视为轻易之事。

3. 占有式爱情

对所爱之对象，赋予极其强烈的感情，并希望对方以同样的方式回应；对其所爱者，极具占有欲，若对方稍有怠慢或忽视，即心存猜疑妒忌。

4. 伴侣式爱情

在缓慢中由友情逐渐演变成的爱情，温存多于热情，信任多于嫉妒，是一种平淡而深厚的爱情。

5. 奉献式爱情

信奉爱情是付出不是索取的原则，甘愿为其所爱者牺牲一切，不求回报。

6. 现实式爱情

将爱情视为彼此现实需要的满足，不作理想的追求。男子娶妻，煮饭洗衣；女子嫁汉，穿衣吃饭，正是这种爱情的典型。

以上这些分类，无疑有助于我们对爱情的多方位思考和多角度理解。

心灵互动

请用爱情心理学家鲁宾编制的喜欢和爱情态度量表来判断你对她（他）的感情是爱情还是友情。

爱情量表

我愿意为她（他）赴汤蹈火。

我想永远独占她（他），我妒忌她（他）与别人愉快相处。

无论干什么总是想着她（他）。

我最关心她（他）的幸福。

和她（他）在一起时，禁不住常常凝望对方。

若失去她（他），我会很痛苦。

我觉得使她（他）幸福是我的责任。

她（他）获得别人赞赏时，我会很高兴。

若她（他）感到沮丧，我也会变得失落，并希望第一时间去鼓励她（他）。

无论她（他）做错任何事，也不忍心责怪她（他）。

我常有保护她（他）的冲动，总之不想看她（他）被别人欺负。

喜欢量表

我欣赏她（他）做事能干。

孤独时，和她（他）倾谈是件高兴的事。

我从不嫉妒她（他）和别人在一起。

我信赖她（他）的判断力。

当我觉得她（他）可怜或遇挫折时，希望能帮助及开导她（他）。

她（他）对我好，所以我也待她（他）好。

她（他）是个受欢迎的人物，我很欣赏她（他），也希望像她（他）一样受大众欣赏。

她（他）性格外向，易讨人喜欢，适应能力强，还有很多强项。

第二节　恋爱动机和恋爱条件

冲动之下的恋爱

刚到高职院校时，小颜感觉自己年龄小，做事投入，遇事分心，发誓在学校期间一定不早早找男朋友，要专心学习，并把自己的想法告诉了父母和同学，请他们监督。一个学期后，她发现周围有许多女同学都交了男朋友。周末，呆在空荡荡的宿舍里，望着那些带着一脸红晕、在宿舍楼关门前匆匆赶回来的同寝室的同学，小颜时常有种“自己心理是不是正常”的疑问。不久，年级里一位男同学向小颜提出交朋友的请求，说喜欢小颜的活泼、开朗，做事情认真。有男生喜欢自己，还是令小颜兴奋不已，但她感觉自己对对方了解较少，不想接受对方的请求，可又不知道如何表白。后来的事情是小颜始料不及的：对方居然每天手持一枝花，站在小颜宿舍楼窗户下，一站就是一小时。同学们发现后，小颜耳旁舆论哗然：“这么浪漫的求爱，你要不上，我们就要冲上去了!”“要爱爱你的人，不要你爱的人!”几天后，在同学们的一片鼓动声中，在欣赏对方的浪漫、勇敢地表达的激情中，小颜冲下楼，接受了对方手中的玫瑰花。一种从未体验过的幸福感令小颜激动。这就是浪漫的爱情吗?在小颜还没有找到答案的时候，她自己先成为了学校里的新闻人物：“每天接受一枝玫瑰花的那个女生!”

以后日子里的感受，只有小颜自己知道。因为一时的冲动而接受的爱，却不是自己喜欢的，对方的许多缺点是自己非常不能接受的。但碍于舆论的压力，她陷入了进退两难的境地。一个学期后，他们彼此精疲力尽，在一次争吵后两人同时提出分手。小颜一度情绪低落，学业受到影响。她后悔不该冲动地下楼去接花，痛恨自己幼稚，经不住诱惑。

一、恋爱动机

概括起来，目前高职学生的恋爱动机不外乎有以下几个方面：

（1）消除寂寞，寻求慰籍。

这种因空虚、无聊而谈恋爱的同学很少考虑将来。此动机下的爱情有很大的片面性、盲目性和冲动性。“谁同情我，谁理解我，谁就是爱我的人。”寂寞消失了，“爱情”也消失了，这种“爱情”由于没有领悟到爱的真谛，一般不会长久，也会带来心灵的创伤。

（2）模仿他人，赶潮流，为了寻求心理平衡。

这与从众心理有关，在一个群体中，如果大部分人都在谈恋爱，这会给那些未涉足者形成压力。有的还会认为自己不谈恋爱说明自己对异性缺乏吸引力，是自己无能。大学校园里对恋爱存在着一些认识上的误区，如：“高中时代，爱情是奢侈品，只有少数人拥有得起。大学时代，爱情是日常用品，没有的很寒酸。”“大一娇，大二俏，大三大四没人要。”“早恋早婚最保险，晚婚晚恋傻了眼。”等。

（3）渴望了解异性，为了满足好奇心。

不少高职学生对爱情充满向往和好奇，渴望亲身体验。

（4）出于对毕业后的考虑，为自己找出路。

受功利主义思想的影响，把恋爱作为达到自己某些目的的途径，将对方的家庭背景门第、地位名誉等作为恋爱的前提条件。

（5）满足自己的欲望，为了获得经验。

有人把谈恋爱作为一种时尚，一种情感消费，觉得不谈恋爱亏待了自己；还有人认为是为了获得经验，以便将来更好地恋爱。这种观念不仅伤害他人，也贻害自己。

（6）因为爱情价更高，为了爱而爱。

部分同学在长期的共同学习与生活过程中，相互吸引，彼此了解，以情感为基础，由相知到相爱，由友情到爱情。

前五种恋爱动机，或者是为了满足好奇而爱，或者是为了获得利益而爱，或者是为了获得经验而爱，这些学生在还没有真正领悟到爱的真谛前，就盲目闯入了爱的伊甸园，会对爱情埋下危机和隐患。第六种恋爱动机符合爱情的本质，双方都能体验到爱情的甜蜜与和谐。高职学生应有健康的恋爱动机。

二、高职学生谈恋爱应具备的条件

高职学生迫切需要爱情，但未必懂得爱情，未必能把握爱情。在高职学生言论中，大概没有什么事情比爱情谈论来得更多而理解得更少的了。因此，理性地认识高职学生恋爱应具备的条件，具有重要的意义。

（1）心理发展相对成熟是高职学生恋爱的必备条件。

当代高职学生不成熟的心理通常表现为：易冲动、焦虑、困惑、迷茫、失落等；此外高职学生对自我缺乏正确、客观的评价，挫折承受能力较弱，也说明他们的心理发展不够成熟。高职学生心理发展的不成熟性，决定了他们恋爱观的不稳定性和对恋爱时机把握的不准确性。

而在心理发展不成熟的情况下谈恋爱，就容易将爱情简单化、片面化、理想化和浪漫化，并因此造成一些令人担忧的问题：有的学生因为把过多的时间和精力投入恋爱，影响了自己的学业；有的学生恋爱中遇到挫折时不能自拔，使自己置身于进退两难的境地；有的学生在恋爱中情绪波动，不仅影响了学业，也打乱了正常的生活规律。因此，心理发展相对成熟，是当代高职学生恋爱的一个必备条件。

（2）人生观相对稳定是高职学生恋爱时机成熟的标志之一。

人生观是人生目的、人生价值和人生态度的统一，是人对自己的人生目的和意义的根本看法和态度。当代高职学生的人生观虽然已经树立起来，但是大多数还不稳定，容易受到外界的影响。人生观决定恋爱观。高职学生人生观稳定之前对爱情的理解和认识，难免存在片面性；他们对人的本质和人生道路的选择，对爱情与事业、爱情与集体、爱情与道德的关系等问题，有时缺乏科学的认识；对恋爱行为将要承担的社会责任、家庭义务以及恋爱的道德要求等，也都缺乏充分的思想准备和心理承受能力。因此，相对稳定的人生观，是当代高职学生恋爱时机成熟的重要标志之一。

（3）相对牢固的学识基础是高职学生恋爱的前提条件。

爱情是人生的重要内容，它能给人以精神上的激励和鼓舞、情绪上的欢愉和振奋、生活上的充实和满足。爱情固然重要，但它毕竟不是大学生活的全部，也不是首要的东西，与学业相比较，爱情只能在次要位置上，因为学业才是高职学生的主课，是首要任务。如果学业基础还不牢固，甚至感到学习压力大，学习起来比较吃力，那就说明恋爱的条件还不成熟。因此，高职学生到底该何时谈恋爱，一个重要的条件，就是要看他是否具备了相对牢固的学识基础！

（4）社会阅历相对丰富是高职学生恋爱的社会基础。

恋爱是高职学生一生中的一件大事，它不仅是个人问题，也是社会问题，关系到后代的繁衍和社会的发展。具备一定的社会阅历，对高职学生的健康成长和恋爱实践是十分必要和重要的。高职学生社会阅历少，挫折承受能力弱，抵御社会不良文化影响的能力差，考虑问题、处理事情常常脱离实际；对爱情的分析和判断容易出现偏差，对恋爱对象和爱情结局抱有过高的期待，经常充满理想主义和浪漫主义色彩：有的恋爱中的高职学生，在社会交往中缺少戒备心理、感情用事，容易上当受骗，在被不怀好意的人玩弄感情后，产生报复心理。所有这些都与高职学生的社会阅历欠缺有关。因此，相对丰富的社会阅历，是当代高职学生恋爱的社会基础。

（5）相对独立的经济条件是高职学生恋爱的物质基础。

高职学生一旦开始恋爱，就要付出大量的时间和精力，同时也要投入可观的财力和物力。恋爱时的开支，高职学生习惯称之为“恋爱投资”，或者叫“恋爱消费”。恋爱中的高职学生日常开销会明显提高；穿衣打扮方面也越来越讲究；他们在人际交往、通信、吃饭、娱乐等方面的开销也迅速上升。恋爱费用的需求，刺激着高职学生对金钱的渴望：不顾家庭经济的困难状况，硬是向家里伸手要钱，无形中增加了家庭的经济负担；有的男生为了恋爱所需，自觉聪明过人，干起坑蒙拐骗、敲诈勒索、偷盗抢劫的勾当；极少数女生变成了金钱的俘虏，用青春资本和大学生招牌，换取脸上的脂粉和身上的衣裳，出卖了自己的人格，玷污了大学生的形象。

所以，高职学生在经济相对独立之前谈恋爱，是缺乏物质基础的。恋爱不是一个单纯理念化的过程，更是一个实践过程。恋爱实践需要一定的物质基础。不考虑物质基础的恋爱是柏拉图式的恋爱，如同空中楼阁一样缥缈不定。

下面测试一下你的恋爱态度。

（1）你对未来妻子最主要的要求是（男性选择）：

A．善于理家，利落能干。（2）

B．容貌漂亮，风度翩翩。（1）

C．人品不错，能体贴帮助自己。（3）

D．顺从你的意思。（1）

（2）你对未来丈夫最主要的要求是（女性选择）：

A．潇洒大方，有男子风度。（1）

B．有钱有势，社交能力强。（1）

C．为人诚实正直，有进取心，待人和蔼可亲。（3）

D．只要他爱我，其他都不考虑。（2）

（3）你认为完美的结合应是：

A．门当户对。（1）

B．郎才女貌。（1）

C．心心相印。（3）

D．情趣相投。（2）

（4）你对最佳恋爱时间的考虑是：

A．自己已经成熟，懂得人生的意义和爱情的内涵，并且确定了事业上的主攻方向。（3）

B．随着年龄的增大，自有贤妻与好丈夫光临，“月老”是不会忘记每个人的。（2）

C．先下手为强，越早越主动。（0）

D．还没想过。（1）

（5）你希望自己是怎样结识恋人的：

A．青梅竹马，情深意长。（2）

B．一见钟情，难分难舍。（1）

C．在工作和学习中逐渐产生恋情。（3）

D．经熟人介绍。（1）

（6）你认为推进爱情的良策是：

A．极力讨好，取悦对方。（1）

B．尽力使自己变得更完美。（3）

C．百依百顺，言听计从。（2）

D．无计可施。（0）

（7）你希望恋爱的时间是：

A．越短越好，最好是“闪电式”。（1）

B．时间依进展而定。（3）

C．时间要拖长些。（2）

D．自己无主张，全听对方的。（0）

（8）谁都希望完整全面地了解对方，你觉得了解他（她）的最佳途径是：

A．精心布置特殊场面，连连对恋人进行考验。（0）

B．坦诚相待地交谈，细心地观察。（3）

C．通过朋友打听。（2）

D．没想过。（1）

（9）你十分倾心的恋人，随着时间的推移，暴露出一些缺点和不足，这时候你：

A．采取婉转的方式告知并帮助对方改进。（3）

B．无所谓。（1）

C．嫌弃对方，犹豫动摇。（0）

D．内心十分痛苦。（2）

（10）当你初步踏进爱河之中，一位条件更好的异性对你表示爱慕时，你于是：

A．说明实情。（3）

B．对其冷淡，但维持友谊。（2）

C．瞒着恋人和其来往。（0）

D．听之任之。（1）

（11）当你对一位异性倾慕已久并发出爱的信息时，你忽然发现他（她）另有所爱，你怎么办？

A．静观待变，进退自如。（2）

B．参与角逐，继续穷追。（1）

C．抽身止步，成人之美。（3）

D．不知道。（0）

（12）恋爱进程很少会一帆风顺，而你对恋爱中出现的矛盾、波折怎样看？

A．最好平顺些。既然已经出现了，也是件好事，双方正好趁此了解和考验对方。（3）

B．感到伤心难过，认为这是不幸。（2）

C．疑虑顿生，就此提出分手。（1）

D．没对策。（1）

（13）由于性情不合或其他原因，你们的恋爱搁浅了，对方提出分手。这时候你：

A．千方百计缠住对方。（1）

B．到处诋毁对方名誉。（0）

C．说声再见，各奔前程。（3）

D．不知所措。（1）

（14）当你十分信赖的恋人背信弃义，喜新厌旧，甩掉你以后，你怎么办？

A．当自己眼睛认错了人。（2）

B．你不仁，我不义。（0）

C．吸取教训，重新开始。（3）

D．痛苦得难以自拔。（1）

（15）你爱途坎坷，多次恋爱均告失败，随着年龄增长进入“老大难”的行列，你：

A．一如从前，宁缺毋滥。（1）

B．讨厌追求，随便凑合一个。（1）

C．检查一下选择标准是否实际。（3）

D．叹息命运不佳，从此绝望。（0）

（16）你认为恋爱作为人生一个极其重要的环节，其最终所达到的目的应当是：

A．找到一个情投意合的爱侣。（3）

B．成家过日子，抚育儿女。（2）

C．满足性的饥渴。（0）

D．只是觉得新鲜有趣儿，没有明确的想法。（1）

将你所选字母后的数字相加，总分在 42 分以上说明你的恋爱观正确，总分在 33～41 分之间说明你的恋爱观基本正确，总分在 32 分以下说明你的恋爱观需要调整。

第三节 学会恋爱

第一个转身的人是感情的天使

两个相爱的年轻人，在他们感情最浓的时候，女孩子希望一辈子都这么好，永远不吵架，这样一直一直往前走，永不转身。男主人公告诉她：会转身的，如果没有了转身，肯定两个人就该再见了。

终于随着恋情的进展，他们之间有了一次大的争吵。在这次争吵后，他们三天没见，却谁都不肯先拨个电话。她每天晚上都哭，以为他们真的完了。终于，男主人公最后拨通了电话，请求和好。并说：“两个相爱的人之间发生了矛盾，第一个转身的人就是他们感情上的天使。这次，让我来当一回天使吧。”她含着泪笑了。他的转身挽救了陷入僵局的爱情。以后，他们一直非常好。中间还有吵架，只是吵完了，总有一个人会转身，转身之后，他们的感情比原先还好。

其实美好的爱情大抵如此，总会有无数次的转身，只要感情的天使不死，爱就不会泯灭。爱情中很多时候是需要转身的，需要低头认错，需要相互的谅解。

心理认知

从 2005 年 9 月 1 日开始，新的《高等学校学生行为准则》和《普通高等学校学生管理规定》正式实施。新《规定》没有禁止在校高职学生结婚，在校高职学生结婚生子被默许。高职学生该不该谈恋爱早已不是大学校园中的讨论焦点，取而代之的是高职学生应该怎样爱。

爱情是美丽的，有时也是痛苦的，爱是两个人心灵最深处的融合，在恋爱过程中，一方会逐渐发现对方的缺点和与自己的不同，两个相爱的人之间的矛盾和争吵也就在所难免。因此有人说，爱情就像一条小船，驾驭好的人不仅可以享受顺流而下的快感，而且可以让这条船把自己载向任何想去的地方；但是对于不会划船的人，则可能一路上不得要领，跌跌撞撞。也有人说，丘比特的金箭是双刃的，它可能是位伟大的导师而让人重新体验生活，也可能是个悲剧的作家而让人终身满溢着辛酸和泪水。

那么，我们应该怎样去爱呢？

一、相互的信任

爱情关系是一种信任关系。每个青年恋人都需要对方信任，也希望对方值得信任。一旦得到信任时，会体会到自豪、圣洁、世间无限美好的情感，仿佛灵魂受到了升华。同时，也会对信任自己的人产生感激之情，投以好感及相同的信任。而恋爱中无端的猜疑只能增加对方的反感，引起不必要的隔阂。

二、相互的尊重

爱情关系也是相互尊重的关系。相互尊重不是抽象的概念，而是体现在日常生活的频繁接触中。一方面是尊重对方。如果一方自认为某些方面比对方优越，因而潜意识中看不起对方，事事独断专行，硬要另一方顺着自己的指挥棒转，这必然会损伤对方的自尊心，使之在情感上受到压抑，这种模式的爱情一般是不会持久的。同时对于恋人行为中的某些过错和失误，指责时要注意方式，以免伤害对方的自尊。相互间的尊重也包括尊重自己，只有自我尊重，才能获得别人的尊重。如果对对方一味的听从、依顺，没有任何独立的见解和意见，失去自己的同时也易使人厌倦从而慢慢失去爱情。

三、相互的谅解

恋爱中双方出现分歧是很正常的。关键是事后相互的谅解。要勇于道歉，不要担心道歉就是丢了面子，在爱里不存在面子问题，只要错了，真诚的道歉只能证明你爱的真切。适当的让步，取得对方的谅解对恋爱的发展有着至关重要的作用。正如一句名言所说：爱情可能是恒久的，那是一分坚贞和执着；但也可能是脆弱的，那是当你存有太多幻想，而又不肯忍受现实的缺点的时候。能维持长远的感情，其中定有很多的宽容和谅解。

四、承担爱的责任

自愿地为对方承担责任，是爱情本质的真正体现。责任不一定能萌生爱情，但责任可以维护爱情。恋爱中的高职学生必须认真思考：要爱一个人或者接受一个人的爱，是否愿意并且做好了承担这份爱的责任的准备。如《泰坦尼克号》中所演绎的把生的希望送给对方，把死的威胁留给自己，则把爱的责任提升到了很高的境界。前苏联教育家苏霍姆林斯基说过：“爱情首先意味着对你的爱侣的命运、前途承担责任。想借爱情寻欢作乐的人，是贪淫好色之徒，是堕落者。爱，首先意味着献给，把自己的精神力量献给爱侣，为她（他）缔造幸福。”

五、培养爱的能力

这些能力包括：

1. 培养识别爱的能力

对于渴望爱情的高职学生来说，学会识别爱的真伪，是迎接爱情的必要准备。

（1）好感不是爱情。好感是一种知觉性的因而比较浅表的感情。尽管爱情有时也是知觉的，例如一见钟情，但它如闪电般直击心灵。好感可能发展为爱情，但也不一定会发展成爱情。

（2）感情冲动不是爱情。感情冲动常常是暂时的、脆弱的，往往使人头脑发昏、忘乎所以，甚至做出不久便后悔的愚蠢举动。尽管爱情也需要激情的表达，但这种激情犹如地下滚烫的岩浆，炽热、深沉、持久。

2. 培养施爱的能力

一个人心中有了爱，在理智分析之后，要敢于表达、善于表达，以免错过良机。不过一定做好被拒绝的心理准备。在恋爱过程中，男女双方的相互施爱是爱情发展的推动力。有的高职学生在恋爱中有爱心但表达笨拙，常遭恋人抱怨，性格内向不善言辞的男生常常如此。因此，恋爱中的男女同学相互施爱要真诚、大方、适度、得体以及相互理解。

3. 培养接受爱的能力

接受爱的能力的培养，必须具备以下条件：

（1）具有一个正确的择偶标准。

（2）具有能及时准确地对求爱信息做出判断分析的能力，以利于做出正确的响应。

（3）具有良好的心理承受能力，能坦然地对待因接受爱所引起的心理变化，保持心理平衡。

4. 培养拒绝爱的能力

当接收到你所不愿得到的求爱信息时，就需要你具备拒绝爱的能力。怎样才能培养拒绝爱的能力呢？

（1）善意理解对方的爱意，尊重他人和尊重自己。

（2）掌握恰当、适度的拒绝方式，不要让人难堪或心生恨意。

（3）准确无误地表达自己的拒绝之意，切不可含含糊糊，贻误他人，也烦恼自己。

5. 培养发展爱的能力

追求和保持美好的爱情是每个人的心愿，然而怎样才能给爱情“保鲜”呢？这就需要具有发展爱的能力。

（1）在爱情的发展过程中，双方要有意识地培养自己的人格魅力，要不断地丰富自己，增强相互的吸引力。

（2）在爱情的发展过程中，双方要保持自己独特的个性，不能让自己消溶在对方的影子里，但同时又要保持与对方的和谐，两心相悦，互补为美。

（3）在爱情的发展过程中，要不断提高处理各种问题的能力，使爱情得到健康稳定的发展。

此外，还要克服对爱情存在的一些非理性观念。这些非理性观念包括：爱情是永恒的；爱不需要理由；恋人是完美的，爱情是至高无上的；爱是缘分，也是感觉；爱情能够改变对方；你的恋人属于你；爱情享受和需要的是过程而不是结果；爱情并不在天长地久，只要曾经拥有；爱情是靠努力可以争取到的，只要付出必定有回报；因为相爱而发生的性关系无可非议；没有爱情的大学生活是失败的；失恋是人生重大的失败；爱的给予就是“让出”，满足对方的一切要求。上面这些信条和希望，道理上似乎都是应该的，但实际上不可能都做到。

1. 互动训练

活动：更深入地认识爱是一种能力。组装自己爱的能力

活动程序：爱的能力是一种综合素质的融合，是在爱的过程中一系列能力的组合。具体地讲，爱的能力应该至少包括以下几个方面。请你发挥你自己的思维和想像能力，用五句话填满这些空格。

（1）爱的能力包括______________________________的能力。

（2）爱的能力包括______________________________的能力。

（3）爱的能力包括______________________________的能力。

（4）爱的能力包括______________________________的能力。

（5）爱的能力包括______________________________的能力。

2. 测试

以“男生眼中的女生和女生眼中的男生”为题，进行调查，并统计结果，组织讨论。

（1）男生眼中的女生（男生填写）

① 你认为女生最吸引你的三项特质，依次用 A、B、C 标出。

A. 温柔；　B. 漂亮；　C. 贤惠；　D. 热情；
E. 真诚；　F. 稳重；　G. 聪明；　H. 勤奋；
I. 身材好；　J. 有修养；　K. 好运动；　L. 有主见；
M. 活泼、外向；　N. 内向沉稳；　O. 善于打扮；　P. 穿着大方；
Q. 爱好相近；　R. 家庭背景好；
S. 其他（列出上面未说明而你认为重要的特质）。

② 简单描述你讨厌什么样的女生。

（2）女生眼中的男生（女生填写）。

① 你认为男生最吸引你的三项特质，依次用 A、B、C 标出。

A. 高大；　B. 英俊；　C. 幽默；　D. 真诚；
E. 稳重；　F. 热情；　G. 聪明；　H. 勤奋；
I. 讲义气；　J. 好运动；　K. 有主见；　L. 有修养；
M. 出手大方；　N. 乐观外向；　O. 穿着潇洒；　P. 爱好相近；
Q. 乐于助人；　R. 家庭背景好；
S. 其他（列出上面未说明而你认为重要的品质）。

② 简单描述你讨厌什么样的男生。

统计并公布调查结果，并由此展开讨论：

（1）女生为什么看重男生的这些特质?对男生的启示。

（2）男生为什么看重女生的这些特质?对女生的启示。

第四节　恋爱的心理困扰与调适

暗恋的女孩

某女高职学生性格内向，不愿表白，暗恋上一位男同学，每天都定时坐在校园内的花坛旁，手拿着书却无心看书，因为她知道这个同学每天从这里经过去食堂吃饭，每当这个同学从她身边经过，就非常欣喜，然后编织出美丽的梦，这一梦就是两年多，却从来不敢说出口。

心理认知

每个人都希望自己的爱情之路一路坦途，一帆风顺，都希望把自己纯洁美好的初恋献给最亲爱的人。但这只是人们对美好生活的向往和憧憬。其实，爱情之路上有些人将遭遇恋爱的心理困扰，这些心理困扰包括单相思、一见钟情、失恋、自卑、妒忌等，其中最主要的有“单相思”和“失恋”。因此，我们要正确地分析这些恋爱的心理困扰，掌握克服这些心理困扰的艺术，这对于遭遇心理困扰者摆脱精神苦恼，总结经验教训，争取恋爱的成功和婚姻的美满，是有积极意义的。

一、单相思怎么办

心理学认为，单相思是指对某个异性一厢情愿的爱恋，而对方却不能给予爱的回报或根本不知道。它是一种畸形爱情，也叫做单恋。

单相思分为两种：一种叫明恋，是一方向另一方明确表白了自己的爱慕之情，却遭到对方的婉言拒绝。由于挣脱不了情网束缚，在碰壁的情况下，仍旧痴心不改千方百计求得对方的爱慕，无奈“落花有意，流水无情”。另一种叫暗恋，是对方毫无觉察，而当事人却深深地爱上他（她），由于怯于向对方表白心迹，于是搞得自己萎靡不振、茶饭不思、情绪低落、夜不能寐。

每个人在恋爱之前总有那么一段单相思，关键在于能否头脑清醒地、理智地进行处理。有的人毫不犹豫地射出自己的丘比特之箭或抛出红绣球；有的人知难而退及时转移目标；而有的人在求而不得时，意志消沉、注意力分散、记忆力衰退、思维迟钝、学习效率降低、寂寞无聊、把学习抛到九霄云外，甚至有些人因经受不住打击而自伤、自杀。由此可见，一旦单相思过度，对学习、工作乃至身心健康有百害而无一益。

那么，为什么会产生单相思呢？主要是当事人对异性的认知偏差所致。自己爱上了对方，于是也希望得到对方的爱，在投射心理的作用下，误把对方的亲切和蔼、饱满热情、落落大方当作爱的信号的反馈，并对此深信不已，从而坠入单相思的深渊，不能自拔。

爱是相互的，它不是一颗心的呼唤，而是两颗心共同撞击的火花、产生的共鸣。如果一旦误入单相思的沼泽，那么你应该如何走出呢？

（一）驾驭自我、用理智战胜情感

如果你爱的呼唤没有得到响应，你应该面对现实、抛弃幻想，用理智来主宰自己的感情，用理智的“我”来战胜情感的“我”。你要冷静地想一想，爱情是以互爱为前提的，不能一厢情愿，只有男女双方两颗心的相互撞击，才能迸发出炽热的爱情火花，唯有如此，爱情之树才能常青。你也可以学点“精神胜利法”，自我解嘲、自我安慰、洒脱一点，天涯何处无芳草，莫愁前程无知己。这时，你就可以调整目标，早日丢掉幻想，把失落的情感转移到工作、生活、学习当中或其他异性身上，求得心理平衡，轻装前进。

（二）树立信心、大胆追求

爱与被爱是每个人都享有的崇高权利，当你深深地爱上他（她），而对方却一无所知，你要树立信心、鼓起勇气、大胆追求对方，千万不要畏缩不前、坐失良机。

二、失恋怎么办

在恋爱过程中，往往不总是“宁静无烦恼”，几乎每个人都会遭遇到各种各样的挫折，而其中最大的挫折莫过于失恋。

失恋是指恋爱双方经过一阶段热恋以后因某种原因而分手，它是一种爱的否定，能够破坏恋爱双方的心理平衡。

失恋心理是复杂而又奇妙的，它往往会造成心理上较大的焦虑不安，严重影响身心健康，而这又是通过各种行为、反应表现出来的。

（一）失恋的表现

1. 痛苦、抑郁

这是失恋者最普遍的心理反应。失恋使原先的温馨浪漫世界顿时变得黑暗。失恋者

焦虑、痛苦、彷徨、怅惘、忧伤、抑郁，整日沉缅在恋情的羁绊之中，陷入痛苦的境地而不能自拔。女孩子可能会大哭一场，然后茶不思、饭不想，原先活泼、开朗的姑娘忽然变得孤僻、古怪、一蹶不振，有的甚至从此紧紧关闭感情的闸门。男孩子可能会沉默寡言、独来独往，大量抽烟或用酒精麻醉自己。有的干脆破罐子破摔，自暴自弃、自甘堕落。

2. 报复

有的人恋爱不成，便反目成仇，想方设法挖苦、讽刺对方，败坏对方名誉，给对方写恐吓信等。更有甚者，在满腔愤怒，头脑发热的情况下做出非理智的极端行为：行凶报复，将恋爱对方毁容或杀害。而这通常发生在一些感情受到欺骗或受到玩弄的失恋者身上。

3. 自杀

失恋者往往有一种被抛弃的感觉，失去了爱情便觉得失去了一切，大有世界末日来临之感，进而否定自我、毁灭自我。“失去了他（她），我活着还有什么意义？”、“今生我非她不娶!”、“我非他不嫁!”，在这种错误爱情观的驱使下，殉情者司空见惯。

（二）如何走出失恋的怪圈

1. 正视失恋的事实，摆正爱情的位置

（1）正视失恋的严酷现实。

每个人都有爱或不爱的权利，都有拒绝别人或接受别人爱的自由。我们要正视失恋的事实，心平气和地、理智地接受这一事实。一切顺其自然、不能强求，所谓“强摘的瓜不甜”就是这个道理。当你陷入失恋的深渊时，要用理智战胜情感，用坚强的意志控制和调节自己的行为而免于失态。

（2）冷静地分析失恋的原因，总结经验教训。

爱情是以互爱为前提的，所以爱情是双向的、相互的，绝不能靠一厢情愿，只从自身考虑，而不去冷静地分析失恋的原因。失恋的原因往往是多方面的，有自己的原因，有对方的原因，而有的却是外界的原因（家庭、舆论等）。面对失恋的痛苦，要冷静地、客观地分析原因，吸取教训，这比一味沉缅在痛苦的回忆中更有益。如果对方因为与你的性格不合、志趣不同、价值观迥异、文化、教养、道德的水准不一致而与你分手，这时你应感到庆幸，与其日后咽下这杯自酿的苦酒，不如现在“快刀斩乱麻”，正所谓“长痛不如短痛”。如果对方把一些次要的因素，高矮、胖瘦、容貌、家庭经济状况、出身门第等作为择偶的条件和标准，觉得与你在这些方面不般配，在这种情况下，你就应该激流勇退，谋求另辟新径。因为爱情不能强求，一次失恋并不意味着永远失去爱情。失败的痛苦也是一种人生体验，由此构成了七彩的人生。“天涯何处无芳草”，只要你振作精神，你定能寻觅到“知心爱人”和甜蜜的爱情。

（3）摆正爱情位置。

世上并没有自始至终一帆风顺的爱情，人的爱情生活行为往往是曲折的，许多人都有过痛苦的体验。爱情只是美好人生的一部分，是很重要的一部分，但决不是全部，因为除了爱情，我们还有理想、事业、亲情、友情等。爱情和事业是并驾齐驱的船只，两者无主次之分，都是青年人一生中的两个主题，是人生的两个机翼，真正有价值、有意义的人生应该是两翼齐飞，从而实现自我的价值。没有爱情的事业是苦涩的事业，而没有事业的爱情，只是原始的和苍白的爱情。所以我们必须摆正爱情的位置，反对“爱情至上”的观点。

2. 让爱情升华

失恋的同学们，面对失恋，你们不应该萎靡不振、情绪颓丧、失魂落魄，你们应该做自己情感的主人，学会用理智驾驭自己的情感，把全部精力投入到充分实现自我价值、事业进取和创造美好生活上，化消极为积极，失恋不失志，这也就是升华作用。例如，歌德 23 岁时在维兹拉参加的一个舞会上认识了一个叫夏绿蒂的少女，歌德对她一见钟情，并大胆向她表白了爱情。但夏绿蒂是歌德朋友的未婚妻，这使歌德无地自容，怀着失恋的痛苦离开了这座城市。最后歌德将失恋的痛苦升华到创作之中，写了《少年维特的烦恼》，结果一举成名，轰动整个欧洲。又如：“乐圣”贝多芬在 31 岁时深深地爱上一位少女，不料恰恰这时他患了耳聋症，他所钟爱的姑娘离他而去，这无异于“雪上加霜”。面对病痛和失恋的双重打击，贝多芬毅然坚持从事他热爱的音乐事业，创作了举世闻名的《命运交响曲》。

3. 合理渲泄

不少人在失恋以后，痛苦、愤怒、委屈、不平、沮丧、寂寞、孤独等会接踵而至，如果这些消极的情感体验不能及时得到渲泄，则可能积郁成疾，甚至铸成大错。这时你可以在合适的时间、地点向信得过、有主见、有能力的同学、朋友、老师、亲人一吐为快，他们往往会给你安慰、疏导、帮助、支持，给你提出中肯的建议，做出客观的分析。相信他们一定会抚慰你受伤的心灵，帮助你重新振作起来，从而走出心灵的荒野。如果你性格内向，不善言谈，可以奋笔疾书，把多余的情感从笔端发泄出去。你可以痛痛快快地大哭一场，也可以到空旷的荒郊野外扯着嗓子大喊几声，还可以到舞厅里跳上几曲。这些方法或许能使你消除心理压力，求得心理安慰和寄托。

4. 转移注意力

失恋后，你可以参加一些自己感兴趣的活动，如打球、下棋、跳舞、郊游、弹琴等，冲淡你心中的郁闷和烦恼。你还可以去旅游，投入大自然的怀抱。蓝蓝的天、悠悠的云、苍松翠竹、桃红柳绿、碧波荡漾的大海、雄伟的山峰无不让你心动，让你感怀。这时，你会体验到自己的渺小、无知，那痛苦、郁闷的心情在大自然怀抱中定能得到消除和抚慰。

5. 自我安慰

要为自己找一个似是而非的理由以此证明自己行动的正确性，掩饰个人的错误或失败，以保持内心的安宁。一种是“酸葡萄”心理，在追求某一东西而得不到时，常常将对方贬低，以安慰自己，就好像狐狸吃不到葡萄就说葡萄是酸的一样。另一种是“甜柠檬”心理，不说自己得不到的东西不好，而是强调凡是自己拥有的东西都是好的。“谈恋爱会花费时间和精力，而现在可以集中精力去搞好学习。”“没有（他）她，日后我会遇到更好的，挑选的余地大着呢！”这种自我安慰、自我解脱的精神胜利法，运用适当可以消除心理紧张、缓和心理压力，减少冲动性行为的发生。

6. 要设身处地为对方着想

莎士比亚说：“当爱情的波浪推翻以后，我们应该友好地分手，说一声再见！”并在友好地分手后衷心地祝愿对方一句：“只要你过得比我好！”事实上，只要你胸怀坦荡、设身处地地为对方着想，便能恢复心理平衡、减轻痛苦。

总之，你要做到失恋不失德；失恋不失态；失恋不失志。要记住：最可怕的并不是失恋，而是失恋下的自我丧失。

心灵互动

1. 互动训练

活动目的：寻找失恋的十大好处。积极面对失恋，顺利渡过失恋挫折期。

活动程序：

（1）列举失恋后的好处，以下面的句型为模板，写成十句话。

因为我失恋了，所以我获得了____________________；

____________________；

____________________；

____________________；

____________________；

____________________；

____________________；

____________________；

____________________；

____________________。

（2）找出最合理、最可行的建议，以此作为自己的情感自卫盾牌。

2. 测试

你是否有“单相思”呢?请你自测一下。对下列各题做出“是”、“不确定”或“否”的选择。选“是”划“√”，选“否”划“×”，选“不确定”划“0”。

（1）我十分崇拜某些偶像明星。

（2）最近我感到十分空虚。

（3）我常心烦意乱，什么事也做不下去。

（4）我常常在梦里与某个人谈情说爱。
（5）我是那么喜欢她（他），可对方却没什么反应。
（6）最近我在学习（工作）时总是不能集中注意力。
（7）平时我喜欢的活动，现在兴趣也减少了。
（8）我常看描写情感方面的小说或电视连续剧。
（9）我常记日记来倾诉心事。
（10）我总是盼望她（他）能出现在我面前。
（11）我希望她（他）能向我表达爱意。
（12）她（他）好像总是故意躲着我。
（13）我相信“心有灵犀一点通”。
（14）我最近饮食状况不太好。
（15）我喜欢打听有关她（他）的一切信息。
（16）她（他）好像挺喜欢我。
（17）听说她（他）已经有恋人了。
（18）爱一个人不需要说出口。
（19）我的桌上一直放着她（他）的照片。
（20）我常换新衣服和新发型，想引起她（他）的注意。
（21）昨天她（他）从我身边走过，态度不怎么热情。
（22）她（他）一和我说话，我就有点儿紧张。
（23）她（他）好像只把我当普通朋友。
（24）看见她（他）和别的异性一起说笑，心里就不是滋味。
（25）多么希望她（他）能来约我出去玩。

【评分标准】

选择“是”记 2 分，选择“不确定”记 1 分，选择“否”记 0 分。各题得分相加，统计总分。

1～16 分：说明你已经喜欢上对方了。建议找个方法试探一下对方是否也喜欢你；

17～33 分：说明你已经爱上对方了，但对方好像没有给你同等的感情回报，使得你近日比较痛苦，也影响你的生活和学习；

34～50 分：说明你已经深深爱上了对方，但对方好像只把你当成一般朋友。你不妨鼓起勇气去问问她（他），并做好准备承受被拒绝的痛苦。

第五节　婚前性行为

做了不该做的事情怎么办

我是刚刚进入大学时认识他的。他是我的老乡，在我初次离家孤独时给予我太多的安慰与帮助，不知不觉中我陷入了恋爱之中。随着交往的深入，我们的恋爱也不仅限于精神层次的交往，彼此从身体上渴望接纳对方。于是在某一个晚上，我们有了第一次。虽然我们还在恋爱，可每次在一起我总会想到性，我会感到恐慌，经常觉得所有人都知道我们的事，睡眠障碍、上课注意力不集中、产生性幻想等，现在我也陷入深深担忧中，如果今后我们分手怎么办？我真不知道如何面对？

心理认知

人人都追求、向往崇高和纯洁的爱情，所以在爱情和两性问题采取严肃的态度是情理之中的事。然而现今高职校园中，有人却摧残、亵渎这人世间最圣洁的花朵。

目前，“情人热”、“玩弄风”成为某些时尚的人身价、魅力的象征以及炫耀的资本。“找一个我爱的人做情人，找一个爱我的人做丈夫”、“广泛撒网，择优录取”成为一些人的爱情观和恋爱观。在这些错误观点的支配下，高职学生中婚前性行为屡见不鲜。

婚前性行为是指没有配偶的男女双方在恋爱时期发生的性行为。婚前性行为不受法律保障，不存在夫妻间应有的权利与义务。

一、婚前性行为的危害

（1）影响高职学生正常的学习、工作、生活。

由于学校里严厉禁止婚前性行为，社会上也对其采取极不赞成态度，越轨行为发生后，当事者会惶惶不可终日。他们担心一旦“东窗事发”，就会遭受来自家长、老师、同学等各方面的舆论压力，甚至面临处分、开除的危险。在内疚的心情下艰难度日，势必会牵扯他们精力，进而影响正常学习、工作和生活。

（2）未婚先孕。

在性知识缺乏，不知道采用有效的避孕方法或根本不知道避孕的情况下，高职学生的性行为极易导致怀孕。人流的不良后果有三种：

① 不能正常地恢复身体的健康状况，有的女生为了不让别人知道，做完手术后不休息，严重影响了健康状况的恢复，甚至导致大出血。

② 容易损伤生殖器官，出现意外事故。

③ 引起许多并发症。医学研究表明，人流对女性可造成月经量少、闭经、性冷淡、不孕，再次妊娠易流产、子宫内膜异位症、生殖器官炎症、前置胎盘、胎盘粘连植入、子宫穿孔、产后大出血，甚至引起宫颈癌。

（3）给当事者双方造成心理创伤。

由于一时冲动，一失足而成千古恨，他们往往有一种羞愧感、罪恶感，在心理上留下难以愈合的创伤。日后，如果发现对方不合适，鉴于道德规范、社会伦理准则的威慑作用，他们只好“哑巴吃黄莲”“打掉牙齿往肚子里咽”，在重新择偶面前望而却步。

（4）女方易被对方轻视、抛弃。

如果女方经不住男方的花言巧语而守不住“禁区”，则易给男方以轻浮、靠不住的感觉。再者由于婚前性行为为社会所不齿、不受法律的保护，所以这也往往会成为男方抛弃女方的一个借口。

（5）如果恋爱不成功，影响女方未来婚姻生活。

女方再恋爱结婚后，其丈夫如果发现爱妻不再是“处女”，会影响夫妻关系，引起夫妻之间的矛盾，严重的可能会造成美满婚姻的破裂。

二、如何避免婚前性行为的发生

1. 大力加强性教育

高职学生性认识模糊和性知识“相对贫乏”是不容忽视的问题。性是爱的一部分，性是爱的升华。我们不主张禁欲，也反对纵欲。

2. 控制热恋中的性冲动

（1）用理智战胜情感。当性欲如火焰般升腾时，要保持冷静的头脑，用理智战胜情感的冲动，凭着高度的自制力及时阻挡爱情的湍流，使之静如止水。

（2）用道德约束自己的行为。要树立良好的道德品质，加强道德修养，培养高尚的情操，从而把旺盛的精力投入到学习、工作、事业、生活中去，性欲自然便可以得到控制。

（3）分散注意力。两个人独处时，如果感情达到炽热的地步，可以起身到别处走走，欣赏一下美丽的风景，从而熄灭性欲之火。

（4）保持一定的距离。热恋中的高职学生要自尊、自重、自爱，保持一定的距离，这不但不会降低感情温度，反而更能增加相互间的吸引力，否则可能抱憾终生。

3. 正确认识爱情与责任、义务的关系

真正的爱情，既是一种权利也是一种义务，是奉献而不是索取。对所爱的人一方面要关心、体贴、用情专一、忠贞不二、相互尊重、相互理解、相互依赖、不玩弄和欺骗对方的感情；另一方面要尊重对方的人格和对其有高度的责任感。请记住：玫瑰虽香，但带刺；苹果虽甜，要逢时。激情过后是责任，美景过后是悬崖。面对婚前性行为，我们需慎重对待。

心灵互动

1. 测试

性态度调查问卷

（1）性别：　　A. 男；　B. 女。

（2）你现在是大学几年级学生？　　A. 一年级；　B. 二年级；　C. 三年级。

请根据自己的真实感觉回答，调查内容不会透露你的隐私。

（1）你同意“性是人的基本需求”这一观点吗？

A．同意；　B．不同意；　C．不知道。

（2）你的性观念：

A．很传统；　B．较传统；　C．中间状态；

D．较开放；　E．很开放。

（3）你认为爱情与性交的关系应该是：

A．有爱而无性；　B．先有爱后有性；　C．爱和性可同时产生；

D．先有性才会有爱；　E．最好有性而无爱。

（4）假如新娘或者新郎与别人性交过，你介意吗？

A．介意；　B．不介意。

男答：如果您是新郎，您能够原谅以下哪些原因？

女答：您认为以下哪些原因定会获得新郎的谅解？

（凡是能原谅的都画圈）

A．被迫卖淫；　B．被拐卖；　C．被强奸；

D．受骗；　E．一时冲动，无爱可言；　F．爱过那人，现已不爱；

G．现在仍然爱那人；　H．什么原因都不行。

（5）你认为“贞操”：

A．对女性很重要，对男性无所谓；

B．对男性很重要，对女性无所谓；

C．对男女都很重要；　D．对男女都无所谓；　E．不知道。

（6）你认为男性婚前性行为：

A．任何情况下都不应该有；　B．如果有感情，可以有；

C．如果准备结婚，可以有；　D．有无感情都可以有；

E．不知道。

（7）你认为女性婚前性行为：

A．任何情况下都不应该有；　B．如果有感情，可以有；

C．如果准备结婚，可以有；　D．有无感情都可以有；

E．不知道。

（8）你认为女性是否可以有婚外情人？

A．可以；　B．不可以；　C．无所谓。

（9）你认为男性是否可以有婚外情人？

A．可以；　B．不可以；　C．无所谓。

（10）你对现在的婚外情人所持的态度是：________。

A．不得同情，不可仿效；　B．违背道德规范；

C．符合人性，无可非议；　D．没有想过。

（10）你对未婚同居的看法是：

A．赞成；　B．可以理解；　C．无所谓；

D．反对；　E．不知道。

（11）你认为婚前怀孕：

A．只影响男性的前途、名誉；　B．只影响女性的前途、名誉；

C．影响双方的前途、名誉；　D．没有影响。

（12）你是否有过婚前性行为的经历？

A．有过；　B．没有；　C．有过这种打算。

如果有，您有过____个性伙伴。你第一次性行为的年龄是______。

（13）你对婚前性行为的看法是：

A．慎重为好；　B．个人自由，双方愿意就行；

C．感情冲动，可以谅解；　D．违背社会公德。

（14）你对女性“贞操”的看法：

A．是处女膜；　B．是对爱情的忠诚；

C．对以后婚姻有影响；　D．无所谓。

（15）你认为高职学生可以同时有_______个性伙伴。

A．1个；　B．2个；　C．多个；　D．没有想过。

（16）你对西方流行的“性解放”观念的态度：

A．欣赏；　B．反对；　C．无所谓；　D．没有想过。

2. 思考题

（1）请问你是怎样看待这些恋爱顺口溜的?是赞同还是反对？为什么（请做评价）？

① 70年代是感情，80年代是热情，90年代是煽情，21世纪就滥情了。

② 只爱一个有点傻，爱上两个最起码。四个五个也不多，十个八个才潇洒。

③ 大一爱上爱，大二爱上财，大三把爱收起来。

④ 大一：彷徨——爱情在哪里呀，爱情在哪里?大二：呐喊——就让爱情来得得更猛烈些吧!大三：伤逝——我的爱情像小鸟一样不回来!

（2）请谈谈你对这个故事的看法。

在中国，有一个流传很久的民间故事。说的是有一个老和尚，抱养了一个小男孩，以后十几年里，他们生活在深山古寺里，从未出过山门。男孩长大了，也当了和尚，此时老和尚才带着他来到山外，想让他看看外面的精彩世界。这一看却看出了问题。由于是第一次下山，小和尚对周围的一切都充满了好奇，看到什么都要问个究竟。当他看到穿着漂亮衣服的女子时，就问：“师父，这些东西是什么？”老和尚一听，很不高兴，遂吓唬小和尚说：“这些是老虎，要吃人的!”小和尚当时没再说别的，可回到寺里，一连好几天闷闷不乐。老和尚问他怎么回事，他说：“师父，能不能给我捉只老虎来?”

（3）你如何认识高职学生婚前性行为这一现象，为什么？

高职学生的挫折心理与应对

> 每个人都会面对挫折——不要怕，
>
> 每个挫折都会过去——不要逃避，
>
> 每次挫折都有转折点——不要颓废，
>
> 每次挫折都会对人产生影响——不要绝望。

（1）明确挫折概念及意义。
（2）了解高职学生挫折心理的类型及产生原因。
（3）掌握挫折心理合理的应对策略与方式。
（4）增强高职学生心理挫折的承受能力。

第一节　挫 折 心 理

人 生 体 验

初中毕业后，儿子跟着父亲做起了木匠。由于没有考上高中，儿子的情绪十分低落，感到前途渺茫。

一天，儿子学刨木板，刨子在一个木结处被卡住，怎么使劲也刨不动它。“这木结怎么这么硬？”儿子不由自言自语。“因为它受过伤。”在一旁的父亲插了一句。“受过伤?”儿子不明白父亲话里的含义。“这些木结，都曾是树受过伤的部位，结疤之后，它们往往变得最硬。”父亲说，“人也一样，只有受过伤后，才会变得坚强起来。”父亲的话让儿子心头一亮。第二天，儿子放下了刨子，要求回学校读书。

父亲的话给了儿子什么样的启发?

心理认知

“人生逆境，十之八九”，尽管人们希望自己在成长的过程中一帆风顺、万事如意，但痛苦、失败、失望和失落的事总是经常在我们生活和学习中发生。挫折与成功一样，是一个人成长与发展不可缺少的。

高职学生在学习、人际交往、社会期待和择业就业等方面都会遇到这样那样的挫折。而挫折心理所引起的消极身心反应，往往是导致高职学生心理障碍的主要原因。因此，加强对高职学生心理挫折的教育，全面提高高职学生的心理素质，是高职素质教育的重要组成部分，是促使高职学生走向成熟的重要标志，是维护高职学生心理健康的重要保证。本章围绕心理挫折的概念和意义、挫折心理产生的原因、挫折心理的应对方式和提高心理挫折承受力等方面问题进行论述。

一、什么是挫折心理

（一）挫折心理的含义

所谓挫折心理俗话说就是“碰钉子”，是指个体在从事有目的活动过程中，遇到无法克服或自以为无法克服的障碍或干扰，致使动机不能实现，个人需要不能满足时产生的紧张状态或情绪反应。它是一种消极的心理状态。

在每一个人的人生旅途中，由于自身、环境、机遇等各种主客观原因，难免会遇到困难和失败，甚至饱经风雨和坎坷。诸如高考失利、家庭变故、朋友反目、蒙冤受屈、病魔缠身、应聘失败、用非所学等种种的挫折。

高职学生初出茅庐，刚从父母和家庭的依赖中走出来，面对新环境、新起点，新要求，肯定会遇到很多的挫折，但他们都必须靠自己独立去面对、承受和化解挫折。

（二）挫折心理的产生

根据动机理论的观点：需要产生动机，动机引导人的行为指向一定的目标，并力求实现这一目标。但个体动机在实现目标过程中，并不是一帆风顺的，它会有三种不同的结果：一是无须特别努力即可达到目标，需要很容易满足；二是遇到干扰和障碍，但经过努力或采取改变目标仍可达到；三是遇到干扰和障碍，目标无法达到，需要不能满足。在心理学上，把个体遇到的第三种情况称之为挫折心理。

挫折心理的产生于以下几种条件：

（1）有行动动机和明确的行动目标。动机是推动个体去行动以达到一定目标的内在动力，没有一定的动机和目标，挫折心理的产生就无从谈起。

（2）有满足动机和达到目标的手段或行动。个体所感受到的现实挫折是在他采取一定手段，满足一定需要、实现预期目标的实际行动中产生的。因为即使目标再高远，动机再强烈，但没有满足需要和达到目标的手段与行动，也不会产生挫折感，或只能产生想象中的挫折感。

（3）必须有挫折情境的发生。即：实现目标的道路上受阻，而且是不能逾越的，才产生挫折情境。

（4）主体必须对目标受阻有知觉。当实现目标的行为受到阻碍时，个体对此必须有所觉察。如果客观有阻碍存在，但主观上并没有意识到，也不会构成挫折情境。

（5）必须对知觉和体验产生紧张状态与情绪反应。具体来说，行为主体在受挫后往往有焦虑、恐惧、紧张、愤懑等心理状态。

（三）挫折心理的构成

从条件中不难看出挫折心理由三方面构成：

（1）挫折情境：指不能满足个体需要的内外障碍或干扰等情境因素。这些是客观因素。如考试不及格，比赛未获得所期望的名次，受到同学的讽刺、打击或冷落、失恋等。

（2）挫折反应，指对自己需要不能满足、动机不能实现时产生的情绪和行为的反应。这属于主观体验。常见的有焦虑、紧张、懊悔、愤怒、攻击或躲避等。

（3）挫折认知，即对挫折情境的知觉、认识和评价。这是主观认识。

这三方面中，挫折认知是最重要的。为什么呢？因为个体受挫与否，是由当事人对挫折情境的认识、评价和感受来判断的。同样的挫折情境，不同的认知会产生不同的反应及体验。即：对某人构成挫折的情境和事件，对另一人不一定构成挫折，这就是个体感受的差异。例如，期末考前的一次小考，甲乙两位同学都失败，甲同学认为这正好暴露了自己存在的问题，明确了努力的方向，是好事，就没有挫折感；乙同学则把它看成是自己学习能力极差的表现，认为自己什么都不行，感到伤心、难过，甚至对自己完全丧失信心，产生了较强的挫折反应。

即便是没有挫折情境或事件发生，而仅仅由于挫折认知的作用，也可能产生挫折反应。例如，小强正在热恋中，毫无失恋的迹象，可偏偏担心恋人会瞧不上自己，弄得自己整天紧张得睡不好觉；人际交往中并没有成为众矢之的，可总怀疑同学们在议论自己；平时学习成绩很不错，可总害怕考试不能通过。这些受挫折的事虽然没有发生，却产生了焦虑、恐惧、担忧甚至敌对、攻击等挫折的情绪反应，产生挫折感。这正如巴尔扎克所说：“世上的事情，永远不是绝对的，结果完全因人而异。苦难对于天才来说是一块垫脚石，对于能干的人是一笔财富，而对于弱者是一个万丈深渊。”

综上所述，当挫折情境、挫折认知和挫折反应三者同时存在时，便构成典型的心理挫折。但如果主体认知不当，即使缺少挫折情境，只要有挫折认知和挫折反应这两个因素，也可以构成心理挫折。因而，挫折作为一种社会心理现象，既有客观性，又有主观性。

（四）影响挫折感的因素

任何有意识的人都在不同程度上存在着挫折感。但挫折感的强烈程度和持续时间和人的性格、期望值、修养有关。主要体现在以下几个方面：

1. 动机强度

挫折的产生与否和个体的需要、动机等因素有密切关系。需要越迫切、动机越强烈，受挫后，挫折感就越强。例如，某高职学生一入校就为自己订好开本的目标，动机很强，但由于各种原因最终没有考取，他一下子就病到了。如果这个高职学生仅把考本科生作为一种尝试，即使没有考上，也不会形成这么强烈的挫折感。

2. 自我期望值

对任何事物的自我期望与现实都可能有一定的差距，如果不从实际出发，只考虑主观愿望，人为拉大两者之间关系，就会产生挫折感。其表现有以下三种情况：

（1）期望值绝对化——自己只能成功，不能失败。有的高职学生将生活中的不快乐、学业中的失利、失恋等都看作不应当发生的，认为高职生活应当是圆满而理想的，因而缺乏足够的心理准备，当遭遇失败与挫折时，变得束手无策，痛苦不堪。

（2）过分概括化——以偏概全，只见树木不见森林，即使是喜忧参半的事情，看到的只是消极的一面。例如，一次评优失利就认为整个评优体系有问题，从而只看到消极的一面，看不到积极的一面。

（3）无限夸大后果——有些人遇到一些小挫折，却把后果想象得非常糟糕、可怕。夸大后果的结果是使人越想越消沉，情绪越陷越恶劣，最后难以自拔。例如，大学英语四级考试失利，就对自己全面否定，否定自己的学习能力，然后无限延伸，四级没有过就不能有好工作，没有好工作就没有好的前途等。

3. 个人抱负水平

一个人是否觉得受到挫折与他自己对成功所定的标准有密切相关。抱负水平是指按一个人对自己所要达到目标规定的标准。规定的标准高，即抱负水平高，规定的标准低，即抱负水平低。报负水平高的人比报负水平低的人易产生挫折感。例如，甲、乙、丙三名同学考试都是 80 分，甲非常满意；乙觉得和自己预料差不多；而丙同学感到失败。丙同学抱负水平最高，乙次之，甲相比较最低。

4. 挫折阈值

“挫折阈值”是指引起人们产生挫折感的最小刺激量。一个人挫折阈值的高低与挫折本身的刺激量有关，但更多的是受当事人的主观因素既对挫折事件和情境的主观认识与感受所决定。心理学中把引起挫折感的最小刺激点叫做“绝对挫折阈限”或“下限”；把人们能够承受的挫折感的最高限度叫做“挫折适应极限”，即挫折感范围的上阈，或“上限”。一般情况下，挫折阈值与挫折感成反比关系，绝对挫折阈限越低，越容易受到挫折，挫折感就越强；挫折阈限越高，对挫折感越不敏感，挫折感就弱。

二、挫折的意义

“没有挫折就没有成长”，挫折对高职学生成长具有重大意义。挫折直接影响着高职学生社会化进程及其身心健康发展。

（1）挫折可增强高职学生的聪明才智。失败是成功之母，错误是正确之母。化学家门捷列夫说过，一个人要发现卓有成效的真理，需要千百个人在失败的探索和悲惨的错误中毁掉自己的生命。大科学家爱迪生也说过：失败也是我们所需要的，它和成功对我一样有价值；只有在我知道一切做不好的方法以后，我才知道做好一件工作的方法是什么。当人们在遭遇挫折之后，总要反省自己，认真总结经验教训，探究导致失败的原因，寻找摆脱困境的方法。因此，挫折的经历对高职学生是十分可贵的。挫折使高职学生们“吃一堑，长一智”，使高职学生学会反省、思考、总结、探索、创造，使高职学生不断提高认识、增长才智，变得更加聪明起来。

（2）挫折可激发高职学生的进取精神。牛顿曾说过：如果你问一个善于溜冰的人如何学得成功时，他会告诉你：“跌倒了，爬起来，便会成功。”被称为“宇宙之王”的史蒂芬·霍金，他在轮椅上坐了 30 多年，全身只有三根手指能动，演讲和答问只能通过语音合成器来实现。然而，他撰写的科普著作《时间简史》在全世界拥有无数读者。对于一个有志的高职学生来说，挫折的发生，应唤起他的斗志，激发他的进取心。在复杂的现实生活中，成功和挫折、失败并不是绝对的，两者之间往往仅一步之遥。因此，避免失败最好方法，就是下决心获得成功。挫折是使人迈向成功的催化剂。每一次挫折的洗礼，都会激发高职学生懂得为人处世之道，掌握经纬世事之术，不断深化和提高对自我的认识，特别是对自我的错误与缺点的认识，在思想上和行为上走向成熟。巴尔扎克曾经说过：“不幸，是天才的进身之阶，信徒的洗礼之水，能人的无价之宝，弱者的无底之渊。”

（3）挫折可增强高职学生的承受力。人们对挫折承受力的大小与其过去生活中的挫折经验相关。当代高职学生大多是独生子女，从小备受父母呵护，成长的道路往往一帆风顺，对挫折的容忍力较弱。只有“忍人所不能忍，为人所不能为”，才能获得成功。而且，挫折对某些高职学生的自傲心态进行无情的打击，使他们不得不去掉或降低傲气，变得谦逊、谨慎；不自以为是，而是虚心向别人学习，善于汲取他人的长处。

（4）挫折可磨砺高职学生的意志。从未经受过挫折打击的人，往往在情感上是很脆弱的，一次微不足道的挫折也可能致其于死地。但挫折在给人打击的同时又给人以一定的压力，它能磨炼人的意志和毅力，造就人才。“自古英雄多磨难，从来纨绔少伟男”。历史上一帆风顺而又有大成就的人是少见的。真正出类拔萃的人，大都是那些历尽艰辛，在挫折中磨炼出坚强的意志，在逆境中不懈地奋斗的人。越王勾践卧薪尝胆三年，终报亡国之仇；罗斯福身有残疾，却凭借渊博的知识、睿智的头脑、自强不息的精神获得人民的拥护，连任四届美国总统；爱迪生 67 岁那年遭遇火灾，多年的研究成果付之一炬，但他并未伤心消沉，第二天又同往常一样，重新开始埋头于他的研制工作。司马迁曰：“文王拘而演《周易》；仲尼厄而作《春秋》；屈原放逐，乃赋《离骚》；左丘失明，厥有《国语》；孙子膑脚，兵法修列……”古人们身处逆境，却不向命运低头，为后人留下了宝贵的遗产。

总之，挫折是人生成长过程中的一笔财富。但“挫折又是一把双刃剑，既可以刺伤自己，也可以保护自己”。它可以给人带来痛苦与不幸，也可以使人在与困难的斗争中获得经验与信心。它可能是一座埋葬弱者的坟墓，使人在成才的道路上夭折；也可能是磨炼强者的火炉，使人百炼成钢，登上成功的高峰。也只有那些在布满荆棘的弯弯曲曲的羊肠小路上不畏艰难困苦、一次次跌倒又一次次顽强站起来并善于总结经验、勇于进取的人，才能创造人生的辉煌。

互动训练

以 15 位同学为一组围成一圈，两手放在肩膀两侧，做飞的样子，然后竖起右手食指，放在右边人的手心，注意听音乐，当音乐停止时，迅速握住左手，同时右手逃开，看看反应是否够快，能抓住别人的手同时自己的手还能逃脱。

游戏之前，问学生：你知不知道参加这个游戏怎样才算赢？ 你想不想赢？

第二节　高职学生心理挫折的类型及产生原因

张扬个性引来同学非议

高职学生洪俊杰是一个非常有“个性”的人，他喜欢向周围的人海阔天空，发表自己独立见解；喜欢居高临下让同学听他说话，而不喜欢听同学说话。在交往中，总是强调自己的需要，强调自己的感受而忽视他人；在行为方式上，追求特立独行，显示自己高于同学；在着装方面，也很注重个性，一身打扮酷酷的。他的个性还体现在宿舍里总是将同学共用的桌上摆满了自己许多形形色色的小玩具。这样刚开学不到半个月，周围就有许多同学开始对他指指点点，不愿与他来往。这让他心理感到很孤独、烦恼和焦虑。他打电话回去和爸妈说：他不知道自己遇到了什么问题，为什么周围同学对他那么不友好。他不想上大学了。

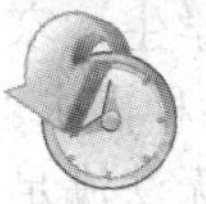

心理认知

不同人群面对挫折具有不同特点，高职学生正处于人生发展的关键时期，一方面他们精力充沛，思想活跃，自我意识强，个人成才欲望强，需求广泛而执著，个人理想抱负水平普遍较高；另一方面他们人格发展尚不够成熟，社会阅历相对简单，成长道路较为平坦，普遍缺乏社会生活的磨炼，挫折经验不足；除此而外，当今时代社会许多人受某些传统观念影响，对蓬勃发展的高职教育缺乏足够认识和了解。他们认为：高职与中专、职高相比也好不到哪里去，甚至有人对高职院校的毕业文凭能否得到社会认可也存在疑问。正是由于高职学生自身特点及社会对职业技术教育的偏见,家长、学生对职业教育的不认同，加之日趋激烈的社会竞争和沉重的学业负担、就业形势的严峻等社会因素的影响，高职学生遇到挫折是必然的，也是普遍的，甚至遭遇挫折的频率相对本科大学生群体会更高一些。

一、高职学生挫折心理的行为类型

高职学生挫折心理的行为类型主要可以概括为：生活中的挫折心理、学习中的挫折心理、交往中的挫折心理。

1. 生活中的挫折心理

在学校日常生活中，高职学生经常会遇到一些不顺心的事件。

（1）价值取向困惑带来的挫折心理。高职学生大多是由于高考成绩不佳，带着一种较为矛盾和复杂的心理来高职院校报到，他们没能考上自己理想大学，但出于经济上考虑或者迫于家庭压力等种种原因，他们不得不面对现实，在无奈、彷徨和失落中走入高职院校。因此对职业教育乃至所学专业具有一定的排斥、逆反心理。具体表现：部分高职学生入学后心态不稳定，不能迅速适应并尽快融入学校学习生活，情绪波动大，迷惘、困惑而变得浑浑噩噩，上课时常有迟到、旷课等不良现象。

（2）生活适应方面上的挫折心理。大学是个人才济济的天地，部分高职学生在中学时期是出类拔萃的学习尖子，上了高职之后上变成普通的一员，有的甚至成了学习后进者，先前的优越感不复存在，尤其是来自边远地区、农村的学生，自卑心理更强烈，产生了苦闷、不安的情绪。

（3）情绪不良导致的挫折心理。处于青年时代的高职生，虽然懂得了许多人生哲理，有一定控制力，但还是容易被各种情绪所困扰，常常呈现两极，时而激昂、时而消沉，易感情用事。当遇到许多重要的生活事件，例如，考试失败、父母离异、亲人去世，对自我存在价值产生怀疑时，便会引发强烈的情绪、情感焦虑，缺乏有效的情绪控制和冷静的思考，严重时可能引发校园事件，造成无法挽回的不良后果。

（4）疾病上的挫折心理。由于学习上的压力与劳累，以及营养不良等因素，有的学生难免患上疾病。如常见的心理疾病有神经衰弱、忧郁症、焦虑症等，以及生理疾病如肺结核、肝炎、胃病等。这些不仅直接影响到高职学生能否完成学业的问题，而且还会在精神上带来忧虑和恐惧。

（5）经济困难的挫折心理。来自农村、单亲家庭和父母下岗家庭的高职学生，家庭经济条件一般很困难，他们的父母无法满足他们在“生活城市化”过程中的各种需求。他们中一部分不甘于艰苦朴素的生活，羡慕“高消费”，但自身的经济状况又无法满足自己的消费，导致心理上不平衡，出现强烈的自卑感、过度的自尊心和异常的攀比心。这种矛盾心理最终演变成“挫折心理”。

2. 学习中的挫折心理

高职院校是一个不同于中学的新学习成长环境，高职学生（特别是低年级学生）面临着许多适应问题：尤其在专业学习上会遇到各种各样的挫折。具体表现为：

（1）专业上的挫折心理。受社会偏见影响，加上个人对专业重要性认识不够，某些高职学生往往从表面上看专业好坏，论专业主次、高低。有些学生觉得自己专业不好，没什么意思，于是产生一定失意感，学习动力不足，以致于产生厌学、弃学、转学的现象。

（2）课程上的挫折心理。有的高职课程理论脱离实际，缺乏实用性，不仅在知识方面对学生帮助不大，而且在观念和方法上也没有多大可取之处。这样的课程严重挫伤了学生的求知欲。

（3）教师因素带来的挫折心理。一些高职院校是由中专升格或成人院校转向组建的，受专业发展限制，有的教师半路出家，专业功底不深、基础不厚；部分教师缺乏钻研，“现买现卖”，讲课乏味，以其昏昏使人昭昭。学生因对教师失望而对所教课程不感兴趣。

（4）考试成绩不理想造成的挫折心理。考试既是检验教学的手段，又是督促学习学生的措施。有些学生平时学习很努力，但是或因方法不对、基础不好，或因学习条件差以及身体的原因，学习成绩总是平平，而更甚者考试作弊，但又被抓住，因而心情很苦闷，甚至产生自卑感。

3. 交往中的挫折心理

当代高职学生基本上是在20世纪80年代以后出生的，这一代人与上代人相比，有着无可比拟的优点，但同时也有着不可避免的缺点，部分高职学生存在明显人际交往困难，例如，有些高职学生与同学、朋友、老师的关系处理不当，造成人际关系不协调，感到孤独无助；有些高职学生由于自我评价不恰当，或自命不凡、目空一切、骄傲自满，或极度自卑、畏缩不前、性格孤僻，不习惯集体生活，因而无法与他人和谐相处。

人际关系紧张，往往使高职学生们苦恼不堪，自然会产生心理挫折。具体表现为：

（1）认知障碍造成的挫折心理。

认知障碍在高职学生的人际交往中表现突出而常见。许多高职学生人际交往中常带有理想的模型，然后据此在现实生活中寻找知己，一旦理想与现实不符，则产生交往障碍，心理出现创伤。某高职一名新生曾向心理辅导老师诉苦，说自己心情不好的时候回到宿舍，别的人却还在说说笑笑，完全不理他的感受。他认为，自己心情不好，同宿舍的人就应该来安慰他，应该陪着他难过。

另一个是以自我为中心。有的高职学生在与别人交往时处处为自己着想，只关心自己的需要和利益，强调自己的感受，把别人当作达到目的、满足私欲的工具；不尊重他人的价值和人格，漠视他人的处境和利益；在交往中目中无人，与同伴相聚时，不顾场合，也不考虑别人的情绪，自己高兴时，高谈阔论，手舞足蹈，不高兴时，抑郁寡欢或乱发脾气。这种人在人际交往中，缺乏对自己的正确认识，必定以失败而告终。

（2）情感障碍造成的挫折心理。

交往中感情色彩浓重，是处于青年期高职学生人际交往的一大特点。情感障碍具体体现在以下几个方面：

① 冲动心理。高职学生处于特定心理发展期，自制能力弱，遇事易冲动。像骑车相撞以及类似的许多小事情，有时很难断定谁是谁非，双方好言相对，谦让一下就相安无事，然而有些高职学生往往一时冲动，气势汹汹，把事情搞扩大化、严重化，破坏自己的人际魅力，弄得两败俱伤。

② 面子心理。高职学生许多人际冲突，都是发生在没有什么原则问题的小事情上，往往是一次无意的碰撞、不经意的言语伤害或区区小利等，本来只要打个招呼、说声道歉，也就没事了，但双方都“赌气”，不打招呼，不道歉，而是出言不逊，拔拳相向，结果头破血流，事后懊悔不迭。从心理学角度讲，双方都在用不适当的方法维护自尊，即典型的面子心理。仿佛谁先道歉就伤了面子，谁在威胁面前低了头，谁就孬种、于是层层升级，以悲剧而告终。

③ 嫉妒心理。嫉妒是一种消极的心理品质，是对他人的长处、成绩心怀不满，报以嫉恨，乃至行为上冷嘲热讽，甚至采取不道德行为。它有两个特点：

看到别人冒尖、强过自己就有一种不服、不悦、失落、仇恨，甚至带有某种破坏性的危险情感，总希望别人落后于自己。

没有竞争勇气，往往采取挖苦、讥讽、打击甚至借助造谣、中伤、刁难等手段贬低他人，给他人造成危害。当对方面临或陷入灾难时，就隔岸看火，幸灾乐祸，甚至安慰自己。黑格尔说过：“有妒忌心的人自己不能完成伟大事业，便尽量去低估他人的伟大，贬低他人的伟大性使之与他本人相齐”。妒忌容易使人产生痛苦、忧伤、攻击性言论和行为，导致人际冲突和交往障碍。

④ 自卑心理。是一种过低的自我评价。有自卑心理的高职学生在交往中常常是悲观、忧郁、孤僻、不敢与人交往，缺乏自信，畏首畏尾。遇到一点挫折，便怨天尤人；如果受到别人的耻笑与侮辱，更是甘咽苦果、忍气吞声。例如，某高职外语系一名来自农村的学生由于外貌一般，家庭经济比较困难，英语听说能力稍弱，于是拼命努力想弥补，早上很早起床，中午也不睡觉。但是他发现，各方面比他强的同学也很努力，这令他有了巨大的心理负担。从此，只要宿舍里有人不睡觉，有人在读书，他就不休息，一定要一起学习；看到谁捧着一本课外书在看，他也一定要买一本一模一样的。没多久，他找到了心理咨询老师，说自己“快被逼疯了！”

⑤ 自负心理。自负在人际交往中表现出傲气轻狂、居高临下、自夸自大，过于相信自己而不相信他人，只关心个人的需要，强调自己的感受而忽视他人。与同伴相处，高兴时海阔天空；不高兴时大发脾气。与熟识的人相处，常过高地估计彼此的亲密程度，使对方处于心理防卫而疏远。无论是自卑还是自负，都是导致交往障碍的两个极端。自负的人往往“喜欢做语言上的巨人、行动上矮子的人！”因此容易被孤独。

⑥ 封闭心理。有些高职学生由于种种原因形成不同程度的封闭心理，阻碍其正常人际关系的形成。有的是因为性格内向，情感冲动的强度较弱，外露表现不明显；有的则是因为心灵上的创伤所致。如过去曾赤诚待人，结果却遭致欺骗、暗算，因此对人渐

存戒心，不轻易暴露自己的思想感情；还有的是思想意识上孤僻，具体表现为孤芳自赏，自命清高，结果是水至清则无鱼，人至爱则无朋，与人不合群，待人不随和。或是由于行为习惯上的某种怪僻使他人难以接受。这样从心理上与行为上与他人有着屏障，自己将自己封闭起来。

⑦ 害羞心理。在高职学生人际交往中常常表现出腼腆，动作忸怩，不自然，脸色绯红，说话音量低而小，严重者怯于交往，对交往采取回避的态度。过多约束自己的言行，无法充分表达自己的愿望和情感，也无法与人沟通，造成交往双方的不理解或误解，妨碍了良好人际关系的形成。

⑧ 异性交往困惑心理。部分高职学生划不清友情与爱情的界限，从而把友情幻成爱情。大学生的年龄本来就是一个情愫迸发的年龄，对异性的渴望本是正常的事。但由于一些学生受传统观念的影响，特别是封建社会“男女授受不亲”的文化传统，认为男女之间除了爱情就没有其他什么了，使得他们还没有树立起正确“异性朋友观”。这必然会对高职学生异性间交往带来一定的消极影响。再一个是舆论的影响，有的学校、老师、家长对男女同学之间交往横加干涉，这势必加重了异性之间交往的困难。

（3）人格障碍造成的挫折心理。

人格障碍是另一种常见的人际交往障碍。所谓人格，是指人在各种心理过程中经常、稳定地表现出来的心理特点，包括气质、性格等。人格的差异带来交往中的误解、矛盾与冲突，如不同气质类型的人对同一问题处理方式不一样，胆汁质的人性情急躁，言谈举止不太讲究方式，这会使抑郁质的人常感委屈和不安，造成双方的互相抱怨和不满。而相同性格类型的人（同是内向性格或同是外向性格）可能也很难相处融洽。

目前高职学生交往过程中普遍存在的人格障碍表现为以下几个方面：

① 性格缺陷型。性格缺陷表现为：在生理上，他们已是“成人”，但在心理上，仍带有许多少年时期的痕迹，例如，幼稚、脆弱、依附性强、自卑感强，因此受挫后会一蹶不振，心灰意冷，意志消沉等。而且他们的社会阅历太浅，面对各种社会矛盾，幼稚脆弱的心理难以调控，心理挫折也就会随之而来。

② 情感缺乏型。有的学生从小父母离异，家庭破裂，生活在“单亲家庭”中，长期缺乏父爱或母爱，内心苦闷，久而久之，就会产生心理挫折。有的学生失恋或单相思，在情感上难以自拔，造成心理失调，甚至导致精神崩溃。

③ 环境适应不良型。环境适应不良主要是指对大学学习、人际关系、异性交往等方面表现出的不适应。其表现为强烈的失落感、孤独感，不能适应环境的改变。如某校刚开学一个月，许多新生辅导员就接二连三遇到这样的学生：埋怨宿舍太拥挤，没空调睡不着觉；不愿意与同学交往而整天躲在宿舍愁眉苦脸，甚至以泪洗面。某高职院校一名新生就更走向极端，从学校 7 楼上纵身跳下，当场死亡，对于这名学生自杀的原因，有说是因为“饭菜不可口”；也有说是该学生因为不适应大学集体宿舍生活，向父母提出要求去校外租房，父母没同意，该学生就赌气自杀。

④ 理想与现实冲突型。一些高职学生没有找准自己的人生定位，期望值过高，从

而造成理想和现实的差距过大，有强烈的失望感，但又不能及时调整心态，从而产生心理挫折。

除上述类型外，像国家的政治经济状况、社会的舆论和评论、个人发展方面、求职、就业形势的严峻等都会引起高职学生的挫折感。

二、高职学生的挫折心理反应的特点

高职学生对挫折心理的反应有着不同情形，有的情绪反应强烈，有的不明显；有的以各种偏激的行为表现，有的则以积极态度来对待。一般来讲，高职学生对挫折心理的反应主要表现为两个方面。

（一）挫折心理的情绪反应

挫折心理的情绪反应指人在遭受挫折时伴随着强烈的紧张、焦虑、愤怒等情绪所做出的反应，其最大的特点是盲目性和冲动性。常见的一般有以下几种：

1. 攻击

攻击是一个人受到挫折后产生强烈的侵犯和对抗情绪反应。这是一种破坏性的行为。根据受挫者攻击对象的不同，大致可分为直接攻击和转向攻击。

直接攻击，就是一个人受到挫折后，把愤怒的情绪指向对其构成挫折的人或物，多以动作、表情、言语、文字等形式表现出来。直接攻击由于缺乏理智，往往不考虑后果，因而可能造成极为严重的后果。例如，1991 年 11 月 1 日，卢刚，这位北京大学博士研究生，在美国衣阿华大学学习期间，由于未获得衣阿华大学 D. C. 斯普顿特 1000 美元的论文奖，开枪打死与该论文奖评比有关的六人（内有该校的教授、系主任、学术秘书以及一名中国留学生）后自杀。这一事件在美国学术界造成了巨大的恶劣影响，不但使衣阿华大学遭受了十分惨重的损失，同时也使美国的天体力学研究迟滞了 20 年。在高职院校发生的攻击行为，有些也与高职学生受挫后的攻击行为有关。往往发生在那些缺乏生活经验、比较简单、鲁莽、易冲动的学生身上。

转向攻击，就是把由于挫折所引起的愤怒和不满的情绪转向发泄到自我或与挫折源不相关的其他人或其他事物上（或称之为“替罪羊”）。转向攻击行为造成的后果同样是严重的。某高职院校一名男学生失恋以后，他不能攻击他曾恋爱的女友，就用菜刀剁下自己的两节手指。虽然似乎一时紧张的情绪得到了缓解，然而却留下了终身残疾，并直接影响了正常学习。这是转向自己的攻击行为反应。又如，某学生受到老师批评以后，就把愤怒的情绪转而发泄到其他同学或公物上，往往寻衅斗殴，或者踹门砸窗、破坏公物。这是转向“替罪羊”的攻击行为反应。转向攻击行为大多数发生在克制力比较弱、自信心比较差的高职学生身上。

2. 退化

个体行为的发展本是有一定规律的，即随着年龄的增长逐渐成熟起来。而当一人遭受挫折时，表现出与自己的年龄和身份不相称的幼稚行为，这种成熟倒退现象就叫退化。例如，一名学生会干部在受到系领导批评后，自己感到“委屈”，无法进行理智分析和对待，竟一连三天抱被子睡觉，不吃不喝。

退化的另一种表现是易受暗示性。其最经常的表现是人在受挫后，对自己丧失信心而盲目地相信别人，或盲目地执行某人的指示。例如，某些高职院校几位学生遭受挫折后轻信谣言，无理取闹，盲目地忠实于某个人或某个组织，与政府、学校规定背道而驰。

3. 固执

在心理学上，固执是指个体在受到挫折后，采取刻板的方式盲目重复某种无效行为，尽管情况已经变化，这种行为并无任何结果，但是刻板式的反应仍在继续进行。其特点是行为呆板且无弹性，并具有强制性。它可以表现个体和群体的固执行为反应。例如，某高职学生因违反学校有关纪律而受到比较严厉的批评后，不仅不改过和收敛，且类似违反纪律的不良行为反复发生。

4. 轻生

轻生是受挫者受挫以后表现出的一种极为消极的行为反应。在现实中，由于受挫者反复受挫，周围缺少帮助，又找不到摆脱挫折的方法与途径，受挫后愤怒的情绪使之失去理智，从而以自杀的方式消除内心紧张心理。据 1992 年我国“首届全国危机干预暨自杀研讨会”传出的信息，全国每年死于自杀的人数达 14 万～16 万人，每天约 400 人，其中学生占 1/4，学生中又尤以大学生居多。此外，一些对高职学生直接影响的事件也引起他们强烈的挫折感，使他们无法摆脱而出现轻生。有这样一则报道令人心痛与惋惜：某高职院校一女大学生，她的父亲是一位正直的老工人，其父一次又一次向上级反映单位领导的贪污问题，但一封一封的检举信都落到这个单位负责人手里，单位负责人令其父亲停职反省。该女生气愤之下，决心写一部小说来抨击社会上的丑恶现象。随着采访、收集材料的深入，社会上的不正之风使她越来越失望，于是轻率地结束了自己年轻的生命。她在留下的遗书里写道：“严酷的现实叫我无法忍受……我要逃避这‘恶毒’、‘虚伪’的社会，到那‘公平快乐’的天堂里去。”因此，及时、热情地帮助每一位刚刚步入社会的高职学生，是社会和每个人的责任。

5. 冷漠

冷漠是指当个体遭受挫折后，所表现出来的对于挫折情境漠不关心与无动于衷等情绪反应。这是一种十分复杂的行为表现方式。冷漠行为的发生同个体过去的经验密切相关。如果个体每遇挫折后采取攻击方式就能够克服困境，那以后他就会继续采用攻击的方式；反之若因采用攻击而招致更大的挫折，那他就会采取相反的方式，即逃避或以冷漠的态度来对待挫折。冷漠并非不包含愤怒的情绪成分，只是个体愤怒暂时压抑，以间接的方式表现出来而已。这种现象表面显得冷淡退让，内心深处则往往隐藏着很深的痛苦，是一种受压抑的情绪反应。心理学家吉姆布莱发现，冷漠反应多在以下情况出现：

（1）长期遭受挫折。

（2）情况表明已无希望。

（3）情境中包含着心理上的恐惧与生理上的痛苦。

（4）个体心理上产生了攻击与压抑之间的冲突。

6. 逃避

逃避是高职学生受挫和预感受挫时表现出来的一种消极行为反应。在现实生活中，高职学生受挫或预感受挫，便逃避到自认为比较“安全”的情境中。逃避主要有三种表现方式：

（1）逃向另一个现实。这种情况在高职学生中比较常见。例如，某高职学生过去在学习上一直很努力，但由于种种原因受到挫折后，他不仅不从主观上分析原因，而是一改过去刻苦学习的精神，变得漫不经心、得过且过，同时在娱乐、谈朋友上倾注其精力，试图以学习之外的活动避开因学习压力给自己带来的焦虑与不安。

（2）逃向幻想世界。高职学生在受挫以后，企图以自己想象的虚幻情境来应付挫折，借以脱离现实。幻想能使人暂时脱离现实，使人在受挫折后减轻焦虑和不安，从而有助于提高挫折的承受力，但幻想本身并不能真正解决问题，例如，某高职学生平时学习不好，在考试失败后，幻想将来克服困难取得好分数和找到好工作的愉快情况，这种幻想可能使他鼓起勇气学好功课，有一定的积极意义。但如果不面对现实，一味耽于幻想，就会形成一种不能适应生活的不良习惯。

（3）逃向生理疾病。在日常生活中，人们对一个人的行为总是有一定要求的。对于一个健康的高职学生，应该能很好地适应社会，并学习刻苦、对人热情、精力充沛、奋发向上。但如果对象是一个病人，社会对他的各种要求都可能暂时取消或减轻，对他的过失也不做严格的计较。某高职院校一名学生在面临英语四级考试时，由于准备不足，又无理由提出不考，于是在临考前半个小时，突然发高烧，被送往医院治疗。当这次考试结束时，他的高烧也奇迹般的退尽。还有一些学生会出现考前紧张性腹泻等机能性障碍或疾病症状。逃向疾病对当事者或许有一定意义，但本身没有解决问题，因此，没有消除挫折感。

（二）挫折心理的理智性反应

个体在遭受挫折后，经过审时度势、反复考虑做出的反应称为理智性反应，它主要有以下几种行为表现：

（1）坚持目标。经过冷静理智的分析，认为自己的目标和行为是正确的，虽然遇到了挫折却毫不气馁，面对现实不屈不挠，充满革命英雄气概和乐观主义精神，具有战胜挫折的巨大力量，继续追求，最终实现自己的目标。许多科学发现和发明也都是在经历多次失败后，仍然坚持不懈而最终获得成功。

（2）调整目标。经过一再尝试仍不能成功，达不到预定目标，说明目标制定不符合实际，超过了本身的能力和条件，就应当调整目标，变换方式，通过别的方法和途径实现目标，或者把原来制定得太高而不切实际的目标往下调整。如有的青年多次报考大学未能如愿，他见障碍难以逾越，就改为报考中专、技校，“退而求其次”，来实现自己的目标。

这种目标的重新审定和转移，不是惧怕困难，而是实事求是的表现，同时也降低和避免了由于目标不当难以达成而可能产生的挫折感和焦虑情绪。

（3）改换目标。遭受到挫折，经过认真地分析，原来的目标和行为是错误的，应当吸取教训，放弃他们，重新设置正确的切合实际的目标，采取相应的行为，鼓起勇气，继续追求。但如果不经过认真的分析，遭受到挫折就灰心丧气，一蹶不振，放弃正确的目标和行为，就不对了。

三、高职学生挫折心理产生的原因

造成挫折心理产生的原因是多方面和复杂的。从总体上可概括为两个方面：客观因素和主观因素。生活环境艰苦、所学专业不理想、教学设备条件差、同学关系紧张、考试成绩不佳、家庭和个人的异常事故、学校管理水平和教育方式的欠妥以及社会政治、经济、文化、法律、道德、风俗习惯的限制等，是引起高职学生挫折心理的客观原因。个人生理和心理条件的限制、基础知识的薄弱、体力能力和智力上的不足，思想方法的片面和思维方式的局限性以及个人的动机冲突和挫折承受力差等，是引起高职学生挫折心理的主观原因。

（一）客观原因

1. 自然环境因素

自然环境因素是指各种非人为力量所造成的时空限制、自然灾害和各种事故，以及人世间的生老病死等等。如地震、洪水、交通事故、疾病、死亡等。自然因素造成的挫折每个人随时都可能遇到，其后果可能很严重，对人的影响很大，如亲人去世、因交通事故致残等；也可能是不严重的，对人只产生暂时的影响，如正当踌躇满志的高职学生收到一个极有影响的工作单位的面试通知，设想着美好的前程之时，一场突然其来的大病却使他不能参加面试，从而丧失了应聘的良机而产生的失落感；有些高职学生刚入学时对当地的气候不适应、不习惯集体住宿等。

2. 社会环境因素

社会环境因素是指个人在社会生活实践中受到的各种人为因素的限制与阻碍，包括政治、经济、法律、道德、宗教、风俗习惯以及人际关系等方面的挫折。此外，还包括管理方式的不妥、教育方法的不当以及缺乏良好的设施等。

3. 学校环境的影响

学校环境对高职学生的挫折心理有直接影响。学校环境对高职学生的心理影响主要有以下几个方面：

（1）校园环境设施不尽如意。现实中的大学校园环境及设施往往与高职学生想象中的“天堂”有一定差距，一些校园设施较落后，就宿条件、就餐环境等后勤保障跟不上学生的需求，使学生的不满情绪增加。尤其是随着扩大招生以来学生人数的增加，许多高职院校对学生上课、自习教室的安排明显不足与不合理，无法满足学生的主动学习需求，对学生的学习带来了消极的影响。

（2）教学内容与管理方式的滞后。由于各种原因，部分高职院校的教学内容滞后于现实社会的变化和发展，知识陈旧，教学方法和教学手段与新型人才培养的要求不相适应，使高职学生的失望之情、挫折心理油然而生。另外，由于部分学校不能根据新的社会发展适时调整对学生的管理模式，不能根据学生的个性发展、心理特征及时调整对学生的管理方式，往往会在管理中使用过强的共性制约，使学生的个性发展受到抑制，使高职学生极易产生不满与逆反心理。

（3）校园文化的偏差。校园文化对高职学生心理健康的影响直接而深远。但某些高职院校校园文化出现气氛不浓、品味不高、频度不足等的现象，许多学生社团组织名存实亡；校园人际关系也变得庸俗化，同学之间相互猜疑、妒嫉、小团体主义、个人主义现象时有发生，人与人之间的金钱关系、利益关系也或多或少地存在，这些现象使不少学生心理难以平衡，产生心灵的孤独感、寂寞感与强烈的不适应感。

（4）教育体制改革对高职学生心理带来的冲击。随着职业教育教育改革的不断深化，奖学金和贷学金制度的改革，上学交费制度的实施，淘汰机制的推行，“双向选择、自主择业”毕业分配政策的完善等，无不冲击着心理脆弱、社会经验不丰富的高职学生。

4. 家庭影响

家庭的一些潜在或显性的条件，例如，家庭的自然结构、家庭的人际关系、家庭的教育方式、家庭的抚养方式以及家长的素质等对高职学生的心理挫折都有直接或间接的影响。有关研究表明，高职学生的不少心理问题是与家庭生活的不良背景、早期不良家庭生活经历联系在一起的。自小娇生惯养和过分受保护、被溺爱的孩子进入高职学校后，更容易产生心理挫折。家庭贫穷、双亲不和或单亲家庭的孩子，由于父母对他们过分管制或放任不管，他们上高职后，有些人表现得蛮横无礼或做出一些违背社会规范的反常举动；有些人表现出内向、孤僻的性格，很少与人交往，不易表露感情，抑郁寡欢，也容易产生心理挫折。

家庭的社会经济状况对高职学生的心理产生着潜在影响，贫困学生除所有高职学生面对的个人发展与就业压力外，还面临巨大的生活压力与经济压力，因为经济而影响其学业发展与个人发展会导致更多的心理冲突，而产生挫折感。

（二）主观原因

挫折的主观因素，即个人内在原因，是指由于个人在生理、心理以及知识、能力等方面的阻碍和限制，使人的需要和目标不能满足和实现而产生挫折。

1. 生理因素的影响

生理因素的影响是指个体与生俱来的身体、容貌、健康情况、生理缺陷等先天素质所带来的限制。例如，近视眼者要求当飞行员，或身材矮小者想成为优秀的篮球运动员，必然受到限制；患高血压或心脏病者难以到空气稀薄的高原地带工作；年迈体胖者难以适应长途奔波或繁重的体力劳动；有志于考医学院的学生因为色盲却不能被录取而备感沮丧和无助；人际交往等社会活动中可能由于其貌不扬而处于劣势，往往无法在社交场合中潇洒自如、谈笑风生、展示自己的才能，甚至正常交友也受影响，使自己陷入孤寂境界等，都可能给高职学生带来挫折感。

2. 心理因素的影响

心理因素更为复杂，产生挫折心理的心理因素主要有以下几种：

（1）自我认知偏差。

高职学生缺乏社会经验，往往不能正确地认识自我，当取得一点成功时，自我评价偏高；而当遇到挫折与失败时，就会产生失败感或焦虑苦恼的情绪而低估自己甚至自我怀疑与否定。如一位高职学生抱负水平过高，自我估计不适当。刚入学就提出了很高的要求：要拿特等奖学金，当三好学生。然而因为不适应高职学生与中学生在学习方法上、评定标准上的差异，认为只要自己苦学就行了，主观盲目地给自己制定了过高的目标，其结果当然是实现不了，这对这位一年级大学生来说无疑是一次不大不小的挫折。另一方面，还有少数学生自我评价是消极被动的，一遇到困难、阻碍便觉得“一切都没有意思”，结果就会变得畏缩不前，错过成功在望的目标。

（2）生活环境的不适应。

如前所述，在校高职学生处于平均年龄在 18～22 岁之间，他们在生理上多已发育成熟，但其心理发展远没有成熟，仍带有一定的幼稚性、依赖性和冲动性。许多学生第一次离开家到一个全新的环境，一时难以顺利地实现角色转换，例如，水土不服、饮食不习惯、集体生活不适应、难以承受理想中的学校环境和现实中的大学环境之间的反差等，致使有的学生因为生活中遇到的一点困难或不如意的事情，便产生挫折心理，出现孤独、苦闷、烦恼、忧愁等不良心理反应。同时，这个时期是人生由少年向成年过渡的阶段，他们的独立精神、自主精神还没完全成熟，许多学生无法适应新的生活。如相当多的学生对高职的学习方式不习惯，尤其不能适应校园生活里“充足的自由时间”，缺乏独立自主的学习能力和习惯。而且，随着年级的升高逐渐感到学习持久紧张与竞争压力，很多高职学生心理压力增大，容易产生茫然、空虚、压抑、紧张、无所适从感，导致心理挫折的产生。另外，某些学生的宗教、信仰、风俗习惯得不到别人的理解、信任，或个人的才能无从发挥，也容易产生挫折感。

（3）不合理的、不切实际的需要。

正确合理、健康的需要得不到满足，会使人产生挫折感，这往往是客观因素造成的。但是，有些挫折心理往往是由于个人某些不合理、不切实际的需要，如享乐主义、绝对民主、绝对平均主义等得不到满足而产生的。如身高、体形、容貌、知识结构、健康状况、表达能力、自我期望、经济条件等都可能是挫折源。

高职学生普遍自视较高，有强烈的自尊心，争强好胜和追求完美的心理较强，所以，高职学生的挫折心理很多都是来自个人自身因素。

（4）人际交往不适。

在校园这一特定环境之中，高职学生具有强烈的归属感，对友谊、对朋友有着热切的依恋和期望。由于交往经验与技巧的不足，交往过程中沟通不足、关系失调、人际冲突等现象时有发生，从而导致挫折心理。如不少高职学生都感觉到不知道如何与同学、老师、辅导员交往。由于人际交往的受挫，不少学生便产生了“高职学校同学之间的交往怎么和高中不一样?”、“在高职学校里没有知心朋友，感到孤独!”的悲叹。此外，在高职学生的人际交往中，那些具有封闭性和攻击性性格的学生，很容易与他人在心理上产生距离，虽然他们终日周旋于人们之间，却感到缺少知心朋友。在集体生活中往往不合群，受到周围人的排斥甚至孤立，人际交往中存在着冷漠、猜忌甚至敌意。

（5）动机冲突。

动机冲突也是引起高职学生挫折的重要原因。在现实生活中，人们常常会同时产生两个或两个以上的动机。如果这些同时并存的动机不能同时获得满足，并且在性质上又出现彼此相互排斥的情况时，就会产生动机冲突的心理现象。丰富多彩的高职学校生活和社会转型期带来的大好机遇，在为高职学生全面发展提供了有利的条件和广阔的天地的同时，也给他们带来了选择的冲突，如在政治、经济方面、专业定向方面、社会交往方面、恋爱方面、择业方面的取舍问题。当若干个动机同时存在、难以取舍时，就会形成动机冲突。

一般而言，高职学生的动机冲突主要有四种形式：

① 双趋冲突，又称正正冲突，指对个体同时存在两个具有同样吸引力的目标，而两者不可得兼、难以取舍的心态。双趋冲突是高职学生中最常见的心理冲突。当两个目标都符合需要，并且有相同强度的动机，且又“鱼和熊掌不可能兼得”时，就出现了难以取舍的冲突。例如，高职学生在先升学还是先就业，往往举棋不定，难以取舍。

② 双避冲突，又称负负冲突，指同时有两个可能对个体具有威胁性、不利的事发生，两种都想躲避，但受条件限制，只能避开一种，接受一种，在做抉择时内心产生矛盾和痛苦。如前有狼后有虎的两难境地。如在大学之中，有的同学既不想用功读书，又怕考试不及格，于是出现的“两者必居其一” 的心理冲突。

③ 趋避冲突，又称正负冲突，指同一目标对于个体同时具有趋近和逃避的心态。这一目标可以满足人的某些需求，但同时又会构成某些威胁，既有吸引力又有排斥力，使人陷入进退两难的心理困境。如高职学生既想担任学生干部使自己得到实际锻炼，又怕占时太多，影响学习的这种两难选择。

④ 双趋避冲突，又称双重正负冲突，指同时有两个目标，存在着两种选择，但两个目标各有所长、各有所短，使人左顾右盼，难以抉择的心态。如择业时有两个单位可供选择，而每个单位又利弊相当，就有可能举棋不定而陷入这种冲突中。

动机冲突常使高职学生感到左右为难，内心极易产生激烈的冲突和焦虑不安的情绪。有些高职学生为此寝食不安、心情烦躁、学习效率下降。随着社会的发展，高职学生选择的自由度将会越来越大，而由此带来的动机冲突也必然增加。

（6）青春期性的困惑。

高职学生正处于向成人过渡的时期，他们有了强烈的性生理和性心理的需要，但是由于社会文化、学校规章制度、家长的约束等因素的制约，他们的性需要不得不延迟到毕业之后，通过婚姻的形式才能得以合法的满足，由此引起的挫折对高职学生健康和发展的影响是极其深刻的。高职学院校园里发生的许多严重问题往往是由爱情挫折问题引发的。高职学生由于性机能的成熟，性意识的觉醒、性心理的发展、学校生活又创造了诸多交往的机会，渴望交友，高职学生恋爱得到大多数学生的认同。与恋爱相关的问题如单相思、被动卷入恋爱、失恋等都会增加高职学生的心理挫折感，也有的学生因性压抑、性幻想、性自慰而产生心理挫折。

互动训练

（1）喜欢你已经拥有的。在你感到沮丧的时候，请列出一张详细的生命资产表——你有没有一个会思考的大脑和健康的身体？有没有亲人、朋友？有没有某方面的知识和特长？把注意力放在你所拥有的，而不是没有或失去的部分，你将会发现原来自己已经够幸福了！

（2）回忆往事你自己印象最深刻的一次受挫经历，原因是什么？解决的方案？

第三节　高职学生挫折心理的应对策略与方式

淡淡的面对失败

住在英国的凯恩斯给他朋友写了一封信，后来这封信在互联网上广为流传。"很小的时候考入剑桥就是我的理想，为了这个理想，我倾注了自己全部的心血，我所付出的巨大努力使我坚信在剑桥定有我的一席之地。然而巨大的失望出现了，得知我没有被录取，我觉得世界都粉碎了，觉得再没有什么值得我活下去。我开始忽视我的朋友，我的前程，我抛弃了一切，既冷淡又怨恨。我决定远离他乡．就在我清理自己物品的时候，突然看到一封早已被遗忘的信，一封已故的父亲给我的信。""信中有这样一段话：不论活在哪里，不论境况如何，都要永远笑对生活，要像一个男子汉，承受一切可能的失败和打击。"

"我将这段话看了一遍又一遍，觉得父亲正在和我说：撑下去，不论发生什么事，向失败淡淡的一笑，继续过下去。"

于是我决定从头再来。我坦然面对失败，事情到了这个地步，我没有能力改变它，不过只要心存希望，我就会有美好的生活。现在，我每天的生活都充满了快乐，尽管没有进入剑桥，尽管我又重遇了若干次失败，但是我已经明白：笑对失败才是对失败最大的报复，而一味的哭泣只会让失败愈加嚣张。今天，这种积极的心态已经给我带来了巨大的成功。

心理认知

当个体面对挫折时，心理平衡往往遭到破坏，在多数情况下。会感到困扰、不适应，甚至体验到一种痛苦的折磨。出于自我保护本能，个体会出现应对策略和方式，即：产生一种自觉或不自觉消除或减轻这种状态的倾向，有意无意地采取某种方式来恢复正常情绪和心理平衡，即个体具有一种摆脱痛苦、减轻不安、恢复情绪、平衡心理的自我保护机制。这就是挫折防御机制，或称心理自卫机制。简单地说：挫折防御机制是指个体在挫折与冲突的情境时，在其内部心理活动中具有的自觉或不自觉地解脱烦恼，减轻内心不安，以恢复情绪平衡与稳定的一种适应性倾向。

一、挫折心理防御机制的作用

挫折心理防御机制在现实生活中是一种相当普遍的心理现象。例如，受到某人欺辱又无力反抗时，自我解嘲道："虎落平阳被犬欺"。在现实环境中明明是受欺辱的弱者，但是通过内心活动，改变现实，把他人贬为"犬"，自视是"虎"，在精神上胜人一筹，补偿自己心理上的不平衡。阿 Q"精神胜利法"也是类似的挫折心理防御机制的典型表现。

在充满矛盾、冲突、纠纷、曲折、是非的世界里，挫折心理防御机制已经渗透于每一个人的生活之中。很难想象，一个没有挫折心理防御机制的人可以很好地生活在这个世界上。倘若一个人面临严重或持久的心理冲突，而挫折心理防御机制又不能及时而有效地发挥作用，或挫折心理防御机制崩溃了，就很可能引起心理疾病。

挫折心理防御机制可起到缓冲心理挫折、减轻焦虑情绪等作用，并且为人们寻找战胜挫折的办法提供时机，因此，它对每一个人来说，都十分重要。

二、挫折心理防御机制的两面性

挫折心理防御机制是一种自发的心理调节机能，具有两面性：积极的和消极的之分，一般来说，积极的挫折心理防御机制在缓冲心理挫折的同时，常常表现出一种自信、愉快、进取的倾向，有助于个体适应挫折，化解困境，积极战胜挫折；而消极的挫折心理防御机制则大多表现为退缩、逃避、自欺欺人，虽然也能起到暂时缓解心理矛盾和冲突的作用，但常常会阻止个体面对现实、积极进取，过分使用还有可能引起心理疾患。

值得注意的是，心理防御机制不仅本身有积极作用和消极作用之分，而且不同人使用时也呈现出不同的倾向和效果。一般来说，心理正常、人格健全的人，在使用心理防御机制时倾向于积极、成熟的方式，而且可根据不同的挫折情境灵活选用。在他们身上，心理防御机制仅起缓冲心理压力的作用，因而使用次数较少，且作用时间不长。同时，他们还能正确地感知自己在使用的心理防御机制，并能合理地进行调节。因此，心理健康者能扬长避短，多在积极意义上使用心理防御机制。

相反，那些人格适应不良、心理障碍者，往往倾向于消极的、不成熟的方式，他们总是依赖于心理防御机制，以致作为习惯的甚至唯一的反应方式。因为经常使用，作用时间长，而且很少变通，常常不顾情境的变化而刻板地采取相同的防御机制，因而他们往往很难学会更有效的适应挫折的方法，而且在歪曲、掩盖或否认现实中耗费自己的活动能量，以一种自欺欺人的方式被动地与挫折周旋，其结果使适应能力日趋削弱，人格和心理发展受到严重影响。反过来，在某种意义上说，心理不健康亦是消极的心理防御机制使用过度的结果。两者常常互为因果，互相影响，恶性循环。

三、高职学生挫折心理的防御机制

高职学生挫折心理的防御机制的方式多种多样，常见的有以下几种：

1. 积极的挫折心理防御机制

（1）认同。又叫“自居作用” 或“表同”，指一个人在遭遇挫折而痛苦时，自觉不自觉地效仿他人的优良品质并效仿他人获得成功的经验和方法，使自己的思想、信仰、目标和言行更适应环境的要求，从而在主观上增强自己获得成功的信念。

据调查，高职学生在学习、生活中常常把一些历史名人、科学家、自强不息的模范人物，某些歌星、影星，甚至自己身边的同学，作为自己认同的对象。那些与自己家境条件、经济状况、社会经历极为相似或相近的名人、学者，更是他们认同的对象。高职学生从他们的人生经历、奋斗精神，甚至风度、仪表等方面获得信心、力量和勇气，进而奋发进取，战胜挫折。

（2）升华。它是指一个人因种种原因无法达到原定目标，或者个人的动机与行为不为社会所接受时，用另一种比较崇高的、具有创造性和建设性的、有社会价值的目标来代替，借此弥补因受到挫折而失去的自尊与自信，减轻挫折所造成的痛苦。

升华是一种最有建设性、积极的行为反应。在高职院校中，一些貌不惊人的大学生，由于长相、身材的影响，往往使他们在最初的社会交往中受到制约，于是他们在学问、个体思想道德修养上下功夫，学习成绩出类拔萃，品德优秀，为同学所瞩目。升华一方面转移了原有的情绪与情感，使心理得到平衡，另一方面创造了积极的价值，无论对于自己还是对于他人，都有积极意义。

（3）补偿。当由于主客观条件限制和阻碍，使个人目标无法实现时，设法以新的目标代替原有的目标，以现在的成功体验去弥补原有失败的痛苦，这就是补偿。例如，恋爱失败了，而用功学习，用好成绩来补偿失恋的痛苦。补偿行为在残疾人身上表现得尤为突出。例如，没有手的人，脚可以练得像手一样灵活，写字、劳动甚至绣花；双目失明的人，听觉可以练得特别发达，以补偿对缓解挫折后的损失感，防止心理压力过大，具有一定作用。但是，并非所有的目标和活动都具有积极的价值。如果新的目标和活动符合社会规范和人的发展需要，这时的补偿行为是积极的、有益的；相反，如果是不符合社会规范或有害于心身的（如，丢失钱物后以偷别人东西的方式来补偿；在比自己强的人面前吃了亏，就到比自己弱的人面前去出气等)，那么，这种补偿行为即使暂时获得了心理平衡和心理满足，也无助于心理健康发展，有时还会导致自暴自弃，甚至堕落犯罪，危害他人和社会。

（4）幽默。当个体遭受挫折，处境困难或尴尬时，用幽默来化险为夷，对付困难的情境，或间接表示出自己的意图，称为幽默的作用。一般来说，人格较为成熟的人，常懂得在适当的场合，使用适当的幽默，把原来困境的情况转变一下，大事化小、小事化了，渡过难关；较成功地去应对窘境。

2. 消极的挫折心理防御机制

（1）文饰。文饰即文过饰非的行为反应，也叫“合理化”，是一种非常常见的挫折心理应对方式。当个体达不到追求的目标时，为避免或减轻因挫折心理而产生的焦虑和维护自尊，总是要在外部寻找某种理由或托辞对自己的行为给予某种“合理”的解释，这种解释可能自圆其说，但从行为的动机来看，却不是行为的真正理由。文饰的表现形式可概括为“找借口”、“酸葡萄效应”、“甜柠檬效应”等。

① 找借口。不少高职学生在遭到失败或做错事时，往往会找一些原谅自己的理由来进行解释，如有的同学考试不理想，以近来身体欠佳或社会工作过重为借口，以避免挫折感找借口的人总是企图以冠冕堂皇的大道理来解释其行为，在一群动机中选择一小部分最动听、最高尚、而且最合乎理性的动机，加以强调，试图掩盖内心所不愿接受的那些原因，使自己心安理得。

② 酸葡萄效应。它是引自伊索寓言：饥饿的狐狸面对甜熟的葡萄三跃而不得食之后，为了维护自己的面子，就对旁边的动物说：“这葡萄是酸的，我才不想吃它呢!”酸葡萄作用，即是指个体在追求某一个目标而失败时，通过夸大目标的缺点，否定达到目标的优点以维护心理平衡的一种防御手段。例如，有的同学当不上学生干部，虽然内心很苦恼、很失望，却安慰自己“当了学生干部杂事太多，耽误学习，没啥意思”；求爱不成，则说对方才貌平平，非己所求。

③ 甜柠檬效应。它是引自伊索寓言，当狐狸找不到可口的食物时，得到酸柠檬却说：“这柠檬是甜的，正是我想吃的”。这里借夸大既得利益的好处，否定其缺点，以减轻内心失望与痛苦的心理，是达到心理平衡的一种防御手段。如有人未能达到取得一等奖的目标的时候，便对取得的三等奖评论“三等奖也不错么，好多人还没得奖呢”，以此安慰自己，挽回面子，求得心理平衡。

（2）压抑。它是一种较常见的心理防御机制，即把不愉快的经历不知不觉地压抑到潜意识里，不再想起，不去回忆，由于压抑作用，痛苦似乎被遗忘了，人在意识上感受不到焦虑和恐惧。这种遗忘叫主动遗忘，与时间过久而发生的自然遗忘不同。在这种遗忘中，被压抑的东西并没有消失，往往不知不觉地影响人们的日常心理和行为，而且一有相应的情景，就会冒出来，给个体造成更大的威胁和危害。例如，某学生一时糊涂，偷拿同学的钱物，事后羞愧难当，又没有勇气承认，拼命想把这件事忘掉。但以后每遇到同学丢东西，就怕被怀疑。以至发展到怕见同学，这种失常行为的根源就是过分压抑的结果。

（3）投射。又称推诿，是指将自己的不当失误转嫁到他人身上，以减轻自己的负疚，或将自己所具有的某些不讨人喜欢、不被人接受的性格、态度、观念或欲望转置他人，以掩盖自己那些不受欢迎的特征。如高职学生中有的人自己心胸狭窄、嫉妒心强。却认为嫉妒是人的共性，人人都有嫉妒心，自己自私，却说人人都自私，“人不为己，天诛地灭”等。又如，某高职学生上课迟到了，老师批评他，可他却说：“我们班长还在后面呢!”以此减轻内心的紧张和压力。

（4）反向。这是一种“矫枉过正”的心理防御机制，即把自己一些不符合社会规范、不被允许的欲望和行为，以一种截然相反的态度或行为表现出来，以掩盖自己的本意，避免或减轻心理应激。例如，有的学生内心很自卑，却总是以自高自大、傲慢不羁的表现来掩盖自己的弱点；有的同学很想与某个异性交往，但怕遭到拒绝，而装出一副对异性不屑一顾、根本没有兴趣的样子。

（5）幻想。即我们常说的“白日梦”，是指一个人的动机或欲望受到阻碍、无法实现时，以想象的方式使自己从现实中脱离出来，在空想中获得内心动机或欲望的满足。例如，某高职学生老是幻想：自己不用努力就能得到一等奖学金，自己不努力照样毕业找好工作。

心灵互动

1. 互动训练

当处于下列情形时，你该怎么做？

（1）当考试成绩很不理想时。

（2）当我们遭受疾病的困扰时。

（3）当我们与别人相处不融洽时。

（4）当我们遇到地震，痛失亲人时。

（5）当自己很爱的男（女）朋友抛弃自己时。

（6）当求职屡遭失败时。

2. 测试

测一测你的心理“浮力”

（1）认为自己是个弱者吗？

（2）是否喜欢冒险或刺激？

（3）如果现在就去睡，你是否会担心自己睡不着？

（4）看完惊险片后你一直觉得心有余悸吗？

（5）你生活在使你感到快乐和温暖的环境中吗？

（6）你是否认为家人需要你？

（7）晚睡 2 小时会让你感到明显的精神不振吗？

（8）生病时你依然乐观吗？

（9）你常常觉得活得很累吗？

（10）你是否有一些无话不谈的朋友？

（11）当考试不理想时，你会感到非常沮丧吗？

（12）你认为自己健壮吗？

（13）与同学闹意见后，你一直无法排除相处时的尴尬吗？

（14）大部分时间你对未来充满信心吗？

（15）在课堂回答不出问题时，你在课后还久久感到烦恼吗？

（16）你有一个关心、爱护你的家吗？

（17）每到一个新地方，你是否常常会出现一些问题，如吃不下饭，睡不着觉、拉肚子、头晕？

（18）即使困难时，你相信困难终将过去吗？

（19）你明显挑食吗？

（20）你是否每周进行至少一次你所喜欢的体育运动，例如，游泳、打球？

（21）当你与父母发生不愉快时，你是否想要离家出走？

（22）你认为你的老师喜欢你吗？

（23）你觉得自己有些神经衰弱吗？

（24）心情不愉快时，你的饭量是否与平时一样？

（25）看到苍蝇、蟑螂等讨厌的东西，你是否感到害怕？

（26）你相信自己能够战胜任何困难吗？

（27）你常常因为想心事而久久不能入睡吗？

（28）你是否常常与同学交流看法？

（29）在人多的地方和陌生人面前，你是否感到窘迫？

（30）你是否认为你受到的挫折与别人相比，根本算不了什么？

【评分标准】

单数题[第（1）、（3）、（5）、（7）等]答“是”记 0 分，答“否”记 1 分；

双数题[第（2）、（4）、（6）、（8）等]答“是”记 1 分，答“否”记 0 分。

各题得分相加，统计得分。

0～9 分：你的心理承受能力相对要差一点，遇到困难容易灰心，常常会有挫败感。如果你想改变这种状况，首先要做的就是告诉自己：“生活在这个世界上任何一个人都躲不开困难、挫折和失败，我永远不会是最倒霉的一个；有挫折感是很正常，但我只能让它停留 5 分钟，与其沉溺在痛苦沮丧之中，不如保留精力去做些新的尝试。”对困境有一个正确的认识很重要，这是提高心理承受力的第一步。

10～20 分：你的心理承受能力不强也不弱。对一些小的压力你还能轻松地承受，但遇到大的打击时，还是容易产生心理危机。你可以试着运用一些缓解心理压力的小办法，来逐步使自己的神经强韧起来，例如，用倾诉、放声大哭等方法释放内心压抑的发泄法；用外出来离开引起挫折的环境、放松身心的改变环境法等。

21～30 分：你的心理承受能力比较强。你能在各种艰难困苦面前保持旺盛的斗志，轻松的应付自我身心的改变和外部环境的冲击。注意保持这种良好的素质，它将成为你成功的基石。

第四节　提高心理挫折的承受力

心灵求索

战胜残疾的巴雷尼——坚持

巴雷尼小时候因病成了残疾，母亲的心就像刀绞一样，但她还是强忍住自己的悲痛。她想，孩子现在最需要的是鼓励和帮助，而不是妈妈的眼泪。母亲来到巴雷尼的病床前，拉着他的手说："孩子，妈妈相信你是个有志气的人，希望你能用自己的双腿，在人生的道路上勇敢地走下去！好巴雷尼，你能够答应妈妈吗？"

母亲的话，像铁锤一样撞击着巴雷尼的心扉，他"哇"地一声，扑到母亲怀里大哭起来。

从那以后，妈妈只要一有空，就给巴雷尼练习走路，做体操，常常累得满头大汗。有一次妈妈得了重感冒，她想，做母亲的不仅要言传，还要身教。尽管发着高烧，她还是下床按计划帮助巴雷尼练习走路。黄豆般的汗水从妈妈脸上淌下来，她用干毛巾擦擦，咬紧牙，硬是帮巴雷尼完成了当天的锻炼计划。

体育锻炼弥补了由于残疾给巴雷尼带来的不便。母亲的榜样作用，更是深深教育了巴雷尼，他终于经受住了命运给他的严酷打击。他刻苦学习，学习成绩一直在班上名列前茅。最后，以优异的成绩考进了维也纳大学医学院。大学毕业后，巴雷尼以全部精力，致力于耳科神经学的研究。最后，终于登上了诺贝尔生理学和医学奖的领奖台。

心理认知

我国有一句谚语"口嚼黄连不皱眉"，它给人的启示是，我们应该以大智大勇来接受生活中的挫折、失败和不幸。失败是成功之母，人正是在与挫折的斗争中，变得更成熟、更有力量，心理发展得更充分、更健康；也只有从逆境和挫折中奋起的人，才更具有充分发展的动力和能量。因此，提高高职学生对心理挫折的承受能力，学会突破困境，战胜挫折心理，不断促进目标实现，是每一个高职学生在校期间必须认真思考、努力实践的紧迫任务。

一、心理挫折承受力的含义

心理挫折承受力是指人们遇到挫折时，能够忍受和排解心理挫折的程度，即个体适应挫折心理、抵抗和应对挫折心理的一种能力。它包括耐挫力和排解力两个方面。耐挫力是指人们遇到心理挫折时能经受住挫折的打击和压力，保持心理和行为正常的能力。排解力是指人们受到心理挫折后，对挫折心理进行直接的调整和转变，积极改善挫折情境，解脱挫折状态的能力。

人们对心理挫折的承受能力存在着鲜明的个性差异：不同的人对心理挫折的承受力不同，同一个人对不同挫折情境的心理挫折承受力也不同。对同一种挫折情境，有的人受挫折心理的消极影响较小，他们往往表现为毫不灰心丧气，勇往直前，越来越坚强、成熟；有的人遇到轻微的挫折心理就会意志消沉，甚至也会因挫折心理而导致心理和行为的异常；有的人能够忍受别人的侮辱，但面对环境的障碍却会焦虑不安、灰心丧气。

总之，心理挫折承受力与个体的“挫折阈值”有密切关系，也受到人的生理条件、健康状况、个性特征、过去挫折的社会经验、个体对挫折的主观判断、对挫折质量的思想准备等因素的影响。

心理挫折承受力是维护个体心理健康的一道防线，是个体适应环境的必不可少的能力之一。心理挫折承受力是后天学习来的。因而，无论是家庭还是学校，都应该教育高职学生学会承受日常生活中遇到的挫折，鼓励他们从挫折失败中获得经验教训，增强克服困难的信心，而且要通过提供适度的挫折情境，采取恰当的方法来锻炼他们的心理挫折承受力。

二、高职学生心理挫折承受力的培养方法

1. 确定适度的抱负水平

抱负水平是人们在从事某种实际活动之前，对自己所要达到目标规定的标准。抱负水平与个人愿望，与个人的实际成就不一定相符合。一般而言，自我抱负水平直接影响个人的学习和生活，一个抱负水平较高的人，往往对自己的要求也较高，因而其学习、工作的效率也就较好；一个抱负水平低的人，对自己的要求也就低，缺乏积极性、主动性，因而其学习、工作的效果也就较差。但是，个人的自我抱负水平必须建立在对自己的实际能力正确认知的基础之上，如果一个人的自己抱负水平总是高于自己的实际能力，那就很难达到预期的目标，很容易遭受挫折。

在现实生活中，不少高职学生在学习等方面的挫折都与自我抱负水平的确立不当有关。因此，高职学生必须学会根据自己的实际能力和客观环境条件等因素综合考虑，，正确设定生活的目标，调整自我抱负水平，并在前进中及时调整自己的目标。如果在目标实施过程中，发现自己设定的目标不切实际，前进受阻，就要及时调整目标，以便继续前进。对那些远大目标，要把它分解成中期、近期和当前目标。如对考研，就可以由易到难给自己设定目标，当受到挫折后，及时调整目标，改进方式或方法。这样，就可以在成功中体验到愉快和满足，逐步提高自信心，又能在失败、挫折后不断总结经验教训，最终战胜挫折心理，取得最后的成功。

2. 改变不合理的信念

如前所述，人完全受思想的支配，所谓挫折心理其实就是一种心理感受。对于同样的情景，有的人体验到了挫折感，有的人却并不以为然。可见，客观事实并不是导致挫折心理产生的主要原因，人们对客观事物时所持的信念才是引起挫折心理的关键原因。因此，改变不合理的信念，就可以提高心理挫折承受力。

美国心理学家艾利斯总结了三条常见的不合理信念。“绝对化要求”，是指人们以自

己的意愿为出发点，对某一事物怀有其必会发生或必不会发生的信念，通常与“必须”、“应该”的等词联系在一起。例如，“我必须表现良好，并受到某重要人物的赏识，若不能如此，我就是一个无能的人”，“你必须公平对待我，如果不这样，将很可怕，我会无法忍受”。“过分概括化”，指在一件事上失败了，便推论自己在各方面都不能成功，这种不合理性也常会导致自责自罪、自卑自弃的心理以及焦虑、抑郁等情绪的产生。“糟糕之极”，即认为某事情发生了会非常可怕，是灾难性的，以至于无法忍受。

因此，当你因为考试未通过、与同学关系紧张、未能当选班干部、生理上有缺陷等原因而感到沮丧、悲观的时候，请你审视一下自己的观念是否陷入不合理信念的泥沼中。缺乏正确认识自我和评价自我。

3. 确立正确的自我归因

在生活中，人们对行为的成功与失败进行归因是一件很平常的事，然而在这一过程中形成的归因倾向则对人的心理承受力有很大的影响。心理学家研究表明，在归因中，有些人倾向于情境归因，认为外部复杂且难以预料的力量是主宰行为的原因。例如，一个学生认为自己成绩不好主要是由于教师教学水平或是考卷难度太大方面的原因。有些人倾向于本性归因，即认为自身的努力、能力是影响事情的发展与行为结果的主要原因。例如，一个学生认为自己成绩不好是由于学习不够努力造成的。一般来说，进行本性归因的学生对自己的行为与学习有更多的自我责任定向与积极态度；但是从对失败的归因方面来看，由于他们倾向于把原因归于主观因素，就容易自我埋怨、自我责备。如果这种自责、悔恨过多，就会给他们带来挫折感和心理损伤。

因此，高职学生首先要学会多方面收集关于事件的信息，了解困难的原因所在；其次要学会合理的归因，避免归因的片面性，学会实事求是地承担责任，克服过分承担或完全推诿责任的倾向，避免过多自责带来的挫折感。再次要积极采取措施主动改变挫折情境因素，从而有效应对挫折。例如，在学习过程中发现最近学习效率不高，通过原因分析之后，在解决内在问题的同时，可以尝试改变学习地点、学习时间，或改变学习科目的顺序、学习结构等，从而避免学习效率不高给自己带来的压力和困扰。

4. 构建成熟的心理防卫机制

歌德的名言中曾写到：“你若失去了财产，你只失去了一点儿；你若失去了荣誉，你就丢掉了许多；你若失掉了勇敢，你就把一切都失掉了!”因此，正像诗句“宝剑锋从磨砺出，梅花香自苦寒来”所说的那样，在征服困难过程中，要大力构建高职学生成熟的心理防卫机制，增强高职学生对挫折的承受力。

如前所述，受挫后的心理防卫机制有很多，但有利于高职学生成长的积极的心理机制表现为以下几个方面：升华、补偿等。升华的心理防卫机制能够使高职学生在遭遇挫折后，把内心痛苦化为一种动力，转而投入到有益的生活学习中，这无疑是人们在挫折后的最佳应用。补偿、文饰、幽默等心理防御机制能使大学生的获得平衡心理，保持自尊，减轻内心的痛苦和焦虑，因而也不失为受挫后较理想的心理防卫方式。另外，合理的情绪宣泄也是缓解高职学生受挫后心理紧张和焦虑，保持其身心健康的有效机制。总之，构建成熟的心理防卫机制，不仅有助于高职学生提高自身的心理健康水平，也有助于高职学生自信心的培养与意志力的磨炼。

5. 建立和谐的人际关系

心理学研究表明，一个人与他人一起处在挫折压力中时，可以降低消极情绪体验。因此，高职学生在面对挫折时，除了积极改变自我之外，还应学会交往，与他人建立良好的人际关系，这对其压力的缓解也是很有帮助的。交往是人们为了交流思想和感情而彼此间相互作用的过程，它使人们关系互动过程中相互了解、相互依赖，形成稳定的心理联系，满足人们的情感需要。同时，由交往形成的人际关系又可以满足人的归属、情谊、认可等社会性需要。因此，学会交往，建立良好的人际关系是提高大学生应对心理挫折能力的有效手段。

高职学生加强人际交往，融洽人际关系时，首先要掌握交往技能，使自己与别人的交往得以顺利进行。例如，掌握基本礼节礼貌，良好口头表达等。其次要养成良好的交往品质，要自觉地择友而交，要相互理解相互尊重，要对朋友真诚、宽容。第三要把握各种机会参与交往，并保持沟通畅通，以免误解，产生不愉快。

6. 优化自身的人格品质

前面介绍的人的个性心理品质是影响挫折承受力的因素之一。生活中有以下个性特征的人更容易引起挫折感：

（1）性情急躁的人。他们情绪变化大、易动怒、火爆，脾气一点就着，常常因为一点芝麻绿豆大的事而引起挫折心理。

（2）心胸狭窄的人。他们气量小、好猜疑，喜欢斤斤计较、两两分明，容易体验消极的情感。

（3）意志薄弱的人。他们做事缺乏耐力和持久，草率、患得患失、害怕困难，只看眼前利益，经不起打击和挫折。

（4）自我偏颇的人。他们缺乏自知之明，或者自高自大、目空一切；或者自卑自贱，畏首畏尾、夸大不足、看不到长处。

为了提高心理挫折承受力，高职学生应主动地培养自己良好的人格品质，改变那些不适应发展的不良人格品质。重点培养自信乐观、自强不息、宽容豁达、开拓创新等品质。

自信才能乐观，乐观才能自信，两者相辅相成。当遇到挫折、困境时，如果相信自己一定能战胜，那就会积极去改变现实，克服困难、战胜挫折，这是自信的作用。乐观者在面临挫折困境时，不会被困难吓倒，而是能够透过表面的不利看到蕴藏在背后的希望，相信明天是美好的，从而信心十足地去战胜困难。

自强不息是良好的意志品质，是一切成功者共同的特征。生命不息、奋斗不止。通向成功的道路不是平坦的，挫折、逆境常常会出现，只有坚强不屈、顽强拼搏，才能到达光辉的顶点。清代作家蒲松龄科考失败后，并没有被落第造成的挫折击垮，他落第不落志，下决心干一番事业。他写下了这样一副自勉联：有志者，事竟成，破釜沉舟，百二秦关终属楚；苦心人，天不负，卧薪尝胆，三千越甲可吞吴。他这样写了，也这样做了，他终于完成了传世名著《聊斋志异》。

宽容豁达和开拓创新的人胸怀宽阔，对挫折不是被动的适应和一味忍耐，而是面向未来积极进取，树立远大的志向，勇于创造新生活。充分发挥自己的主观能动性，冲破重重阻力和阻碍，才能为实现自己的志向而奋斗。法国微生物学家巴斯德在青年时代就认识到了立志、工作和成功三者之间的关系，他说："立志是一件很重要的事情。工作随着志向走，成功随着工作来，这是一定的规律。立志、工作、成功是人类活动的三大要素。立志是事业的大门，工作是登堂入室的旅程，这旅程的尽头就有个成功在等待着来庆祝你的努力结果。"

因此，高职学生要学会适应环境，提高心理挫折的承受力，从培养良好的人格品质入手，在小点细微中严格要求自己，努力在实践中锻炼自己，使自己的心理得到充分、有效地发展，不断提高自己心理的健康水平。

心灵互动

1. 测试

挫折感是一种普遍存在的社会心理现象。从广义上来说，它是一种消极的情绪反应，是在个人和团体的需要和动机不能获得满足时产生的。通过以下测试，你可以了解你对挫折的应付能力。请做出最适合你的选择。

（1）在过去的一年中，你自认为遭受挫折的次数：
A．0～2次；　B．3～5次；　C．5次以上。

（2）你每次遇到挫折：
A．大部分能解决；　B．有一部分能解决；　C．大部分解决不了。

（3）你对自己才华和能力的自信程度如何？
A．十分自信；　B．比较自信；　C．不太自信。

（4）你对问题经常采用的方法是：
A．知难而进；　B．找人帮助；　C．放弃目标。

（5）有非常令人担心的事时，你：
A．无法工作；　B．工作照样不误；　C．介于A、B之间。

（6）碰到讨厌的对手时，你：
A．无法应付；　B．应付自如；　C．介于A、B之间。

（7）面临失败，你：
A．破罐破摔；　B．使失败转化为成功；　C．介于A、B之间。

（8）工作进展不快时，你：
A．焦躁万分；　B．冷静地想办法；　C．介于A、B之间。

（9）碰到难题时，你：
A．失去自信；　B．为解决问题而动脑筋；　C．介于A、B之间。

（10）工作中感到疲劳时：

A．总是想着疲劳，脑子不好使了；

B．休息一段时间，就忘了疲劳；

C．介于 A、B 之间。

（11）工作条件恶劣时，你：

A．无法干好工作；　B．能克服困难干好工作；　C．介于 A、B 之间。

（12）产生自卑感时，你：

A．不想再干工作；　B．立即振奋精神去干工作；　C．介于 A、B 之间。

（13）上级给了你很难完成的任务时，你会：

A．顶回去了事；　B．千方百计干好；　C．介于 A、B 之间。

（14）困难落到自己头上时，你：

A．厌恶之极；　B．认为是个锻炼；　C．介于 A、B 之间。

【评分标准】

根据下列表格，将各题得分相加，统计总分。

序号	A	B	C	序号	A	B	C
1	2	1	0	8	0	2	1
2	2	1	0	9	0	2	1
3	2	1	0	10	0	2	1
4	2	1	0	11	0	2	1
5	0	2	1	12	0	2	1
6	0	2	1	13	0	2	1
7	0	2	1	14	0	2	1

19 分以上：说明你的抗挫折能力很强；

9～18 分：说明你虽有一定的抗挫折能力，但对某些挫折的抵抗力薄弱；

8 分以下：说明你的抗挫折能力很弱。

2．思考题

（1）请你将学习本章后的收获写一篇《我要这样面对挫折》的随感。

（2）搜集五条关于战胜挫折的名人名言，用它们时刻提醒和鞭策自己。

（3）“逆境对强者来说是一块垫脚石，对弱者来说则是一道万丈深渊”。你是如何理解这句话的？

（4）你在生活和学习中常会遇到理想和现实不一样的事情吗？你如何处理？

（5）请你说说挑战者、放弃者、半途而废者在挫折面前常用的词语有哪些?比比看谁说的多。

挑战者：坚持、拼搏、不气馁、迎难而上、坚持不懈、努力、奋斗……

放弃者：不能、不会、不行……

半途而废者：算了吧、足够了、可以了、行了、很不错了……

高职学生的学习心理

> 听而易忘，
>
> 看而易记，
>
> 做而易懂。

学习导航

（1）了解学习与心理健康的关系，掌握高职学生常见的学习心理问题与调控。

（2）培养学生学习的内在优良品质——自主。

（3）引导学生掌握学习的有效手段途径——探究。

（4）鼓励学生运用合作学习的学习组织形式——合作。

第一节 认 识 学 习

心灵求索

学英语的困惑

关于如何学好英语我有如下困惑：其一，有关口语练习，很想练就一口纯正的口语，平时也总跟着录音机练，可总觉得平时说的机会太少没有英语环境，容易忘。还有一个很重要的问题，说英语的时候，自己觉得发音很标准了，可是，自己用录音机录下来听，和自己读的时候效果完全不同，有的单词自己读的时候感觉连贯好听，可是录音机里却听起来非常的模糊有的单词还不标准。其二，有关阅读，平时多读英语文章对英语水平提高有帮助吗？总是觉得看着文章旁边的注释读得很顺，但是，下来再看，那些不会的单词不对照注释还是不会。

以上是我学英语的困惑，不知大家有无好的方法？

心理认知

一、学习的含义

人人都在学习，人人都得学习。学习是人类的重要活动形式，并且是学生的主导活动形式。

（一）我国古代对学习的定义

我国古代教育家，对学习有许多精辟的分析和深刻的论述。最早把“学”和“习”联系在一起的是孔子。孔子说：“学而时习之，不亦说乎？”

“学习”二字成为一个词，则最早见于《礼记•月令》：“季夏之月，鹰乃学习”一语。古代，所谓“学”就是获取知识，所谓“习”就是反复练习。《说文》里说：“习，数飞也。”鸟初学飞，时常数飞不已。可见，我国古代“学习”二字的内涵，主要指获取知识，形成技能。

（二）现代对学习的定义

在现代学习理论中，“学习”是一个含义极广的概念，它是人及动物在生活过程中获得个体的行为经验的过程。人和动物的学习，既有共同之处，又有本质的区别。一般说来，动物的学习都是无意识的，而人的学习，主要是有意识的。更重要的是动物的学习是被动地适应环境，而人的学习则在于能动地认识世界和改造世界。另外，人的学习是他与其他人在进行社会交往中通过言语的中介掌握历史经验的认识过程，这更是动物无法比拟的。

人类的学习是复杂多样的。小孩认识动物、用筷子、懂得文明礼貌是学习，熟悉如何开汽车是学习，科学家在发明创造中也有学习，学生在学校里的学习，也是一种学习。学习是个体在生活过程中由于反复的实践和经验的结果，而产生的行为或行为潜力的比较持久的变化。

由此可见，学习有广义和狭义之分，广义上的学习是指有机体获取经验并凭借经验以适应变化的环境的过程；狭义上的学习是指人类的学习，即人们在社会实践中，通过语言，有目的、有计划、自觉主动地掌握上的个体经验的过程。在理解上述的学习定义时，我们应该注意：

（1）学习是经验的结果，只有通过练习、通过体验才能发生学习，因此，学习在很大程度上依赖于环境，依赖于个人与环境相互作用的事件。

（2）学习是由后天的经验和实践引起的行为变化，那种由于生理功能的发育即成长所引起的行为变化不是学习。

（3）学习是行为的比较持久的变化，一般指行为水平的提高，由疲劳等因素引起的行为水平短暂的降低的变化不是学习。

（4）学习包括行为潜力的变化，不是所有的学习都表现在外显的行为上。但是，行为潜力的变化迟早要通过操作表现出来，操作把行为潜力变为行为本身。

（5）学习是可以间接测量的。例如，给学习者先做预测，然后提供某种训练，立即进行后测，预测与后测之差反映了行为的变化，当然在测量中要注意控制训练因素以外的其他因素的影响。

二、高职学生学习的特点

高职学生学习是人类学习的一种特殊形式，具有一系列与人类的一般学习不同的特点，也区别于中小学生的学习活动。高职学生正值智力发展高峰。良好的记忆力，创造性的学习加上专业化的教育，使高职学生的学习活动与普通中小学教育活动既有共同之处，又有明显的不同的特点。它既不同于中小学的学习活动（主要为了掌握知识），也不同于一般职业家的活动（完成一定的职务职能）具有一定的职业方向，而是有一定的专业性、目标性和研究方向，具体反映在高职学生学习活动中的几个方面特点：

（一）学习过程的自主性

高职学习与中学学习截然不同的特点是依赖性的减少，代之以自觉主动地学习。高职教学的内容是既传授基础知识，又传授专业知识，教育的专业性很强，还要介绍本专业、本行业最新的前沿知识和技术发展状况。知识的深度和广度比中学要大为扩展。课堂教学往往是提纲挈领式的，教师在课堂上只讲难点、疑点、重点或者是教师最有心得的一部分，其余部分就要由学生自己去攻读、理解、掌握。大部分时间是留给学生自学的。因此，高职的学习不能像中学那样完全依赖教师的计划和安排，学生不能只单纯地接受课堂上的教学内容，必须充分发挥主观能动性，发挥自己在学习中的潜力。这种充分体现自主性的学习方式，将贯穿于高职学习的全过程，并反映在高职生活的各个方面。例如，学习的自主安排、学习内容和学习方法的自主选择等。

（二）学习内容的专业性

高职课程门类多，内容复杂，学习周期短，专业性强。从报考高职的那 刻起，专业方向的选择就提到了考生面前，被录取上高职，专业方向就已经确定了。高职学习的内容都是围绕着这一大方向来安排的。因此，高职生学习的专业化程度较高，职业方向性较强。既要学习于本专业联系密切的相关学科领域的知识，又要对本专业的某一方面有深入的了解和钻研；既要学好本专业的基本知识、基础理论，又要重视实践知识的掌握和动手能力的培养。

（三）学习方式的多元性

多元性是指学生除了通过课堂教学这一途径外，还可以通过多种渠道来获得知识。信息时代，教师不再是知识的中心，学习获取知识的多元化带动了学习方式的变迁，网络又开辟了一条学习的新途径。高职院校开放式的教学为学生提供了多种多样的成功之路，除课堂教学外、课外实习、课程设计、科研训练计划、学年论文、专家讲授、学术报告及走向社会的社会实践、咨询服务等都为高职学生学习提供了广阔的道路。

（四）学习目的的探索性

人与动物的本质区别之一就在于人有创造性，人们在实践中不断探索，创造处崭新的事物，由此推动社会不断向前发展。高职学生在系统学习知识，不断掌握专业技能的过程中，锻炼了思维能力，这是创造的基础。不仅如此，高职学生接触到的新观点、新理论，激发了高职学生的创造欲，产生了创造动机，在教师的指导和帮助下，许多高职学生脱颖而出，成为科研领域的新星。探索性特点也适应社会对高职学生的要求。它鼓励高职学生增强追求新知识的欲望和探索未知领域的勇气和能力。

以上是高职学生学习活动的四个特点。这四个特点既有区别，又有联系。其中自主性是高职学生学习活动的基础，多元性是高职学生学习活动效益的保证，专业性和探索性是高职学生学习活动的目的。它们统一于高职学生的学习活动之中，使高职学生能训练成为各类专门家。

三、高职学生学习心理的特殊性

（一）自卑心理

当前，受传统文化影响，社会上存在鄙薄职业教育的倾向，认为高职高专学校的学生低人一等。部分学生对前途无望，产生自卑和低人一等的自卑心理，他们渴望理解，希望获得他人尊重。

（二）学习自觉性两极分化

高职学生内部动机的激励作用较小，学习行为依靠外因驱使比较明显。部分学生开始规划自己的未来，就业和成才的压力促使其反思自己的不足，他们希望通过各种途径提高自己生存的本领。

（三）认识模式职业化

职业教育是一种定向教育，学生从跨入校门那天起，其各方面的发展就无不打上职业的烙印，未来职业活动中需要的心理品质，即职业心理品质更要得到相应的发展。高职高专学生具有一定的从事某种职业活动的知识技能，并形成了与职业活动相关的认知模式，包括观察事物的角度、记忆的类型、思维与解决问题的方式等。心理学的理论和实践证明，人的知觉具有选择性，人们会优先知觉到对于自己较为熟悉的信息，优先用自己熟悉的方式知觉信息。职业学校学生具有较强的与专业特点相符合的感知能力，与职业活动符合的记忆类型获得发展。认知模式的职业化使学生关心与本职业有关的事物和知识、技能，思考解决与本职业相关的问题，并渴望获得职业成就。

（四）理想现实化

高职学生多持实用主义学习态度，即对学习内容的选择注重实用性，为用而学。主观认为有用的就肯学、苦学、多学，认为关系不大的就少学或不学，轻视专业理论的学习，重视实用知识、技能的学习。此外，这些学生还兼具高职生的普遍学习心理：浮躁、畏难和焦虑。浮躁心理体现了心境和情绪上的波动性，具体表现为行动盲目，缺乏思考和计划，做事心神不定，缺乏恒心和毅力，急功近利(应试教育带有强烈的功利色彩)，见异思迁，不求甚解，不能脚踏实地；畏难心理表现为在学习上碰到挫折时选择逃避行为，逃到另一“现实”中，逃向幻想世界，逃向疾病等；高职学生的学习焦虑则表现为学习压力大，精神长期高度紧张，思维迟钝，记忆力下降，注意力涣散，情绪躁动，精神恍惚。

互动训练

全班分成 4～6 人的小组若干：每位同学可以自由选择一个漂流瓶或一个信封。老师将实现准备的漂流瓶、信封和白纸发给每一位学生；每位同学在准备好的白纸上写下自己最头痛、最想解决的学习问题，然后把这张纸装在准备好的漂流瓶或信封里；以小组为单位，把每个小组同学的“求助信”在全班范围内“漂流”，每位同学负责对“漂流”到自己手里的“求助信”献策，并在策略末尾写上自己的名字。全班同学把自己收到“学习计策”进行交流，并表达感谢！

第二节　高职学生常见的学习心理问题及调控

读了自己不喜欢的专业怎么办

高考报考自愿时我选择了计算机应用专业，但是后来我被录取到法律事务专业，但对这个专业我无论如何也提不起兴趣。我很喜欢计算机技术，对网络方面很感兴趣，做了许多与所学专业无关的东西，例如，网站建设，网络攻防等。所以平时就不怎么看所学专业的书，看的都是计算机方面的。回寝室就打开电脑，玩游戏，泡论坛，找高手聊天等。我自己做的一切，基本与所学专业毫无关系，所以成绩勉强合格，每学期考试都担心。我现在很矛盾，理智告诉我，学习专业知识是第一位的，但我还是控制不住自己……

我国高等职业教育起步虽晚，但发展迅速，模式多样。经过近 20 年的发展，高职教育无论在院校数目还是在学生数量上，都是我国高等教育的半壁江山，在我国高等教育多样化和大众化发展进程中发挥重要作用。高职生已成为社会主义建设的生力军和中坚力量，他们的学识水平及综合素质如何，对 21 世纪中国的发展影响重大。目前，在高职学生的学习过程中，存在的问题很多，已经严重影响其学业的顺利完成和成才目标的有效实现。研究已经证实，在影响高职学生学习效率的各种问题中，心理问题占首位。因此，关注高职学生学习心理健康已成为高职院校教育工作者不可回避的重要议题。

一、高职学生学习心理障碍的主要表现

（一）厌学

厌学现象在高职学生中较为普遍，这是一种典型的心理疲倦反应，主要表现为：学习不主动，缺乏动力和热情，课前不预习，课后更不会复习；作业拖拉、抄袭，敷衍了事；上课不认真听讲，无精打采，下课生龙活虎，精神百倍；经常无故迟到，千方百计逃课；大量时间花在上网、打牌、踢球、谈恋爱上。

（二）焦虑

心理学研究认为，学生在学习过程中，保持适当的焦虑是必要的，但严重的学习焦虑对学习则会产生非常不利的影响。高职学生严重的学习焦虑表现为：学习压力大，精神长期高度紧张，思维迟钝，记忆力下降，注意力涣散，情绪躁郁，寝食难安，神情恍惚，郁郁寡欢，特别是考试前这部分学生表现得更为明显，甚至于引发失眠、多汗、尿频、腹泻、神经衰弱，注意力不集中，记忆力衰退等症状。

（三）学习懈怠

许多学生进了高职院校后就以为进了“保险箱”，人生一片光明。不少高职学生放松对自己的要求，学习成绩好坏无所谓，荣辱优劣不放在心上，看起来冷静自制，无欲无求，实则缺乏求知欲和上进心，缺乏理想与抱负。主要表现为对学习态度冷漠，缺乏学习兴趣，学习如走马观花，满足于一知半解；学习上不肯用功，怕苦怕累，怕动脑筋，遇到一点困难就畏缩不前，缺乏钻研精神。

（四）自卑

学习自卑在高职学生中较为普遍，不少高职学生给自己的定义就是“高考失败者”，因此总有一种低人一等的思想，对自己的能力缺乏自信，对未来、前途悲观失望。自卑严重的学生，往往表现为对学习目的、学习内容的困惑、迷茫和无所适从，学习吃力，成绩下降。情绪上忧郁寡欢、压抑自怨、离群索居、焦虑不安，严重者出现失眠、神经衰弱。这种学习上的自卑心理严重影响了学习和身心健康。

（五）功利

不少学生在学习上奉行“实用主义”，目的过于功利化，主观色彩浓厚，对于自己感兴趣的、或者认为对自己今后发展有用的课程，例如，英语、计算机等，态度较认真，学习较刻苦；而对一些公共课或自己认为没有实用价值的课程，如“两课”等，则应付了事，能混就混。这部分学生往往表现为严重偏科，学习动机消极，这种情况对其今后

的发展必然会产生不良的影响。

二、高职学生学习心理问题的成因分析

以上这些心理问题的产生、存在和发展，不仅会影响到高职学生的学习，同时也会对他们的身心发展产生不良影响。研究发现，造成高职学生学习心理障碍的主要原因主要有如下几个方面：

（一）认知偏差

人的认知将直接影响其行为的选择。我国社会很多人对高职教育缺乏客观、合理的评价。一方面是由于我国的高等职业教育起步较晚，与普通高等教育相比确实各方面都存在一定的差距，很多人就因此而否认高职教育也是高等教育，认为高职学生不是高校生；再加上中国传统思想中“劳心者治人，劳力者治于人”的腐朽观念，认为从事技术工作的操作型人才算不上人才，这些思想对于高职学生的影响是巨大的，学生中一些厌学、自卑、冷漠的心理都能从这里找到根源。

（二）学习动机不当和兴趣缺乏

在高中阶段，很多同学学习目标非常明确，就是要考上高职。进入高职院校以后，原先的目标实现了，若未能及时树立起新的学习目标，就容易产生松懈心理；同时，高职院校的学习方式、方法较以前有较大改变，基本是以自主性学习为主，也会有一部分学生因为无法适应新的学习环境而产生一些心理问题；有的因教师教学内容枯燥、方法陈旧，不能激发学生的学习兴趣；此外，高中阶段由于高考的压力，很多同学兴趣狭窄或兴趣被压抑，课余活动很少，一旦进入高职，出于补偿心理，迫切地想发展自己的爱好特长，自控力差的学生容易因失控把主要精力放在娱乐上，乐此不疲，而对学习却逐渐失去了兴趣。

（三）不良的社会环境及家庭环境的影响

看到社会上的不公平现象和不正之风后，有的高职学生便觉得读书无用，滋生厌学情绪；社会中享乐主义的影响使得部分学生不能正确地处理好休闲和学习的关系，终日迷恋上网、游戏，热衷于交友游玩，他们上课无精神，学习无兴趣；而有些家长本身的认识具有局限性，对孩子不仅不能正确引导，还甚至于起到负面作用，影响学校的教育效果。

三、调控高职学生学习心理问题的策略

（一）认识上要重视，建立完善的预防机制

学习心理障碍已成为影响高职学生的“头号杀手”，无论是学校、家长还是学生自己都要充分的重视起来。不少家长包括教师认为孩子进入高职学院就是成人，应自己管理自己，但高职学生毕竟不够成熟，他们社会阅历浅，是非判断能力不足，很容易受不

良思想的影响，因此必要的灌输、教育和引导是不可少的。

（1）抓好入学教育。入学教育是让高职学生确立正确的自我意识、形成合理的自我定位的第一步，万事开头难，因此入学教育切不可走马观花、应付差事。我们应在入学伊始，万象更新之际，及时摆正学生的心态，不必要对高职的身份遮遮掩掩，应实事求是的分析高职教育的现状，引导其充分认识高职教育的地位和意义，充分认识高职学生的社会价值和贡献，以增强他们的自尊心、自信心和使命感，强化学习的动力和兴趣。

（2）完善教师自身的素质。教师是教育教学活动的主导，主导作用的有效发挥，将极大激发学生学习的主动性、积极性。如教师对学生的关心，可以缩短师生间的心理距离，使学生由爱老师，进而爱学习；教师对学生的宽容信赖，会使学生产生自信心，可以消除学生学习上的紧张、焦虑心理；教师教学方法、手段的合理运用，可以增加学生的学习兴趣。

（二）培养高职学生健康的学习心理

健康的学习心理一般包括正确的学习动机，浓厚的学习兴趣，坚定的学习信念，顽强的学习意志，良好的学习行为，科学的学习方法等。教师应加强对学生进行健康的学习心理教育，提高学习心理健康水平。

（1）树立高职学生正确的自我意识。树立高职学生正确的自我意识是完善他们心理健康的前提。教育工作者应注重增强学生的自尊和自信，引导其平静而又理智的看待自己的长处与短处，确立合乎自身实际情况的理想，培养顽强的意志和坚定的性格，增强对挫折的承受力，冷静地对待自己的得与失。

（2）加强学习动机教育。合理的动机是高职学生自主学习的强大的推动力，对此，一方面进行正确的人生价值取向教育，唤起其学习欲望，提高对学习意义的认识，增强学习的主动性和自觉性；另一方面帮助他们设置恰当的学习目标，选择合理的学习方法，增强学习的方向性和有序性，同时，还要培养学习的兴趣。

（3）学习兴趣的养成。心理学研究表明，如果人们对一项工作感兴趣，在工作中可以发挥出60%～80%的潜能，若相反，则只能发挥潜能的20%～30% 。兴趣是最好的老师，培养高职学生的学习兴趣，首先，要抓好专业教育，加强对专业的特点、历史以及发展趋势的介绍，知之深，方能爱之切。其次，加快课程改革的步伐，改进教学方法，更新教学内容，增加对学生的吸引力。再次，加强学习方法指导，提高学习能力。在教学过程中要有机渗透学习方法指导，使高职学生学会选择恰当的学习方法，学会分析自己的学习情况，做到有目的、有计划、有步骤、有重点地学习，努力提高学习效率，不断提高学习成绩，以增加学习信心。

（三）创设良好的学习环境和氛围

事实证明，一个学校教学抓得紧，学术气氛浓，校纪校风严明，学风就好一些，学生学习的积极性就高一些，问题也会少一些，否则，问题就会多一些。就高职院校而言，一般来说历史都不够悠久，缺乏浓厚的文化和学术底蕴，因此加强校园文化建设、提高学院的人文内涵、创设良好的学习环境是高职院校首要考虑的大事。同时，要看到学习动机、兴趣的培养等学习心理问题是家庭、学校、社会及个体本身共同作用的结果，学校要加强与家长、社会的联系，形成教育合力，齐心协力抵制不良影响因素，为高职学生创设良好的学习环境。

心灵互动

1. 学习动力自我诊断测试

这是一份关于高职学生学习动力的自我诊断量表，一共有 20 个问题，请你根据自己的实际情况，逐一对每个问题做“是”或“否”的回答。为了保证测验的准确性，请你认真作答。

（1）如果别人不督促你，你极少主动地学习。

（2）你一读书就觉得疲劳与厌烦，直想睡觉。

（3）当你读书时，需要很长的时间才能提起精神。

（4）除了老师指定的作业外，你不想再多看书。

（5）在学习中遇到不懂的知识，你根本不想设法弄懂它。

（6）你常想：自己不用花太多的时间，成绩也会超过别人。

（7）你迫切希望自己在短时间内就能大幅度提高自己的学习成绩。

（8）你常为短时间内成绩没能提高而烦恼不已。

（9）为了及时完成某项作业，你宁愿废寝忘食、通宵达旦。

（10）为了把功课学好，你放弃了许多你感兴趣的活动，如体育锻炼、看电影与郊游等。

（11）你觉得读书没意思，想去找个工作做。

（12）你常认为课本上的基础知识没啥好学的，只有看高深的理论、读大部头作品才带劲。

（13）你平时只在喜欢的科目上狠下功夫，对不喜欢的科目则放任自流。

（14）你花在课外读物上的时间比花在教科书上的时间要多得多。

（15）你把自己的时间平均分配在各科上。

（16）你给自己定下的学习目标，多数因做不到而不得不放弃。

（17）你几乎毫不费力就实现了你的学习目标。

（18）你总是同时为实现好几个学习目标而忙得焦头烂额。

（19）为了应付每天的学习任务，你已经感到力不从心。

（20）为了实现一个大目标，你不再给自己制定循序渐进的小目标。

【评分标准】

上述 20 道题目可分成四组，它们分别测查你在四个方面的困扰程度：

（1）～（5）题测查你的学习动机是不是太弱；（6）～（10）题测查你的学习动机是不是太强；（11）～（15）题测查你的学习兴趣是否存在困扰；（16）～（20）题测查你在学习目标上是否存在困扰。

假如你对某组（每组五题）中大多数题目持认同的态度，则一般说明你在相应的学习欲望上存在一些不够正确的认识，或存在一定程度的困扰。

从总体上讲，假设选“是”记 1 分，选“否”记 0 分，将各题得分相加，算出总分。

总分在 0～5 分，说明学习动机上有少许问题，必要时可调整；

总分在 6～10 分，说明学习动机上有一定的问题和困扰，可调整；

总分在 14～20 分，说明学习动机上有严重的问题和困扰，需调整。

2. 考试心理测试

（1）在重要的考试前几天，我就坐立不安了。
（2）临近考试时，我就泻肚子了。
（3）一想到考试即将来临，身体就会发僵。
（4）在考试前，我总感到苦恼。
（5）在考试前，我感到烦躁，脾气变坏。
（6）在紧张的温课期间，常会想到：“这次考试要是得到个坏分数怎么办？”
（7）临近考试，我的注意力越难集中。
（8）一想到马上就要考试了，参加任何文娱活动都感到没劲。
（9）在考试前，我总预感到这次考试将要考坏。
（10）在考试前，我常做关于考试的梦。
（11）到了考试那天，我就不安起来。
（12）当听到开始考试的铃声响了，我的心马上紧张地急跳起来。
（13）遇到重要的考试，我的脑子就变得比平时迟钝。
（14）看到考试题目越多、越难，我越感到不安。
（15）在考试中，我的手会变得冰凉。
（16）在考试时，我感到十分紧张。
（17）一遇到很难的考试，我就担心自己会不及格。
（18）在紧张的考试中，我却会想些与考试无关的事情，注意力集中不起来。
（19）在考试时，我会紧张得连平时记得滚瓜烂熟的知识一点也回忆不起来。
（20）在考试中，我会沉浸在空想之中，一时忘了自己是在考试。
（21）考试中，我想上厕所的次数比平时多些。
（22）考试时，即使不热，我也会浑身出汗。
（23）在考试时，我紧张得手发僵，写字不流畅。
（24）考试时，我经常会看错题目。
（25）在进行重要的考试时，我的头就会痛起来。
（26）发现剩下的时间来不及做完全部考题，我就急得手足无措、浑身大汗。
（27）如果我考了个坏分数，家长或教师会严厉地指责我。
（28）在考试后，发现自己懂得的题没有答对时，就十分生自己的气。
（29）有几次在重要的考试之后，我腹泻了。
（30）我对考试十分厌烦。
（31）只要考试不记成绩，我就会喜欢进行考试。

（32）考试不应当像在这样的紧张状态下进行。

（33）不进行考试，我能学到更多的知识。

【评分标准】

0～24 分：考试时候你很镇定；

25～49 分：轻度的考试焦虑；

50～74 分：中度的考试焦虑，需加强心理素质；

75～99 分：严重的考试焦虑，加强心理素质训练，必要时向专业人员求助。

第三节　学习策略

心灵求索

小李最佳的学习策略

小李是某高职学院计算机应用专业的学生，在所有的课程中最头痛的就是英语，但随着专业课学习的深入，他越来越感觉到英语水平成为他进一步学习的最大障碍。在一次“C++语言程序设计”课上，老师介绍了英语对学习计算机课程的重要性，并介绍了一些方法和策略，其中，运用计算机辅助英语学习的策略使他很受启发。之后，他根据自己的水平和特点不仅通过网络课程选择与学习主题和训练策略相关的材料进行听力训练，还上网到相关的英语学习网站选择语速、时长、词汇等难易度和背景知识复杂程度相当的听力材料进行自我训练。在听力训练过程中如碰到难以解决的问题，还可以通过背景知识阅读、答案示范、脚本同步，甚至脚本阅读等方法解决，还可将自己的听力材料以电子邮件的形式发给同组的其他成员，利用小组的力量一起解决，即通过同伴互教、小组讨论、小组练习等方式共同协作来完成学习任务。不久小李的英语进步很快，现在觉得学习英语是一种乐趣，不像原来认为学习英语是一件枯燥、乏味的事。

小李的学习经历对我们有何启发？如何利用好计算机和网络为我们的学习服务？

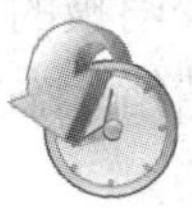

心理认知

学习策略是指学习者为有效地达到学习目标而采取的具体学习过程或学习步骤。对高职学生而言，进行专业的学习，掌握一定技能，选择一定的学习策略，对提高学习的效率和学习能力具有重要的意义。这里重点介绍几种常用而有效的学习策略。

（一）MURDER 策略

MURDER 是六种策略的英文单词字母的缩写。由丹瑟洛（D.F.Dansereau）于 1985 年提出。该学习策略系统包含相互联系的两组：

（1）基本策略系统，主要用于对学习材料进行直接操作，即直接作用于认知加工过程。该组策略主要包括领会与保持策略和提取与应用策略。

（2）支持策略系统，主要用于确立恰当的学习目标体系，维持适当的学习心态。该组策略主要包括三个方面：计划与时间安排策略、专心管理策略、监控与诊断策略。

可以看到，基本策略与支持策略是相互联系的，两者协同作用完成学习活动。在基本策略中，领会与保持策略主要用于信息的获得和储存；提取与应用策略主要用于信息的恢复和输出。这两组策略虽然在结构和程序上基本相同，但它们分别指向不同的目标，不同的学习阶段，具有不同的作用。

① 在领会与保持策略中，理解（understand, U）是指自动地分析所学内容中的重点和难点；回忆（recall, R）是指不看课本，用自己的言语表达或重新解释所学的内容；消化（digest, D）是指根据回忆结果来矫正错误，达到真正意义上的理解；扩展（expand, E）是指通过自我提问的方式对前面所理解的内容进行再次的加工，以求融会贯通；复查（review, R）是指对整个学习过程进行全面的复习，并通过测验来加以考察。

② 在提取与应用策略中，理解（U）是只在某种具体的情景中，对所面临的问题和任务的理解，形成有关问题的条件、目标、性质等心理表征；回忆（R）是指回想与问题解决有关的要点；解释（D）是指具体详细的回忆和解释要点；扩展（E）是指把提取出来的信息加以整理和组织，形成解决问题的方案；复查（R）是指对问题解决的适当性进行检查和评价。从上述分析中可以看到，领会与保持策略和提取与应用策略是相互联系的，前者是基础，后者是它深入与提高。因此，丹瑟洛将前者称为第一级策略，后者称为第二级策略。

然而仅有基本策略还不足以顺利地完成学习活动，支持策略在学习活动中也是非常重要的。支持策略，顾名思义，是对基本策略的支持，属于辅助性的策略，但这并不意味着它是可有可无的。支持策略由三类策略构成：计划与时间安排策略、专心管理策略和监控与诊断策略。

③ 计划与时间安排策略主要指确定学习的目标与进程。根据目标的大小、范围等的不同，可以设置一个目标体系，该体系包含了大、中、小、远、中、近等一系列的目标。可以根据所设立的目标来安排学习进程，同时也可以根据学习进程适当地调整学习目标。

④ 专心管理策略是支持策略的中心，包括心境设置与心境维持两种策略。心境设置（mood-setting, M）是指在学习之前使学生处于积极的情绪状态，克服并减少消极的情绪。心境维持（mood-maintenance, M）是指在心境设置的基础上，使积极的情绪状态在整个学习过程中都得到保持。

⑤ 监控与诊断策略和基本策略系统中的复查策略相似，但它主要是对整个学习策略系统的监控与诊断。

支持策略与基本策略是密切联系的，它们共同决定了学习策略的有效执行及学习活动的顺利完成。支持策略与基本策略中的领会和保持策略共同构成了第一级策略，即第一级MURDER。支持策略与基本策略中的提取和应用策略共同构成了第二级MURDER。

（二）复习策略

复习策略解决如何对所学内容进行适当的重复学习，主要用于信息的长时记忆与保持。根据遗忘发生的规律，根据采取适当的复习策略来克服遗忘，即在遗忘尚未产生之前，通过复习来避免遗忘。

1. 复习的时间

应该注意及时复习和系统复习。及时复习可以较大限度地控制遗忘，但它也不是一劳永逸的，要想长时间保持所学的内容，还必须进行系统的不断的复习。根据有关研究，有效的复习时间最好做如下安排：

第一次复习：学习结束后的5～10分钟，比如下课后将要点加以背诵；或者阅读后尽快用自己的语言来表述所学的内容。第二次复习：学习当天的晚些时候或学习结束后的第二天。重读有关内容，将要点用自己的语言表述出来。第三次复习：一周以后。第四次复习：一个月后。第五次复习：半年后。

在每次复习时，究竟用多长时间是最有效的呢？是否复习时间越长，记忆效果越好呢？对人类记忆的研究发现，人们对事件的开始和结尾具有较强的记忆，而对中间的记忆较差。比如，若连续复习3小时，那么只有一次开始和结尾，可能产生两头记忆效果好而中间记忆效果差的现象。为解决这一问题，可以将连续的集中复习时间加以分散，分为几个小的单元时间，中间穿插短暂的休息。这样，就能够增加开始和结尾的数量，进而提高记忆效果。至于每一单元的复习时间，可根据学习材料的趣味性与难易程度而定。

2. 复习次数

学习完某一新内容后，复习多少次最有利于记忆？这涉及到过度学习的问题。所谓过度学习，即在恰能背诵某一材料后再进行适当次数的复习学习。这种重复学习绝不是无谓的重复，相反，它可以加深记忆痕迹以增强记忆效果。一般而言，过度学习的程度达50%～100%时效果较好。例如，当你识记某一材料读6遍刚好能够记住时，那么最好你再多读两三遍。但要注意，这并不意味着重复次数越多越好，超过100%的过度学习反而会引起疲劳、注意力分散甚至厌烦情绪等不良效果。

3. 复习方法

要注意选择有效的复习方法。研究发现，许多人经常反复地、一遍遍地阅读某种材料，以期达到记忆的目的。这种方法虽然也能够使学习者最终记住有关内容，但事实上，它并不是一个非常有效的复习方法。较好的方法是尝试背诵法，即阅读与背诵相结合：一面读，一面试着背诵。这样，可以使注意力集中于学习中的薄弱环节，避免平均分配学习时间和精力，进而达到提高学习效率的目的。此外，还应尽量地调动起多种感官来共同地进行记忆，眼到、口到、耳到、手到、心到，多种形式的编码和多通道的联系增加了信息的储存和提取途径，自然就使记忆的效果得到可增强。

复习策略的主要目的在于使信息在头脑中牢固保持。而一系列的研究证明，只有理解了的信息才比较容易记忆并长久保持，反之，呆读死记的东西既难记，也容易遗忘。因此，复习策略应该与其他的学习策略协同作用，共同促进学习效果的提高。

（三）阅读策略

1. SQ3R 法

（1）浏览（survey）。阅读的第一步就是对阅读内容进行浏览，从整体上把握文章脉络，为仔细阅读做准备。

（2）提问（question）。把文章的标题及主要内容转化为问题的形式，在问题的提示下深入阅读。

（3）阅读（read）。根据问题提示阅读内容并寻找问题答案。主要依赖于学习者的理解。

（4）背诵（recite）。经过上面的阅读过程，学习者已经理解了课文中的大部分内容，现在学习者把课本合上，看看有多少课本内容已经能够记住，还有哪些没有能够透彻理解并记下来，需要进一步加工。

（5）复习（review）。阅读过的内容要在脑中长期保持，就必须复习。通过复习加深对阅读的巩固、理解，并建立有关内容之间的联系。

2. PQ4R 法

（1）预习（preview）。快速浏览材料，对文章的主题和主要标题有一大致了解。

（2）提问（question）。针对阅读内容提出一些问题，如谁（Who）？什么（What）？何时（When）？为什么（Why）？怎么样（How）？

（3）阅读（read）。针对内容进行阅读，全面了解内容。

（4）沉思（reflect）。理解所学内容的意义，包括把现在所学内容与学习者已有的知识相互联系起来，把课文中的细节和主要观念联系起来，对所学内容做些评论等。

（5）背诵（recite）。

（6）复习（review）。

3. OK5R

（1）纵览（overview）。相当于以上所述浏览。

（2）提出关键点（key idea）。即列出文章中主要的关键的内容，为下一环节的阅读做准备。

（3）阅读（read）。

（4）摘录（record）。在阅读的基础上把文章中主要的内容摘抄下来或在脑中重点加以阅读理解。

（5）背诵（recite）。

（6）复习（review）。

（7）反思（reflect）。对整个阅读过程进行反思，包括有无理解、记住内容、阅读速度是否合适、有哪些方面需要加以改进等。这一环节在阅读过程中显得尤为重要，它体现了阅读策略的核心。因此在阅读时，必须充分重视这一环节。

（四）问题解决的 IDEAL 方法

成功地解决问题，既取决于个体所拥有的相关知识，又需要个体的解题策略。解题策略分为两大类：一类是通用的一般思维策略，该类策略不受具体问题的限制，是一般性的方法与技能；另一类是适合于某一学科的问题解决的具体的思维策略，与具体的学科内容有关。这里仅就一般的解题策略加以介绍。

IDEAL 是布兰斯福德等（J.D.Bransford & B.S.Stein）于 1984 年提出的解决问题的一般策略，以她所划分的五个步骤的英文首字母命名。其五个步骤如下：

（1）识别（identify）。注意到、识别出所存在的问题。例如，注意到内容中的不一致、不全面之处；或者意识到自己学习过程中所遇到的困难等。

（2）界定（define）。确定问题的性质，对问题产生的过程和产生的原因进行解释。该过程直接影响着以后所确定的解决问题的方法。

（3）探索（explore）。搜寻解决问题的可能的方法。该过程受到前面的问题界定的影响。

（4）实施（act）。将解决问题的方法付诸实施。

（5）审查（look）。考察问题解决的成效，搜集有关的反馈信息，以便为进一步改善解决方法、更有效地解决问题奠定基础。

总之，学习虽然是一种非常普遍的活动，但其中蕴涵着极其丰富的规律。随着研究的不断发展，对学习规律的探讨也将更加深入和更为准确，从而也更有利于指导人们进行科学而有效地学习。为了自身的成长与完善，更好地适应和改造环境，以促进社会的进步和发展，高职学生了解并充分利用有关的学习规律都是非常必要的。

1. 互动训练

观看两段录像，一段是在自然状态下，人们之间在交流与交往中的非正式学习；另一段在学校课堂上的正规学习。将学生分成若干小组，讨论两者的异同及其优点与不足，讨论结束后，每个小组选一名同学代表本组与其他各组成员分享他们的观点。

2. 测试

下面是一个学习习惯测量表。

下列问题。符合自己的就答“是”，不符合的就答“否”，难以决定的就答“不一定”。

（1）经常做好课前的准备工作上吗？

（2）在学习中有经常沉迷于空想的时候吗？

（3）学习时有下意识的动作吗？

（4）课上勇于发表自己的见解吗？

（5）能独立、认真、及时完成作业吗？

（6）经常复习学习过的知识吗？

（7）试卷或作业上的错题，能及时订正吗？

【评分标准】

第（1）、（3）、（4）、（5）、（6）、（7）题，答“是”给（2）分，“不一定”给 1 分，“否”不给分；第 2 题，答“否”给 2 分，“不一定”给 1 分，“是”不给分。

总分 3 分以下非常差；4～6 分较差；7-8 分～般；9～12 分较好；13～14 分以上非常好。

3. 思考题

（1）你喜欢何种学习方式，正式学习还是非正式学习？

（2）结合你就读的专业，谈谈选择高职院校学习的目的和动机。

（3）你认为自己目前在学习方法上存在哪些方面的问题？如何形成自己的有效学习策略？

（4）作为高职院校的学生，你认为目前学习中遇到的主要心理障碍是什么？是什么原因造成的？如何调节？

（5）结合就读的专业，谈谈你对学习和就业关系的认识。

（6）如何才能培养自己的学习的毅力和自控力？

（7）如何养成良好的学习习惯？

第九章 高职学生的网络心理健康

> 不要忘记对网络的依赖和对其他事物的依赖一样，
>
> 都是一种不独立，缺乏自信的表现。
>
> 一旦人们过于依赖计算机处理生活中的所有事情，
>
> 就会把本来是好的事物弄得一钱不值。

（1）了解高职学生网络心理的特点。
（2）理解网络成瘾综合征的特征及防治。
（3）掌握网络心理障碍的调控方法。

第一节　高职学生网络心理的特点

网络给我们带来什么

对于如何面对网络、使用网络，高职学生意见不一。在一次关于网络的班会课上，某高职学生章科说："我觉得现实的校园生活中师生之间、同学之间交流不多。我们拿什么来满足自己的精神渴求？有谁来缓解我们的成长压力？虚拟的网络，反而给我们提供了一个心灵驿站。我们喜欢在网上体会感动、爱情以及种种情感的慰藉。我见过在网络上因为写帖而将自己的'作文'水平大大抬升一步的小才女；因为聊天而练得一手快而准的五笔输入的圣手；我见过因玩游戏和上 BBS 而精通多种网络语言和技术的技师；我更见过那么多的'80 后诗人'是在网络上成长和成名的；我们为什么要谈网络色变？网络上我们可以与诸多现实里的成功人士、知识分子、专家智者交流，随时可以获得知识与教诲。一些同道中人也会不计路径的虚拟而施以援手或相互切磋进步。网络让我受益。”

章同学的好朋友小西却反对说：“因为迷恋网络，我学习成绩下降，却无力自拔。下网后，感觉空虚、空白、茫然、孤独甚至是恐慌，并在心中指责自己，甚至悔恨交加。现实生活中脾气越来越暴躁，做事情越来越冲动，常常会无缘无故地发火、砸东西。我该怎么办？”

他们谁的说法更合理呢？

心理认知

网络作为一种新型的信息传播和人际交往工具，对高职学生的学习、生活和心理健康产生着越来越重要的影响。网络的超地域、血缘、业缘性，便利、快捷、互动性强等特点，给高职学生的心理行为带来全面的影响。

一、网络对高职学生行为的影响

1. 改变高职学生的学习方式

网络为高职学生提供了获取知识的新渠道。网络对高职学习的介入，帮助高职学生打破了局限于课堂、埋头于书本的僵局，不仅扩大了其知识面，而且提高了高职学生学习的积极主动性。网络为高职学生展开互动交流式的学习开辟了足够的空间和便捷的方式。高职学生可以通过网络课堂、BBS、电子邮件以及网上视频等多种方式和老师、同学展开广泛的交流。

但是，网络也导致了高职学生的一些不良学习行为的出现。由于网络的隐蔽性、自由性和快捷性，也滋长了高职学生的一些不良学习行为。有些高职学生在网上下载相关文章作为作业交给老师；有些高职学生在网上帮别人做作业、写论文赚钱，更有甚者，连考试也能在网上找到“枪手”。这些不良行为的滋生与蔓延不仅扭曲了高职学生的学习态度，也败坏了学风和学术伦理。网上的垃圾信息和不健康的内容挤占了部分高职学生大量的学习时间，冲击着正当的学习，使少数学生难以抵抗诱惑，沦为网迷、网虫，形成对互联网的成瘾甚至依赖，进而直接导致不良的学习态度，以至影响学业。一位高职学生说：“我原本是一个很要强的男孩，自控能力很强，是电脑网络改变了我，把我从诚实、上进中拉了出来，变成了一个厌学者，成为贪玩的无赖。”

2. 改变高职学生的生活方式

在高职校园里，在网上付费注册可获取学习娱乐资料，在网上购“书”，网上的书店品种不仅齐全，价格还低廉，选择自由。通过数字化复制技术满足了高职学生追求个性发展的需要，高职学生通过对复制、生产权力的分享，即对自己所选择的对象加以复制并据为己有的消费，从创建网络个人空间，到编辑个性化音乐、图像、文学作品等，大大提高了高职学生 DIY 的成就感。

3. 改变高职学生的交往方式

随着电脑网络的不断扩展，网络交往使得人们的交往范围扩大，人际沟通的时效性、便利性和准确性不断提高。对于那些不擅长交流的学生来说，互联网的使用，使他们不必通过面对面的碰撞去感受许多不愉快，反之可以利用互联网使用自己喜欢的方式在网上进行交流，寻求内心的平衡，减轻或消除人际交住中的焦虑和不安。因此网络交往每每让人留连忘返，不少学生通过网络交往增强自信和人际交往范围，从以往狭小的生活圈子走出来，突破地域限制，实现“朋友遍天下”的梦想。网络为高职学生提供了诸多方便快捷的交往方式，例如，电子邮件、BBS论坛、网上聊天、网络游戏等，甚至还能提供网上的语音和视频的交流。与传统交往方式相比，网络交往方式多了一份自由，少了一丝束缚；多了一份神秘，少了一丝真实，对于心理正处在不稳定期的高职学生来说，极具吸引力和诱惑力。

但是，网络在某种程度上导致高职学生现实人际交往能力减弱。人际交往的一个基本内容就是人际互动。网络为高职学生提供的交往空间是一个既隐蔽又流动的非面对面的情境，高职学生在其中互动时，既不会被人监视，也不用太顾忌社会规范的压力，他们在现实社会互动中的人际障碍，如家庭背景的悬殊、生活方式的不同、生理和心理的差异等均可在网上消失，取而代之的是他们在网上非常平等、非常自由和普遍的交往关系。这使得许多高职学生乐于在网上交友，面对现实中的人际接触却避而远之。长此以往，必然导致现实高职学生人际交往能力的减弱。

二、网络对高职学生心理的影响

（一）网络对高职学生心理的积极影响

1. 满足高职学生的求知欲

充满求知欲是青年学生的主要心理特点。网络上超乎想象的丰富信息资源是其他媒体所不具备的，它把不计其数的局域网连接起来，成为全球最大的图书馆和信息数据库，内容涉及社会生活的方方面面，大大拓展了高职学生的视野，为高职学生带来了全新的生活体验。网络信息集图、文、声、像于一体，对人的感官造成多方面的强烈刺激，模拟仿真的逼真，足以跨越时空的界限，实现人们在现实生活中无法实现的梦想。高职学生正处在精力旺盛、求知欲强、想象力丰富的人生最佳阶段，网络上丰富的信息资源，足以满足他们的求知心理。

2. 为高职学生的不良情绪提供一个宣泄途径

随着社会竞争的日益激烈，社会对人才质量的要求越来越高。许多高职学生在这种情况下承受着巨大的心理压力，造成了高职学生的学业负担相对较轻，而心理压力相对较重的现象。面对求学与就业中的竞争、冲突、矛盾和挫折，他们对社会环境以及校园生活中的诸多不完善的方面大为不满。网络的隐匿性、开放性、便捷性和互动性等特点，给高职学生适时地转移、倾诉和宣泄自己的不良情绪提供了机会和场所。通过这一方式，可以宣泄被压抑的不良情绪，获得一定的心理治疗效果，这如同人们喜欢唱卡拉 OK、听摇滚乐、喜爱足球一样，这对成长中的青年学生是有益的。

3. 促进高职学生情感表达

高职学生既需要了解别人，也需要通过别人来了解自己，需要爱与被爱，需要归属和依赖，需要有机会显示自己的优越，展示自己的专长。通过上网寻求人与人之间的以互相关心、互相理解和互相尊重为要素的广义的人类之爱，是一种潜藏在高职学生内心深处的极为深刻的上网动机。他们在网络中结识朋友，获得现实生活中无法得到的情感交流、尊重和满足感。网络给他们提供了一个最好的，使每个人都有的，对爱的需要得以满足的场所。在网络里，他们表达情感的方式主要有聊天、建立个人主页、网恋和在 BBS 上发表自己的观点及见解。

4. 促进高职学生自我意识的提高

通过网络学习，高职学生不仅能改进自己的学习方法，拓宽自己的知识面，提高自己学习的能力和效率，而且能提高自身的自我意识，提高综合素质。高职学生在网络世界中了解人和物，与网络的交互作用，从虚拟世界中社会角色的认知体验引起对现实世界中社会角色职责及义务的思考，使自己面临危机感，体验着内心的冲突，当他们内心的冲突和矛盾得以化解时，学生们收获的将是更快的成熟和完善，更好地自我认识、自我体验和自我调节，对过去的作为有所审视和反省，增强自尊、自信和自我效能感。从总体上看，网络学习强化了高职学生的主体意识，使高职学生发现了自我能力，促进了主体精神，并通过自我控制和自我教育，检点自己的行为，促进着高职学生的身心健康。

（二）网络对高职学生心理健康的消极影响

不善于利用网络往往给高职学生的心理带来消极影响，具体表现在以下几个方面：

1. 逃避心理

如今高职学生多为独生子女，在成长过程中所受的挫折教育较少，心理承受能力较弱。脱离家庭、父母呵护的他们面临高职学生活中的种种问题，无法妥善解决而引发心理困惑，常常在网上寻求心理逃避和解脱。一些高职新生因为不能适应高职学院生活而上网消磨课余时间，有的高职学生因为人际关系处理不好而到网上寻求安慰，有的同学则因为情绪的波动和起伏而在网上寻找平衡，也有些同学在遇到困难时不能正确面对，通过上网游戏、娱乐逃避困难等。互联网成了他们逃避现实、寻求自我解脱的一个良好的渠道和环境。

2. 感情纠葛

各种情感问题如失恋、多角恋爱、婚外恋等都是网络生活中容易出现的情感问题，由此带来的精神创伤时时危及年轻气盛、情感丰富的高职学生的心理健康。

3. 焦虑和浮躁心理

技术的迅猛发展，信息的爆炸性增长有时会使得高职学生担心自己的知识更新赶不上网络的发展，被新技术淘汰，而产生心理焦虑；另一方面，网络通道拥挤；网上人际关系的不确定性与隐匿性，庞杂无序、良莠不齐的内容，访问速度太慢等缺陷，使高职学生上网者无所适从，产生焦虑或浮躁情绪，严重的甚至会发展成为“电脑狂暴症”，即电脑出现故障后产生沮丧和焦躁等情绪，表现为向电脑发泄无名怒火或将不满转嫁给同事甚至其他不相干的人。

4. 虚拟的自我实现心理

强烈的自我意识是高职学生群体的一个显著特征，在网络上，高职学生可以享受到网络特有的平等、自由、成功、刺激的感觉，学习与就业的压力、社会与家长的希望造成的心理上的压抑与孤独，在网络上一扫而光；他们可以突破社会及他人对自己行为的匡止与评价，轻松地实现从小梦想成为的侠客、富翁，可以在模拟战争中指挥千军万马搏杀疆场……部分高职学生上网为了玩游戏，在游戏获胜后有一种成就感。这是因为网络游戏能够部分地满足他们的自我实现需要。互联网成了他们逃避现实、寻求自我解脱的一个良好的渠道和环境。

5. 逆反心理

高职学生正处于思维独特、兴趣广泛、个性张扬的时期，对现实生活不满，对传统、正规、权威进行排斥和挑战成为他们现实生活中的普遍现象。网络中信息的非正规性、网络社区的非政治性、网络言论的自由性以及网络空间充斥的种种与现实道德传统相悖甚至冲突的导向，既迎合了高职学生“反其道而行之”的逆反心理，又催化了这种心理。当他们学习、生活中的困难和问题与需要不能得到满足时，产生的焦虑、困惑、不满等思想情绪无法在现实中化解，便会通过网络进行宣泄。

三、正确看待网络的影响，提高网络学习能力

互联网是一柄双刃剑。我们应该辩证地看待网络在我们生活中的影响和作用。在看到互联网给我们带来巨大好处的同时，我们也应当看到其负面效应。高职学生们要端正上网的动机，学会慧眼，把网络的利弊看得清清楚楚，网络给我们带来的是福还是祸，归根结底在于如何利用它、掌握它、发展它。高职学生只有充分认识了这一点，才能在潇洒地展示自身网络本领的同时，充分考虑人与社会的良性互动，科学利用互联网收拢个人放纵的意志欲求，以理性取代任性，以道德化的网络正常运作取代肆意践踏网络资源的行为，这些都需要高职学生们良好的自我约束和控制意志。

（一）明确网络心理健康的标准

网络心理健康标准包括：健康的上网动机，合理满足自己和他人需要；能使用健康的网名，保持较稳定的自我身份；比较真实、客观地表现自我，较少欺骗行为；尊重他人，不攻击他人及网站；适度宣泄情绪；有效管理时间；客观对待网络环境，有较强信任感与安全感；不把网络作为生活中唯一的兴趣爱好；自我监控能力良好。

（二）提高网络学习能力

高职学生要用科学的认识观来认识网络。我们必须清醒地认识到网络文明是人类文明的巨大进步和革命性的飞跃，人类已离不开网络。但网络的正负两面性，像一把“双刃剑”，给人类文明带来巨大的惊喜的同时，也时常让人忧心忡忡。对待网络，绝对不能因为它的负面因素而抱以消极悲观的态度，要趋利避害，积极应对。

高职学生要全面学习网络知识和技术。通过学习网络科学知识，掌握网络技术技能，从科学的层面来认识网络，走进网络。另外，作为高素质的网民，必须提高自己的识辨能力，培养良好的上网习惯，提高对网络的驾驭能力。

（三）培养健全的网络自我意识和网络人格

高职学生必须自觉养成良好的网络自我意识，确保自己在网络环境中保持清醒认识和理性思维；在网络环境中确保自我认识现实而又客观，适应社会而又保持独立；建立适宜的人际关系，保持情绪稳定，协调人格结构。只有具备良好的自我意识和健全人格的网络主体。才有可能成为适应网络和现实社会的人。

（四）形成高尚的网络道德和优雅的审美情趣

网络给道德伦理带来的难题主要有：信息污染、信息欺诈；“信息崇拜”的负效应；对个人隐私的挑战；对知识产权保护的威胁；对网民道德人格的考验；对人性带来的扭曲等。作为高职学生的网民，面对诸多的网络道德伦理的考验，要学会自尊、自爱、自律、自省，提高网络道德意识和水平。面对网络这个丰富多彩、光怪陆离的世界，保持高昂的情调、高雅的格调和较高的审美能力，维护网络净土。

心灵互动

1. 互动训练

（1）网络给我带来什么？

请填写以下内容：

① 每周平均上网时间：____________________。

② 上网一般做什么：____________________。

③ 每周平均花费多少钱：____________________。

④ 上网后(从网吧出来)心情一般是：____________________。

（2）1 分钟接力（5 分钟）。

游戏规则：在规定的 1 分钟时间里，每组派一个代表以接力的形式回答问题；答不上的那组被淘汰出局；最后胜出的那组为胜者，给予一定的奖励。

2. 思考题

（1）说说上网都可以做些什么？

（2）说说上网都有哪些好处？

（3）说说上网都有哪些坏处？

第二节　防治高职学生网络成瘾

在网络里无力自拔的小徐

小徐是某高职院校二年级学生，高中时学业成绩优异，可惜高考发挥失常，没能如愿进入理想的本科院校，心情特别沮丧。到了高职院校后，辅导员特别重视和欣赏他。在辅导员的鼓励下，小徐通过竞选当上了某社团的组织部部长，但在社团的活动中，不知什么原因他总觉得很多人不听他的，甚至与他对着干，工作总是不能顺利开展，危机感、焦躁甚至一点点自卑笼罩了他的全身。最近，他迷上网络，在那个领地他感觉自己就是绝对的领导和英雄，有许多人崇拜他。在某个大型论坛的“斑竹”身份使他备受“尊崇”，QQ上在无数“MM”间左右逢源使他俨然成为一代“情圣”。有时他甚至在想：“也许我就是为了这个网上世界而生的。”于是，所有的假日成了他“辟谷”修炼的时间，关节的酸痛与眼睛的干涩成了他对自己的“磨炼”，甚至原本的睡眠时间也变得似乎可有可无。是的，他宁愿不吃、不睡，宁愿忍受身体上的不适，仅仅是因为自己不愿意去经历断网那一刻的落寞，似乎在那一刻他的灵魂也随之逝去……但因为上网时间过多，学习成绩直线下降，对社团活动也失去热情，他自己也感到无奈。

辅导员多次找小徐沟通，严厉批评了小徐，希望他能把精力放在学习和社团工作上。社团的同学们也闹着要改选组织部长。小徐非常烦躁，他觉得怎么谁都与他过不去。看来还是在网络上受人尊重。唉，现实生活很没意思！

心理认知

21世纪是网络信息的时代，在时代的大趋势下，思维活跃敏锐、接受新生事物能力强的青年高职学生，自互联网出现，便以极大的热情接受并迷恋上了它。然而高职学生网上不良行为，以及网上的虚假信息、灰色信息，已对青年高职学生的精神世界带来很多消极影响，对高职学生身心健康造成了不小的危害。

一、高职学生网络成瘾的特征与类型

网络成瘾，也有人称之为网络综合征，表现是过度上网，每天耗在网上的时间在8～10小时以上，如果没有上网，则表现出精神颓废、萎靡不振等现象。

（一）网络成瘾者的特征

网络成瘾者对互联网的依赖程度已非一般，最主要的表现是无法控制上网时间，常

常无休止地上网。据美国的一份研究报告指出，网络成瘾患者通常漠视现实生活，早上一起床就有上网的欲望，晚上睡觉时也梦见白天浏览的内容。患者多沉溺于网上聊天和网上互动游戏，几乎不理会现实生活的存在。刚开始时，患者会出现上述精神上的依赖现象，到后来可以发展为躯体上的依赖，出现一系列的生理症状，如情绪低落、头昏眼花、双手颤抖、疲乏无力、食欲不振等等。更为严重的IAD患者还会产生其他的并发症，如心血管疾病、胃肠神经官能症、紧张性头痛、性情变异等。

患有网络综合征，主要表现为以下几方面的症状：

（1）网瘾越来越大，需要不断增加上网时间才能达到同样的满足程度。

（2）如果一段时间（从几个小时到几天不等）不上网，就会变得明显地焦躁不安，不可抑制地想上网，时刻担心自己错过什么，甚至做梦也是关于互联网的内容。

（3）时间失控，上网频率比预先计划高。上网时间总是比事先计划的要长。例如，经常说“再过一分钟就下线”，但缩短上网时间的努力总是以失败告终，生活中有大量的时间都花费在与互联网有关的活动上。例如，安装和尝试新软件，整理和编辑下载大量的文件等。

（4）正常的社交、学习、职业和生活变得无序，经济和情感的稳定性受到严重威胁。虽然也能意识到上网带来的严重问题，但是无法克制，仍然继续花费大量的时间上网。

（二）网络成瘾的类型

网络成瘾的高职学生们在网络上多半时间花在聊天、游戏、看电影和交换电子邮件等，他们成瘾的类型包括：游戏成瘾、交际成瘾、技术成瘾、信息成瘾和色情成瘾等。

1. 色情网络成瘾

这种类型是指通过浏览网络上的色情内容，包括色情文字、音乐、图片、动画、电影和色情聊天等达到性满足。从青年学生的年龄特征来看，青年学生正处于性生理成熟之后性满足的延迟期，极易受网络色情内容的诱惑而导致网络色情成瘾。

某高职院校小王，天天要上色情网站浏览各种图片，一天不看就觉得无精打采。为了支付高额的浏览费用，他省吃俭用，借遍身边所有能借的同学和朋友的钱。他想克制自己，专心学习，可是做不到。

2. 网络交际成瘾

这种类型主要是指过分迷恋通过网络上的人际交往建立彼此的友谊或爱情，并用这些关系取代现实生活中的人际关系。青年学生群体是一个特别渴望与人交往的群体，由于网络的独特魅力，在青年学生中也就形成了网络关系成瘾的电子隐士族等，痴迷网络人际关系，甚至逃避现实中正常的人际交往，从而产生“人机热，人际冷”的现象。

某同学，他是被冷落的那一个，尽管在他的周围有很多的圈子，但他显然不属于其中的任何一个，有时甚至连他自己都忽略了自己的存在。只有在网络里他是著名的“斑竹”，受追捧的“情圣”，为了上网，他可以不吃饭、不上课、不洗澡，因为在网上他是最受欢迎的人。

3. 网络强迫行为

这种类型主要是指不可抑制地参与网上讨论、购物、拍卖等活动，收集或下载毫无价值的信息、软件，明知无必要，但又无法控制自己，是自己的学习生活受到严重影响。

高职学生小钱专业素质好，平时在一家软件公司兼职，他喜欢上网收集资料获取创作灵感，但不知从哪一天开始，他忽然发现自己对网络上的信息总是不停地收集，仍担心自己漏掉关键信息，整天处于惶恐不安当中，工作效率下降了，人也憔悴了。

4. 网络游戏成瘾

这种类型主要是指长时间地沉迷于网络游戏而不能自拔。有的同学整天不出门，上网打游戏，生活中也没有朋友没有要好的同学。

小杰一进大学就迷上了网络，除了打游戏、视频聊天外，他还非常崇拜网络黑客。通宵达旦的网吧上网让他感觉不便，便给家里打电话让寄 5000 元钱买电脑。父母担心他有了电脑会更加逃课上网，坚决不支持。小杰干脆在电话里以死相要挟，说 5000 元现金和你儿子的命你们看哪个更值钱，吓得父母立马乘火车赶到他所在的学校，好言相劝终于满足了小杰的要求。

二、网络成瘾形成的原因

高职学生网络成瘾的主要原因是使用网络不当、高职学生在成长过程中表现出来的个性心理和家庭教育、学校教育、社会管理等方面的综合影响所致。

1. 网络使用不当

网络成瘾的高职学生不是把网络当成学习的工具，而是当做玩具，娱乐消遣。在网络的认识和方法上存在误区。上网是为了聊天、交友或游戏，很少利用网络用来学习，因而形成恶性循环。

2. 现实生活中的失败

网络成瘾的高职学生往往自我感觉得不到父母、同学和老师的理解与尊重，因而导致自信心缺乏，转而自暴自弃，在虚拟世界寻找自信。据调查，网络成瘾的高职学生的父母教养方式显出更少的情感、温暖、理解，更高的拒绝、否认和惩罚。他们在学校生活中往往比较受挫。因此，造成高职学生心理不健康和不同程度的网络成瘾倾向，家庭、学校要负一定的责任。对于学业成绩不理想的孩子要给予关怀与尊重，帮助他重建个人自信心；而对于成绩好的网络少年则应该在发展智力的同时，注重其情商的培育。

3. 个性原因

网络成瘾的高职学生常常是孤独和抑郁的,他们喜欢独处、敏感、倾向于抽象思维、警觉、不服从社会规范等。性格比较内向孤僻,不善于拓展交往圈、人际沟通乏术，缺乏自我控制能力，在生活中无法面对现实、容易受环境的支配等。具有这些人格特征的学生，比较容易患上网络成瘾综合征。

三、网络成瘾的防治

(一)高职学生自身努力是解决问题的关键

1. 在现实生活中发展优越感

在现实生活中具有优越感的人，几乎不可能患上网络成瘾综合征。网络成瘾患综合征者一旦在现实生活中获得足够的优越感，对网络的依恋自然会解除，症状也会随之减轻甚至消失。因此，成绩不好的学生应该多参加课外活动，找到适合自己发展的方面，然后集中力量去发展这个方面，像足球、演讲、写作等，并在其中找到优越感，这样就能促进他们的健康成长，逐步摆脱对网络的依赖。

2. 设定目标

网络成瘾者在选择上网的主要目标时，应把要完成的具体任务列在纸上，并围绕目标分配上网时间，消除毫无目标的漫游现象。不要认为这个两分钟是多余的，它可以为你省 10 个 2 分钟，甚至 100 个 2 分钟。不要把上网作为逃避现实生活问题或者消除消极情绪的工具。理由之一，当你 N 小时后下网的时候，问题仍然在那儿。理由之二，你的上网行为在你不知不觉中已经得到了强化。

3. 限定时间

网络成瘾者在上网的时候要看一看你列在纸上的任务，用 1 分钟估计一下大概需要多长时间。假设你估计要用 40 分钟，那么把小闹钟定到 20 分钟，到时候看看你进展到哪里了。如果嫌用闹钟麻烦的话，可以在电脑中安装一个定时提醒的小软件，在上网的同时打开，这样就能有效控制你的上网时间了。缺少明确目标，则极易被网络牵着鼻子走，导致网络成瘾。

4. 丰富自己的业余生活

网络成瘾者应培养自己广泛的兴趣，多参加社会实践，用其他爱好和休闲娱乐方式转移注意力，冲淡网络的诱惑。高职学生要特别注意体育锻炼，这不仅有利于身体健康，也有益于心理健康及预防矫治网络成瘾。

5. 与亲友、老师、同学建立良好的人际关系

网络成瘾者在现实生活中要获得大家的理解与支持，在和他人相处时，就要克服凡事要完美的个性，给自己和他人留些空间，要多用欣赏的眼光看世界，学会去爱，从而促使自己拥有博大的胸怀，获得别人的尊重与信任。

6. 培养自己的意志、品质，增强自我约束能力

网络成瘾者要加强对不良情绪的调节，保持健康的情绪。克服网络成瘾是一个艰苦的过程，没有良好的意志、品质，很难戒除。

7. 走进心理咨询室

网络成瘾者可以通过心理咨询，让心理医生从精神上给成瘾者理解和支持，树立其治愈的信心。同时，心理医生也会根据成瘾者的痴迷程度，用准确、生动、专业的语言引导其认识网络成瘾的形成原因与危害，实施心理矫治，这样才能真正解决网络成瘾问题。

（二）建立社会支持系统

网络成瘾并不是一个人或者某个家庭的问题，它的出现有一系列的社会原因，所以解决网络成瘾也需要全社会的共同努力。学校老师应提高对网络的认识，开展对学生上网的教育，提高对校园上网场所和上网监控的质量，丰富校园生活以减少网络成瘾的发生。此外，政府部门要加强商业网吧管理，严格控制网络色情等不健康文字、图片、音像信息的传播，打击非法网站，为学生提供一个良好的社会环境。只有在家庭、学校、政府部门相互配合下，才能真正做到有效地预防高职学生网络成瘾的发生。对于网络成瘾者应通过系统、有效地心理辅导、团体训练，为其提供行为训练，增强其戒除网瘾的信心。

总之，防治高职学生网络成瘾是一个系统工程，需要多方面的教育、引导、关心和帮助。我们不应该把高职学生网络成瘾看成一种不可治愈的疾病，而应看成是一个青年成长过程中遇到挫折之后出现的暂时障碍，要帮助他们消除这个障碍，只要他能跨过这个坎，就能很好地面对将来的人生。

1. 互动训练

（1）制定一周上网计划，包括具体时间和内容。

（2）严格按计划执行。

（3）检查执行结果：如果能执行，给自己奖励。如果不能执行，分析原因，与老师、同学交流改进方法，对自己进行一定的惩罚。请同学帮助监督自己。改进下周上网计划。

2. 测试

下列一组问题可以让你自我测试你有没有网瘾以及网瘾程度，如果对五个问题的回答是肯定的，说明对网络已产生依赖，请赶紧悬崖勒马。

（1）你的上网时间是否经常比预算的长？

（2）是否觉得互联网占据了你的身心？

（3）是否无法控制使用互联网？

（4）当互联网接口被断开时是否感到烦燥不安？

（5）是否将互联网作为能解决痛苦或改变心情的办法？

（6）是否对家人或朋友隐瞒你迷恋网络的程度？

（7）是否因为上网面临危险？

（8）是否在超出预算后经常忍不住第二天再去？

（9）是否在下网后感到焦虑？

（10）是否觉得需要不断增加上网时间才感到满足？

【评分标准】

答一个“是”得 1 分，看看你的总分有多少？

总分 5 分以上：网瘾不大；总分 5 分和 5 分以上：网瘾很大；总分 8 分和 8 分以上需要诊断是否得了网络成瘾综合征，并进行相应治疗。

第三节　高职学生网络心理的障碍及防治

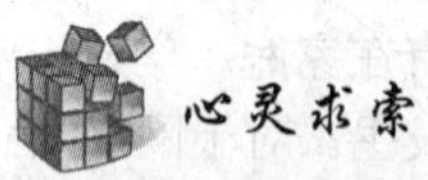

网络世界的大众情人

某高职院校的学生，生活中的他不善言谈，却特别喜欢泡在网吧里聊天会友。在网上口若悬河，成了人见人爱的“大众情人”。而且，他在网上越是感到得意，在现实生活中就越是木讷笨拙，情绪低落、兴趣丧失，并出现睡眠障碍、食欲下降、体重减轻、容易激动、自我评价降低等症状。因学业成绩差，受到父母谴责，曾有自杀意念。这位高职学生经心理医生检查，被告知患上了网络性心理障碍。

心理认知

一、高职学生主要网络心理障碍

网络心理障碍是指上网过度以致损害身体健康，并在生活中出现各种行为、心理异常。其主要表现在以下几方面：

（1）上网者的心理或行为偏离了社会公认的规范。

（2）上网者的社会价值观与现实社会错位。

（3）上网者适应环境能力缺失，社会适应能力低下。

网络性心理障碍的早期，因患者感受到上网的乐趣，因而上网时间不断延长，由此会出现记忆力下降。以后发展为依赖性，表现为每天起床后情绪低落、思维迟缓、头昏眼花、双手颤抖、疲乏无力，上网后精神状态才能恢复至正常水平。晚期患者一旦停止上网，就会出现急性戒断综合征，甚至有可能采取自残或自杀手段。

具体而言，高职学生网络心理障碍主要有以下几种情况：

1. 网络情感障碍

长期沉迷网络而脱离现实环境，会引起高职学生情感社会化的不足和情绪的偏离，产生情感障碍。其表现为：由于长期上网，对周围事物失去兴趣，内心体验缺乏，严重时对一切都漠不关心；对现实生活产生厌烦，失去激情，离开网络后便会觉得孤独和精神无所寄托；正常的人际交流出现困难。由于网络空间缺少正常的情感沟通，再加上网上浮躁的语言和刺激性的画面，常常使他们在现实中遇事不冷静而产生冲动情绪。某男学生，曾在网吧里面对声泪俱下的母亲，仍手拿鼠标，眼盯屏幕，无动于衷；而其母亲对眼前这个已连续七天呆在网吧里蓬头垢面、面黄肌瘦的儿子也毫无办法……

2. 网络人格障碍

网络在某种程度上既可以促进高职学生人格健康发展，也可以导致其人格走向扭曲，出现人格障碍。例如，部分高职学生由于长时间痴迷于网络的虚拟空间，长期脱离自我、脱离现实，极易形成虚拟人格。有的学生在网上与人侃侃而谈，但却难以和现实中的人正常交流。他们由于长期上网，因而人格发生变异，出现反传统、反主流，缺少责任感、追求异化性格、形成多重人格、甚至散播谣言、幻想网络犯罪等症状。这种人忽视社会道德规范、行为准则和义务，对自己的行为不负责任，常因微小的刺激引发攻击、冲动或暴力行为；无内疚感，不能从挫折中吸取教训，知错不改；不能与他人维持长久关系，好责怪别人，强词夺理。

3. 网络交往心理障碍

一些高职学生由于长期沉迷于网络数字化的虚拟空间的交往，以冷冰冰的“人机交流”代替热乎乎的人际交流，容易产生如下网络交往心理障碍：

（1）社交恐惧。一些同学在网络交往中越是积极活跃，在现实交往中就越是孤独内向，在这样的恶性循环中产生对现实交往的恐惧心理，言行怪癖而不合群。

（2）虚伪。网络交往的匿名性淡化了一些高职学生在交往中的责任感，引发或强化了他们撒谎、隐瞒、伪装的心理，从而形成虚伪的交往人格。

（3）多疑。高职学生在网络交往中常常会遇到欺诈、散布病毒、虚假信息等不道德的行为，因而使其觉得交往安全感下降，久而久之就会产生多疑、防范等不良的交往心理。

4. 网络性心理障碍

有的高职学生经常点击色情网站甚至伴有自慰行为。他们容易在性认知上产生偏差。网络充斥着大量挑战传统性道德、贞操观的内容和信息，诱惑高职学生认可并接受，使得高职学生在性态度、性观念上比较自由和开放，贞操观念被淡化。一些高职学生在开放的性观念的驱使下，选择性行为的放纵来宣泄自己的性需求，从而影响了其自身性心理的健康发展。

5. 意志行为障碍

上网学生的意志行为障碍主要包括：意志增强、意志减退和意志缺乏。意志增强表现为在长时间网络游戏中，不顾疲劳，继续用各种方法攻战，企图取胜过关的病态意志。意志减退是指终日沉醉于虚拟世界的上网学生，经常在上课和做作业时情绪低落，对听课、做作业不感兴趣，以致意志消沉，对学习产生厌恶感，并逐步失去信心。意志缺乏是指学生对除上网以外的任何活动都缺乏动机、要求，对工作、学习无自觉性，个人生活极端懒散，行为孤僻、退缩。

二、高职学生网络心理障碍的成因

高职学生网络心理障碍产生的原因比较复杂，主要分为网络本身因素和高职学生自身因素。

1. 网络本身因素

网络本身的特点是学生沉溺于网络的主要原因之一。开放性、丰富性、虚拟性、操作性能发挥使用者的主观能动性，满足高职学生社会交往的需要、成就和控制的需要等；网络人际交往具有即时性、自由度高和不受现实生活中的道德准则和行为规范约束的特点，这些特点使高职学生在现实世界中无法实现的东西在网络世界中能逐一变成现实。他们对虚拟世界越依赖，越是在现实中无法以一种真实生活中的方式与他人产生真正的联系，从而产生各种负面情绪，诱发网络心理障碍的产生。

2. 高职学生自身因素

（1）高职学生具有积极探索外部世界的心理倾向。而网络从多方面满足了高职学生求知、娱乐、寻找新鲜感的需求。并且由于网络的匿名性，高职学生可以随心所欲地沉迷在网络世界中。

（2）自我约束力、控制力较差。高职学生正处于心理发展尚未完全成熟的阶段，其情感、意志尚不稳定，自我约束、自我控制能力较差，对于网络中极具诱惑力而又不正确的信息和内容，不能做出正确判断和选择；对于充满暴力、富有刺激性的网络游戏，不能正确认识而痴迷其中；对于网络交往的不真实性和虚幻性无法抗拒而乐此不疲，容易形成对网络的过度依赖而无法自拔，因上网成瘾而产生种种心理障碍。

（3）人际交往的剥夺。网络是用于个人或群体沟通的社会技术，很多高职学生网民利用电子邮件、聊天室、BBS等，同远在异地的亲朋好友加强联系，但是由于上网时间过多，参加社会活动和日常人际交往的时间被剥夺，形成了社会退缩行为，在现实中，其交往能力和人际吸引力并不能被他人认可，因而感到失落，转而重新投入到网络社会中去。

（4）心理准备的错位。高职学生在长期的学习生涯中，思维习惯上重理论、轻实践，心理和情感上依赖性较强，且理想高远但承受能力较差，易有心理挫折感。当学业压力过大、人际关系不和谐、生活不顺利时，因为缺乏应对困境的能力以及相应的勇气和信心，导致心理准备错位，于是常常会利用网络作为发泄、放松或逃避的方式。而往往越是沉迷在网上，越解决不了问题，这种恶性循环只能加重他们对网络的依赖，使他们产生心理障碍。

（5）性格的缺陷。部分高职学生存在性格上的缺陷，例如，自卑、冷漠、孤僻、虚荣、过于自尊等，使得他们对于网络的认识不科学、不合理，容易在自己和网络之间建立起不正常的心理联系，从而使自己的性格缺陷进一步强化。

（6）生理变化的影响。长时间上网会使大脑中的化学物质多巴胺水平升高，这种化学物质会令患者呈现短时间的高度兴奋，沉溺于网络的虚拟世界中而不能自拔，但之后的颓废感和沮丧感却更为严重。时间一长，就会带来一系列复杂的生理和生物化学变化。例如，有一名三年级男生，经常在早上 8 点进入机房，直到晚上 9 点机房关门才离开。由于长时间过度上网，该生面容憔悴，情绪低落，并常伴有莫名其妙的言行，出现了生理和心理方面的异常。

3. 社会环境的因素

首先，社会的飞速发展、竞争的激烈、生活节奏的加快、环境的不断变迁，使高职学生对生活、对人生产生更多的不确定感和不安全感，产生迷惘甚至恐惧的心理状态。他们求助于网络来解脱生活中的烦恼，就像一个酗酒的人企图通过喝酒来麻痹自己的痛苦一样。其次，校园生活的单调沉闷，校园文化的匮乏，造成高职学生精神生活空虚，无所寄托而转向网络。再次，目前整个网络市场管理的宽松以及相关法律制度的不健全、上网条件的便利、便宜的花费是高职学生沉迷网络的外部原因。

三、高职学生网络心理障碍的调控

高职学生们倘若发现自己“e 网情深”了，在现实生活中显得难以适应，同时存在诸多情绪低落、能力下降等心理问题时，很可能是患上了网络性心理障碍，应该积极参加社会活动，请教心理医生，逐步摆脱对网络的依赖。具体可以采取以下策略：

（1）寻求替代性爱好。当不良的想法出现时，可以采取转移注意力的方法寻找一个新颖的刺激，激活新的兴奋点，使不良想法逐渐消失。丰富自己的业余生活，培养广泛的兴趣，多参加社会实践，用其他爱好和休闲娱乐方式转移注意力，冲淡网络的诱惑。高职学生要特别注意体育锻炼，这不仅有利于身体健康，也有益于心理健康及预防矫治网络成瘾。

（2）培养自己对所学专业的热爱，努力学习专业知识。尽管社会需要复合型人才，但专业知识仍是大多数学生将来求职立业的基础，乐业才能把专业学好，才会生活得充实。

（3）与亲友、老师、同学建立良好的人际关系。在现实生活中获得大家的理解与支持，和他人相处，要克服凡事要完美的个性，给自己和他人留些空间，要多用欣赏的眼光看世界，学会去爱，从而促使自己拥有博大的胸怀，获得别人的尊重与信任。例如，可以规定自己每天与同学、朋友或家人交流 15 分钟。

（4）养成良好的网上生活习惯。从网上汲取知识是高职院校学生活的重要组成部分，是适应现代社会进步和发展的必然要求。喜欢上网不是坏事，关键是要把上网聊天、游戏的时间用来从网上汲取丰富的知识营养。根据学习要求和生活规律规定自己的上网时间，养成有计划、有目的的上网习惯，做到既乐于上网，又有所约束和节制；既满足心理需要，也保持充沛的精力和体力，体现高职学生的文明素养。

（5）勇敢走进心理咨询室，向心理医生寻求帮助。

总之，防治高职学生网络心理障碍是一个系统工程，需要多方面的教育、引导、关心和帮助。

1. 互动训练

（1）走出“习惯圈”。

【活动目的】

体验改变习惯的困难及改变习惯的普遍反应。让学生意识到要不断挑战自己，改变自己的习惯是可能的。

【活动程序】

① 所有学生面向中心围成一圈。

② 主持人邀请学生自然地十指交叉相扣约 5 秒钟。

③ 主持人再邀请各学生以相反的位置十指交叉相扣约 5 秒钟，感受和之前动作不同地方。

④ 恢复垂手状态，主持人再邀请各学生随自己的习惯自然地绕手。

⑤ 主持人再邀请各学生以相反方向绕手，感受和之前动作不同的地方。

⑥ 恢复垂手状态，向学生提问：“第二次的十指相扣和绕手有什么感觉？为什么有这种感觉？改变习惯可能吗？什么因素可协助改变？”

（2）我能行——突破重围。

假定你被敌人包围了，情况十分危急，你会如何突破重围？包围圈是由许多人手拉手围圈而成。要求你尽快想办法冲出包围圈。可采取钻、跳、推、拉、诱骗等任何方式（以不伤害人为原则），力求突围挣脱，冲出包围圈；其他同学则站立，手拉手围成一个包围圈；外围的同学必须要尽力气与心思，绝不让被围者逃出；若圈内的同学从某两个同学手拉手的缝隙中逃出，则这两个相邻的同学双双要进入圈内作为被包围者。主持人可通过随机抽号的方式，让一名同学站在包围圈中央开始游戏。倘若被围的同学灰心失望，一时冲不出“包围圈”，则主持人可增加两名同学到圈内作为“突围者”，其他的同学可鼓励他继续努力。一段时间后，换其他成员。

【思考回答】

（1）闯关突围会令人想起什么？

（2）突围者成功了几次？失败了几次？为什么会失败？

（3）突围者在游戏中感觉如何？单兵作战容易吗？

2. 思考题

（1）你认为网络文化对高职学生的学习有何影响？

（2）网络学习能力包括哪些方面，您具备哪些能力？

（3）怎样保持正常的网络心理状态？

（4）你认为我们应该如何帮助有网络心理障碍的同伴？

（5）如何认为培养健康的网络心理？

主要参考文献

Patricia Wallace〔美〕著．2001．谢影，苟建新译．互联网心理学．北京：中国轻工业出版社．

陈珩．2007．大学生心理健康教育：心理课堂．北京：化学工业出版社．

段鑫星．2003．大学生心理健康教育．北京：科学出版社．

樊富珉，王建中．2006．当代大学生心理健康教程．武汉：武汉大学出版社．

樊富珉，刘丹．2004．尽展你人格风采．北京：高等教育出版社．

樊富珉．1997．大学生心理健康与发展．北京：清华大学出版社．

韩延明．2007．大学生心理健康教育．上海：华东师范大学出版社．

何少颖．2003．大学生心理健康教育与训练．厦门：厦门大学出版社．

贺淑曼．1999．个性塑造与人才发展．北京：世界图书出版社．

洪波，李仁．2005．论网络对大学生人格塑造的负面影响及对策．宜宾学院报，(9)．

胡剑锋，钟志宏，李金萍．2008．大学生心理健康教程．武汉：武汉大学出版社．

黄万欣．2001．信息素质教育研究．情报杂志，(11)：89～90．

黄希庭，郑涌．2000．大学生心理健康与咨询．北京：高等教育出版社．

孔燕．2003．微笑成长：大学生心理健康教育案例．合肥： 安徽人民出版社．

孔燕等．1998．大学生心理健康教育．合肥：安徽教育出版社．

黎文森．2006．大学生心理健康教育导论．长春：吉林人民出版社．

李鸿义．2002．大学生心理健康教育与指导．武汉：武汉大学出版社．

李玲，陈军．2006．大学生心理健康教育（高职版）．北京：北京理工大学出版社．

李玉安，杜海鹰，沙顺利，胡继东．2002．网络文化对大学生能力和素质培养的影响．湖北行政学院学报．(4)：47～51．

刘丽君．2007．大学生心理健康教程．北京：化学工业出版社．

马建青．2003．心理咨询与心理．杭州：浙江大学出版社．

孟昭兰．2005．情绪心理学．北京：北京大学出版社．

莫雷，颜农秋．1996．大学生心理教育．广州：暨南大学出版社．

倪亚红，杨雪花．2006．大学生心理健康教程．南京：东南大学出版社．

欧阳友权．2003．网络艺术的后审美范式．三峡大学学报（人文社会科学版）．(1)：25．

秦彧．2003．大学生心理教育．开封：河南大学出版社．

桑志芹．2007．大学生心理健康学．北京：科学出版社．

邵速，陈功香，刘在花．2000．大学生如何调整自我．济南：山东科学技术出版社．

宋宝萍．2007．大学生心理健康教育．西安：西安电子科技大学出版社．

宋专茂，丁霞．2005．大学生心理健康测量与导向．广州：暨南大学出版社．

王生卫．2003．论大学生网络人格的培养．思想教育研究，(10)．

王廷芳．1993．青年心理教育与咨询．厦门：厦门大学出版社．

韦义平．2005．大学生网络交友障碍及心理调控．学校党建与思想教育（高教版）(10)：40～41．

吴继霞，黄辛隐．2007．大学生心理健康学．上海：学林出版社．

谢炳清，伍自强，秦秀清．2004 年．大学生心理健康教程．武汉：华中科技大学出版社．

邢育森．2001．网络文学攻关秘籍．合肥：安徽教育出版社．

杨敏毅．鞠瑞丽．2006．学校团体心理游戏教程与案例．上海：上海科学普及出版社．

杨琴珠等．1993年．大学生心态调节．合肥：安徽教育出版社．

游永恒．2005．大学生心理咨询案例集．成都：四川大学出版社．

曾凡龙，谌海燕．2004．大学生心理健康．上海：上海交通大学出版社．

张明海．2005．大学生心理健康教育与咨询工作指导手册．北京．当代中国音像出版社．

郑洪利，樊富珉．2005．大学生心理素质训练教程．上海：上海交通大学出版社．

郑日昌．1999．大学生心理卫生．济南：山东教育出版社．

钟晓媚．2001．网络文化的特征及影响．探求．(4)．

周家华，王金凤．2007．大学生心理健康教育．北京：清华大学出版社．